移动通信原理与技术

宋春艳　王　健　夏　宇　董光辉　杨柳松　主　编

哈尔滨工程大学出版社

Harbin Engineering University Press

内 容 简 介

本书对移动通信的基本概念、主要技术、典型移动通信系统以及移动通信领域最新发展进行了较为全面的介绍。全书共分8章。第1章主要介绍了移动通信的概念和发展历程,使读者对移动通信技术有一个总体认知。第2~5章主要系统地介绍了移动通信的基本理论和主要技术,包括移动信道的电波传播、噪声与干扰、蜂窝组网技术、数字调制技术、抗衰落技术、多址接入技术等。第6~8章主要对典型的移动通信技术进行了介绍,包括GSM、GPRS系统、IS-95 CDMA移动通信系统、TD-LTE移动通信技术以及5G移动通信技术。全书在论述基本原理、基本技术的同时,还注重结合当前移动通信的最新发展,易于读者全面理解和掌握移动通信相关技术。

本书可作为高等学校通信工程和相关专业高年级学生的教材,也可作为移动通信领域的工程技术人员的参考书。

图书在版编目(CIP)数据

移动通信原理与技术 / 宋春艳等主编. —哈尔滨 : 哈尔滨工程大学出版社,2022.9
ISBN 978-7-5661-3498-1

Ⅰ. ①移… Ⅱ. ①宋… Ⅲ. ①移动通信-通信理论-高等学校-教材 Ⅳ. ①TN929.5

中国版本图书馆 CIP 数据核字(2022)第 182161 号

移动通信原理与技术
YIDONG TONGXIN YUANLI YU JISHU

选题策划　刘凯元
责任编辑　张　彦　关　鑫
封面设计　李海波

出版发行　哈尔滨工程大学出版社
社　　址　哈尔滨市南岗区南通大街 145 号
邮政编码　150001
发行电话　0451-82519328
传　　真　0451-82519699
经　　销　新华书店
印　　刷　哈尔滨市石桥印务有限公司
开　　本　787 mm×1 092 mm　1/16
印　　张　19.75
字　　数　466 千字
版　　次　2022 年 9 月第 1 版
印　　次　2022 年 9 月第 1 次印刷
定　　价　62.00 元
http://www.hrbeupress.com
E-mail:heupress@hrbeu.edu.cn

前　言

移动通信作为移动通信领域中最为活跃且发展最为迅速的一个分支,影响着社会的方方面面,并且改变了人们的生活。移动通信的高速发展要求从事相关专业的人员要不断更新知识。高等院校电子信息类专业均开设了"移动通信"相关课程,推动了移动通信教学的发展,这也增加了对移动通信教材的需求。考虑到移动通信技术更新快、课时有限等因素,编者在参考大量文献的基础上,基于多年移动通信领域的教学、研究工作,结合移动通信基本原理和移动通信技术最新发展编写了本书。本书内容紧扣移动通信的发展需求,在论述基本原理、基本技术的同时,还注重结合当前移动通信的最新发展,易于读者全面理解和掌握移动通信相关技术。

本书共分8章。第1章主要介绍了移动通信的概念和发展历程,使读者对移动通信技术有一个总体认知。第2章介绍了移动信道的电波传播,主要包括无线电波的传播特性、移动信道的多径传播特性、多径衰落信道的主要参数及分类、陆地移动信道的电波传播损耗估算模型等。第3章介绍了噪声与干扰,主要包括噪声、互调干扰等。第4章介绍了蜂窝组网技术,主要包括移动通信网的区域覆盖、信道分配、多信道共用技术及信令等。第5章为移动通信关键技术,主要包括数字调制技术、抗衰落技术、多址接入技术。第6~8章对典型的移动通信技术进行了介绍。其中,第6章为2G移动通信技术,主要包括GSM、GPRS系统及IS-95 CDMA移动通信系统;第7章主要介绍了TD-LTE移动通信技术,主要包括LTE系统结构、接口、工作原理和系统基本过程等;第8章介绍了5G移动通信技术。

本书第1~2章由宋春艳编写,第3~4章由杨柳松编写,第5~6章由董光辉编写,第7章由王健编写,第8章由夏宇编写。

由于编者水平有限,书中难免存在不足之处,敬请读者批评指正。

编　者
2021 年 6 月

目 录

第1章 移动通信概述

通信技术的发展,对人类社会文明的进步和发展产生了许多积极、重大的影响。随着人们对通信的要求越来越高,传统的有线通信方式已无法满足人们对于便利性的需求,移动通信技术应运而生。

移动通信作为通信技术领域中发展最为迅速的一项技术,对人类社会产生了极其深远的影响,改变了人们工作、生活和学习的方式,具有极为广阔的发展前景。移动通信技术是现代通信领域中至关重要的一部分,对其及其原理进行学习和研究很有必要。

本章主要对移动通信的概念、主要特点、发展历程、分类和基本技术等方面进行简要介绍,使读者初步了解移动通信。

1.1 移动通信的概念

移动通信是指通信双方或至少一方是处于移动中进行信息交换的通信方式。换句话说,移动通信解决了因为人的移动而产生的“动中通”问题。移动通信可以发生在移动体和固定体、移动体和移动体之间。这里的信息交换,除了包含语音通话业务之外,还包含数据通信业务,如图像、音频、视频、电子邮件等的通信。

在移动通信的过程中,通信系统的部分线路或者全部线路依靠无线电波进行信息传输。无线电波这种传输媒体,能够允许通信中的用户在一定范围内进行自由活动,使用户的位置不受约束。无线通信与移动通信虽然都靠无线电波进行信息传输,但却是两个概念。无线通信包含移动通信,侧重于无线;移动通信更侧重于移动性。移动体与固定体之间的通信,除了依靠无线通信技术之外,还依赖于有线通信技术,如公用电话交换网(public switched telephone network,PSTN)、公用数据网(public data network,PDN)和综合业务数字网(integrated service digital network,ISDN)等。

1.2 移动通信的主要特点

1. 利用无线电波进行信息传输

为保证用户在移动状态下可以进行通信,必须利用无线电波进行信息传输。无线电波允许用户在一定范围内自由移动,但是其传播非常不稳定。无线电波不仅会随着移动传播距离的增加而发生弥散和损耗,而且会受到地形地物的影响而产生阴影效应。接收的信号经过多条路径到达接收地点,会造成多径接收信号产生幅度、相位和到达时间的不一致性,这些信号相互叠加会产生电平的衰落和时延的扩展,从而产生多径效应。此外,在移动通信过程中,移动台(mobile station,MS)常常可以移动,这不仅会引起多普勒频移,还会产生随

机调频。这些现象都严重地影响了通信质量,因此移动通信系统必须根据移动通信信道的特性进行合理设计。

2. 移动台易受到复杂的噪声等干扰的影响

移动台的传播环境开放,极易受到噪声等干扰的影响。噪声主要包括人为噪声和自然噪声等。除噪声之外,系统本身和不同的系统之间还会产生各种各样的其他干扰,主要包括同频干扰、邻道干扰、互调干扰、多址干扰以及远近效应的干扰等。

3. 无线电频率资源有限

无线电频率资源是一种有限的非消耗性资源。尽管电磁波的频率范围非常宽,但由于受频率使用政策、技术和无线电设备等各方面因素的限制,分配给移动通信使用的频率资源非常有限。为了解决移动通信业务对频率资源的需求日益增加而频率资源十分有限这一矛盾,一方面要开辟和利用新的频段,另一方面要研究新技术,以压缩信号所占的频率带宽,获得尽可能高的频率利用率。提高对有限的频率资源的利用率,是通信行业不断努力的方向。常见的提高频率利用率的方法,除了包括各种窄带化的方法外,还包括时分、频分、空分、码分等多种技术。

4. 对移动终端设备要求较高

移动终端设备必须适于在移动环境中使用。移动通信对终端设备的主要要求是体积小、质量小、省电、操作简单、便于携带等。此外,为了保证在恶劣环境中能够正常工作,移动终端设备还要可以适应震动、冲击和高低温变化等恶劣环境。随着移动通信业务和技术的发展,移动终端设备必须能够适应这种新业务和新技术的发展需求。

5. 网络系统复杂

移动通信网络根据覆盖区域的形状,可以采用带状网或蜂窝网,并且可以实现多网互联。为了保证用户在任何地点、任何情况下都能得到可靠的通信服务,移动网络必须具备很强的管理和控制功能。这些管理和控制功能涉及一系列相关技术,如用户的登记和定位、通信链路的建立和拆除、信道的分配和管理,以及越区切换和漫游等。

1.3 移动通信的发展历程

移动通信的发展历程最早可以追溯到1897年,马可尼首次在固定站和一艘拖船之间完成了一项无线电通信试验,实现了在英吉利海峡行驶的船只利用无线电进行消息的传送,第一次向世界展示了无线电通信的魅力,揭开了移动通信历史的序幕。1897年也因此被认为是移动通信元年。

现代移动通信技术的发展是从20世纪20年代才开始的,其中的典型代表技术——蜂窝移动通信技术,经历了如下几个发展阶段。

第1个阶段从20世纪20年代至20世纪40年代初,为移动通信的初期发展阶段。在这个阶段,移动通信主要应用在专用系统和军事通信领域,使用的波段为短波波段。由于当时技术条件有限,移动通信设备基本采用电子管,设备体积大、通信效果差,交换技术为人工交换。典型代表系统为美国底特律市警察局率先使用的装备了贝茨发明的能适应移动车辆震动影响的无线电收发信机——超外差调幅(amplitude modulation,AM)接收机的警用车辆无线电移动系统(单向),这标志着现代移动通信的开始。20世纪30年代初,第一个双向移动通信系统在美国新泽西州的警察局投入运行。1933年,阿姆斯特朗发明了调频(frequency modulation,FM)方式无线电,是移动通信发展历程中一个大的分水岭。

第2个阶段从20世纪40年代中期至20世纪60年代初。在这个阶段,移动通信取得了进一步的发展,开始出现公用移动通信系统。移动通信使用的频段不再是之前的短波频段,而是甚高频(very high frequency,VHF)的150 MHz频段,后来又发展到特高频(ultra-high frequency,UHF)的400 MHz频段。晶体管在这个时期已经出现,移动台设备逐渐向小型化方向发展,通信效果有了明显改善。交换技术也由人工交换发展为自动交换。1946年,贝尔实验室在美国圣路易斯市建立了第一个公用汽车电话网,但是该电话网投入使用不久,就出现了长期的频率资源短缺问题。随后德国、法国和英国等国家相继研究了公用移动电话系统。

第3个阶段从20世纪60年代中期至20世纪70年代中期。在此阶段,大区制移动通信系统出现并被投入商用。使用的频段为VHF的150 MHz频段和UHF的450 MHz频段。采用大区制、中小容量系统,可以实现对无线频道的自动选择,并能够自动接续到公用电话网络。此外,该系统还采用了模拟FM技术。典型代表系统是美国推出的改进型移动电话系统(improved mobile telephone service,IMTS)。

第4个阶段从20世纪70年代末至20世纪80年代末。在这个阶段,移动通信蓬勃发展,模拟蜂窝通信系统即第一代(1st generation,1G)移动通信技术的思想和理论逐渐成熟,并在实际中得到了应用。微电子技术得到了迅速发展,这使得小型化、微型化通信设备成为可能。随着微处理器技术和计算机技术的日趋成熟,大型通信网络的管理与控制有了强有力的技术保障。随着美国贝尔实验室提出了"蜂窝组网"思想并在实际中进行了应用,美国、日本、英国、瑞典等国家纷纷研制出了陆地移动电话系统。系统应用的主要技术是FM、频分多址(frequency division multiple access,FDMA),以模拟方式进行工作,加上采用了"蜂窝组网"思想,因此被称为模拟蜂窝移动通信系统。典型代表系统有1978年美国贝尔实验室成功研制的高级移动电话系统(advanced mobile phone system,AMPS)。美国贝尔实验室建成了蜂窝移动通信网,提高了系统容量。1979年,日本推出的800 MHz汽车电话系统HAMTS在东京、大阪、神户等地投入了商用。1985年,英国开发出了全接入通信系统(total access communication system,TACS),首先在伦敦投入使用,随后覆盖了全国。加拿大推出了移动电话系统(mobile telephone service,MTS)。丹麦、挪威、瑞典、芬兰四国开发出了北欧移动电话系统(nordic mobile telephone,NMT)NMT-450和NMT-900,其中,NTM-450于1981年在瑞典首先开通,工作频段为450 MHz,频道间隔为25 kHz,但容量很快饱和,接着于1986年末引入NMT-900,工作频段为900 MHz,频道间隔为12.5 kHz。

第5个阶段从20世纪90年代初至20世纪90年代中期。在这个阶段,数字蜂窝移动通信系统即第二代(2nd generation,2G)移动通信技术出现并逐渐走向成熟。第4个阶段的模拟蜂窝移动系统在具体的商用过程中暴露出很多问题,如不同制式的模拟通信系统无法兼容、不能提供数据业务、频率利用率低、费用昂贵、保密性差、系统容量不能满足日益增长的用户数量的需求等。随着超大规模集成电路技术和语音编码技术的出现,数字通信技术逐渐发展成熟。相较于模拟通信技术,数字通信技术表现出了更为突出的优点,于是数字蜂窝移动通信技术逐渐取代了模拟蜂窝移动通信技术,成为主流移动通信技术。2G 的典型代表系统包括全球移动通信系统(global system for mobile communications,GSM)、双模式宽带扩频蜂窝移动台——兼容标准(IS – 95 CDMA)系统、数字式高级移动电话系统(digital advanced mobile phone system,D – AMPS)和日本数字蜂窝(Japanese digital cellular,JDC)系统。GSM 基于时分多址(time division multiple access,TDMA)方式,于 1991 年在欧洲被提出,采用当时先进的语音编码方式——规则脉冲激励 – 长期预测(regular pulse excitation-long term prediction,RPE – LTP),调制技术采用高斯最小频移键控(Gaussian minimum frequency-shift keying,GMSK),信号传输采用全数字传输。美国数字蜂窝系统的实现稍晚于欧洲。为了与模拟系统 AMPS 兼容,1991 年美国推出了第一套数字蜂窝系统 D – AMPS,即 IS – 54,用数字调制(π/4 – DQPSK)取代了 AMPS 系统的模拟调制,并引入了 TDMA 和低速率语音编码技术,提供的容量是 AMPS 的 3 倍。IS – 95 CDMA 系统是由美国高通(Qualcomm)公司于 1993 年提出的,并被美国电信工业协会(telecommunications industry association,TIA)采纳为北美数字蜂窝网标准。该系统基于直接序列扩频通信,具有良好的抗干扰能力,可以在信噪比较低的情况下工作,由于采用了码分多址(code division multiple access,CDMA)方式,利用不同的扩频码来区分用户,使不同的用户可以在相同的频率工作,因此提高了频率利用率和系统容量。此外,1993 年日本推出了采用 TDMA 方式的 JDC 系统[也叫太平洋数字蜂窝(Pacific digital cellular,PDC)系统]。该系统在无线传输方面与 IS – 54 相似,在网络管理和控制方面采用了与 GSM 相似的方案。这些系统中应用最广泛、影响最大的是 GSM 和 IS – 95 CDMA 系统。

第 6 个阶段从 20 世纪 90 年代末至 21 世纪初,迎来了第三代(3rd generation,3G)移动通信技术。由于 2G 移动通信系统难以提供高速的数据业务,无法实现全球覆盖和国际漫游,同时移动通信业务量和移动通信用户数呈高速增长趋势,特别是多媒体业务量和互联网协议(internet protocol,IP)业务量的高速增长,使得 2G 移动通信系统在系统容量和业务种类上趋于饱和,难以满足个人通信的需求,因此在 2G 移动通信系统广泛投入市场应用的同时,以提供高速数据业务为特点的第三代移动通信技术就成了移动通信领域的一个新的研究热点。此外,微电子技术、数字信号处理技术(digital signal processing,DSP)等方面的进步,码分多址方式在移动通信中的应用等,又为移动通信的发展提供了更为有利的技术条件。市场和技术的双重驱动为 3G 移动通信系统的发展奠定了基础。1999 年,国际电信联盟(international telecommunications union,ITU)最终确定了 3G 移动通信包含的 5 种技术标准,其中最具代表性的是欧洲国家与日本提出的基于 GSM 技术的宽带码分多址(wideband CDMA,WCDMA),北美地区国家提出的基于 IS – 95 技术的 CDMA2000 和我国提出的时分同步码分多路访问(time division-synchronous code division multiple access,TD – SCDMA)。与 2G 移动通信系统主要采用 TDMA 技术和电路交换技术不同,3G 移动通信系统采用 CDMA技术和分组交换技术。3G 移动通信系统可同时提供高质量的语音业务、数据图像等多媒体业务,最高传输速率可达 2 Mbit/s,可实现全球漫游,并能适应多种环境,提供足够的系统容量,具备强大的用户管理能力、高保密性和服务质量。

第7阶段为21世纪最初10年。随着3G移动通信系统在全球范围内的推广商用,移动业务主体开始向更高速率、更高质量的无线通信业务逐步转变,如多媒体业务、在线游戏、在线直播等。虽然3G移动通信系统相比于2G移动通信系统有了更大的容量和更高的服务质量,但仍存在一定的局限性,如不同通信速率、不同频段的不同业务间的无缝漫游等。为了进一步满足用户需求,2004年底,3G技术长期演进技术(long term evolution,LTE)项目被启动。LTE降低了系统延迟,提高了小区容量,改善了边缘用户的吞吐量等性能,在最大带宽为20 MHz时能够提供下行(downlink,DL)100 Mbit/s和上行(uplink,UL)50 Mbit/s的峰值速率。

LTE系统相较于3G移动通信系统在各个方面都有所提升,具有相当明显的第四代(4th generation,4G)移动通信系统的技术特征,但严格意义上来讲,LTE系统只是3.9G移动通信系统,尽管其被宣传为4G无线标准,但它其实并未被第三代合作伙伴计划(the 3rd generation partnership project,3GPP)认可为ITU所描述的下一代无线通信标准IMT-Advanced(international mobile telecommunication advanced),还未达到4G的标准。

在2005年10月结束的国际电信联盟无线部门(ITU-R)WP8F第17次会议上,"IMT-Advanced通信系统"的概念被ITU-R提出。按照ITU的定义:IMT-2000技术和IMT-Advanced技术拥有一个共同的前缀"IMT",表示移动通信。之前的WCDMA、CDMA2000、TD-SCDMA及其增强型技术统称为IMT-2000技术,未来新的空中接口技术叫作IMT-Advanced技术。根据国际电信联盟的工作计划,在2008年初开始公开征集下一代通信技术IMT-Advanced标准,并开始对候选技术和系统做出评估,最终选定相关技术作为4G标准。这标志着4G移动通信系统的标准化进程正式启动。

4G移动通信技术包括TD-LTE[①]和FDD-LTE[②]两种制式。4G集3G与无线局域网(wireless local area network,WLAN)于一体,并能够快速传输数据,如高质量的音频、视频和图像等。4G能够以100 Mbit/s以上的速率下载,比目前的家用宽带[非对称数字用户线(asymmetric digital subscriber line,ADSL)](4 Mbit/s)快25倍,并能够满足几乎所有用户对于无线服务的要求。此外,4G可以在数字用户线(digital subscriber line,DSL)和有线电视调制解调器没有覆盖的地方部署,然后再扩展到整个地区。很明显,4G有着不可比拟的优越性。

4G移动通信系统具有以下特征。

1.传输速率更快

对于大范围高速移动用户(250 km/h),数据传输速率为2 Mbit/s;对于中速移动用户(60 km/h),数据传输速率为20 Mbit/s;对于低速移动用户(位于室内或步行者),数据传输速率为100 Mbit/s。

---

① TD-LTE为时分双工(time division duplex,TDD)版本的LTE。
② FDD-LTE为频分双工(frequency division duplex,FDD)版本的LTE。

2. 频率利用率更高

4G 移动通信系统在开发和研制过程中使用和引入了许多功能强大的突破性技术,对无线频率的利用率比 2G 和 3G 移动通信系统高得多,而且速度相当快。

3. 网络频谱更宽

每个 4G 信道会占用 100 MHz 或更多的带宽,而 3G 网络的带宽为 5 ~ 20 MHz。

4. 容量更大

4G 移动通信系统采用新的网络技术[如空分多址技术(space-division multiple access, SDMA)等],极大地提高了系统容量,可满足大信息量的需求。

5. 灵活性更强

4G 移动通信系统采用智能技术,可自适应地进行资源分配,采用智能信号处理技术对信道条件不同的各种复杂环境进行信号的正常收发。另外,用户可使用各式各样的设备接入 4G 移动通信系统。

6. 实现更高质量的多媒体通信

4G 网络的无线多媒体通信服务包括语音、数据、影像等的通信,大量信息通过宽频信道传输出去,让用户可以在任何时间、任何地点接入系统,因此 4G 移动通信也是一种实时、宽带且无缝覆盖的多媒体移动通信。

7. 兼容性更平滑

4G 移动通信系统具备全球漫游、接口开放、能与多种网络互联、终端多样化及能从第二代平稳过渡等特点。

1.4　移动通信的分类

移动通信可以按不同的方式进行分类:按使用对象分类,可分为民用通信网通信和军用通信网通信;按移动环境分类,可分为陆地通信、水上通信和空中通信;按多址接入方式分类,可分为频分多址通信系统通信、时分多址通信系统通信和码分多址通信系统通信等;按服务范围分类,可分为专用网通信和公用网通信;按覆盖范围分类,可分为广域网通信和局域网通信;按信号形式分类,可分为模拟网通信和数字网通信;按业务类型分类,可分为电话网通信、数据网通信和综合业务网通信;按工作方式分类,可分为单工通信、双工通信和半双工通信。

移动通信的应用系统可分为蜂窝移动通信系统、无线寻呼系统、无绳电话系统、集群移动通信系统和卫星移动通信系统等。

下面将选取几个分类方式对移动通信进行介绍。

1.4.1　模拟网和数字网

通常,人们把模拟移动通信系统(包括模拟蜂窝网、模拟无绳电话、模拟集群调度系统等)称作第一代移动通信系统。经过数字化进程后,目前主要的通信系统和网络都是数字化的系统和网络,移动通信系统也是如此。数字移动通信系统包括数字蜂窝网、数字无绳电话、移动数据系统以及移动卫星通信系统等。从第二代移动通信系统到现在的第四代、第五代移动通信系统,都是基于数字技术的。

数字移动通信系统的主要优点可归纳如下:

(1)频率利用率高,有利于提高系统容量。数字移动通信系统采用高效的信源编码技术、高频谱效率的数字调制解调技术、先进的信号处理技术、多址方式以及高效的动态资源分配(dynamic resource allocation,DRA)技术等,可以在不增加系统带宽的条件下增加系统同时通信的用户数量。

(2)能提供多种业务服务,提高通信系统的通用性。数字系统传输的是"0""1"形式的数字信号,话音、图像、音乐等数字信息在传输和交换设备中的表现形式都是相同的,信号的处理和控制方法也是相似的,因而用同一设备来传送任何类型的数字信息都是可能的。利用单一通信网络来提供综合业务服务,正体现了未来通信网络的发展方向。

(3)抗噪声、抗干扰和抗多径衰落的能力强。这些优点有利于提高信息传输的可靠性。数字移动通信系统采用纠错编码、交织编码、自适应均衡、分集接收以及扩频、跳频(frequency hopping,FH)技术,可以控制由于任何干扰和不良环境而产生的损害,控制传输差错率并使其低于规定的阈值。

(4)能实现更有效、灵活的网络管理和控制。数字移动通信系统可以设置专门的控制信道来传输信令信息,还可以把控制信令插入业务信道的比特流中以控制信息的传输,因而便于实现多种可靠的控制功能。此外,数字移动通信系统的移动台、基站(base station,BS)及移动交换中心(mobile switching center,MSC)等设备,均能在传输过程中检测有关信号的特性和传输质量,并在通信中互相施加控制,从而使整个通信系统形成一个有机的整体,以实施网络的管理和控制。

(5)便于实现通信的安全保密。

(6)可降低设备成本,减小用户手机的体积和质量。

1.4.2　移动通信的工作方式

从传输方向的角度划分,移动通信的工作方式可分为单向传输和双向传输两种。其中,双向传输可以分为3种:单工通信、双工通信和半双工通信。

1. 单工通信

单工通信是指通信双方在同一时刻只能有一方发送信号,而另一方接收信号的通信方式,也就是说,通信双方的电台只能交替地进行发信和收信。根据收发频率的异同,单工通信又可分为同频单工和异频单工。单工通信主要用于点到点通信,图1-1为单工通信示意图。

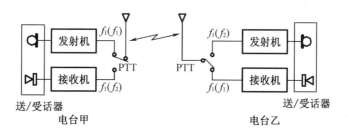

图1-1　单工通信示意图

单工通信采用按讲开关(push to talk,PTT)的操作方式进行工作。在没有发信需求时,电台甲和电台乙的按讲开关接至接收机,接收机处于守候状态,等待被呼叫。当电台甲发信时,按下按讲开关,天线接至发射机,同时关掉接收机,电台甲可以通过送话器、发射机,将信息送到天线并由载频为 f_1 的信号发送出去。电台乙就可以通过天线接收载频为 f_1 的信号。发信方发送完毕时,需要立即松开按讲开关,此时天线接至接收机,准备接收对方发送的信号。由于发送信号和接收信号是轮流进行的,所以发射机和接收机可以共用一根天线。

在同频单工的通信方式中,电台甲和电台乙都采用工作频率 f_1,系统仅占用一个频点。在异频单工通信系统中,电台甲的发射频率和电台乙的接收频率都为 f_1,电台乙的发射频率和电台甲的接收频率都为 f_2。

2. 双工通信

双工通信,也称全双工通信,是指通信双方可以同时进行信息传输的通信方式,通信的任意一方在发信的同时也能接收对方的信息。公用的移动通信系统一般都采用这种工作方式。全双工通信分为频分双工(frequency division duplex,FDD)和时分双工(time division duplex,TDD)两种。FDD 通信示意图如图 1 - 2 所示。

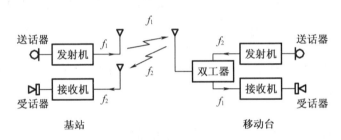

图 1 - 2　FDD 通信示意图

移动台向基站发送信号的链路为上行链路,基站向移动台发送信号的链路为下行链路。频分双工是指上、下行链路分别采用具有一定频率间隔且不同的工作频率进行信息传输的通信方式。在这种工作方式中,基站的发射机和接收机分别使用一副天线,或者发射机和接收机通过采用双工器或天线共用器共用一副天线,移动台的发射机和接收机通过双工器或天线共用器共用一副天线。这种工作方式符合大众的使用习惯,同有线电话相似,收信和发信可同时进行。但这种工作方式也有缺点:电台的发射机始终处于工作状态,电能消耗大,这对采用电池作为能源的移动台来说是不利的。为此,可以在一些简易的通信设备中采用半双工的通信方式。

TDD 通信的双方采用相同的工作频率,但在不同的时隙(time slot)进行收信和发信,以此来实现双工通信。相较于 FDD 通信,TDD 通信具有省电、占用频点少、不需要两副天线或者双工器的优点。

3. 半双工通信

半双工通信是一种介于单工通信和双工通信之间的通信方式。通信双方中有一方采用双工的工作方式,既能发射信号也能接收信号,而另一方采用按讲开关的单工的工作方式。在这种通信方式中,设备简单、功耗低,但对于终端设备来说,仍存在操作不便的缺点。半双工通信主要用于专用的移动通信系统中,如汽车调度系统。

1.4.3 常见的移动通信系统

随着移动通信技术的发展,移动通信的应用领域逐渐扩大,移动通信系统的类型也逐渐增多,下面对其中常见的移动通信系统分别进行介绍。

1. 蜂窝移动通信系统

蜂窝移动通信系统的通信网络结构呈蜂窝状,即采用蜂窝结构实现网络覆盖。这种系统主要由移动台、基站和移动交换中心组成。整个覆盖区被划分为许多六边形的小区,每个小区有一个基站和若干个移动台,这些基站连接至移动交换中心,然后通过有线与市话局或长途局相连。基站能与小区内所有移动台通信,负责小区内移动台之间的频率分配和管理,以及处理移动台进出相邻小区的越区切换,还负责小区内移动台与其他小区用户以及市话用户、长话用户通信的转接。

这种蜂窝状网络结构的优点是:应用灵活,可根据实际需要向外扩展覆盖区,发射功率小,频率可重复使用,系统容量大。

一个简单的蜂窝移动通信系统主要包括3个部分:移动台、基站和移动交换中心,如图1-3所示。

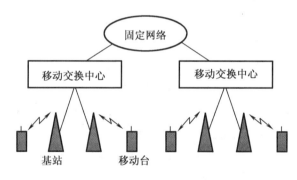

图1-3 蜂窝移动通信系统组成示意图

移动交换中心是基站与公用电话交换网之间的接口,是蜂窝网的控制中心,不仅具有一般程控交换机所具有的交换、控制功能,还具有适应移动通信特点的移动性管理功能,可完成移动用户主叫和被叫所需的控制功能。基站主要由多部基站收发信机(base station transceiver,BST)和基站控制器(base station controller,BSC)组成。基站收发信机主要包括发射机和接收机;基站控制器用于基站与移动交换中心、移动台进行信令交换和控制。移动台主要由发射机、接收机、逻辑控制单元和天线系统组成。严格地说,这种结构是模拟移动通信系统的结构,而数字蜂窝移动通信系统如GSM和IS-95 CDMA等,在该结构基础上包含了更多的网络组件。

2. 无线寻呼系统

无线寻呼系统为一种非语言单向通信系统,通常由3部分构成,分别是寻呼接收机、基站和寻呼中心。通过此系统,通信的一方借助市话电话机能够向特定的寻呼接收机持有者传递一些简单的个人信息。在无线寻呼系统中应用的寻呼接收机称为袖珍铃,俗称"BB机"。当接收到信息时,寻呼接收机以告警的形式通知其持有者。告警方式包括声音、视觉、振动或这几种方式的结合。每个寻呼接收机都有其特定的"地址编码",只有真正发送给它的信息,其持有者才能接收到。同样,只有知道了特定的"地址编码",才能向特定的寻呼接收机发送信息。无线寻呼系统示意图如图1-4所示。

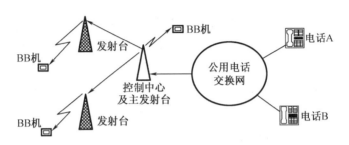

图1-4 无线寻呼系统示意图

3.无绳电话系统

无绳电话系统最初是为了解决室内的有线电话的线缆束缚问题而产生的。传统的无绳电话系统把普通的客户终端分成电话的座机和手机两部分。座机与有线电话网连接,手机和座机之间采用无线连接方式进行通信。第一代无绳电话系统即采用这样的方式,覆盖范围仅限于室内或者是几个房间的范围内。

后来,无绳电话系统从室内"走"向了室外,于是就有了欧洲的数字无绳电话系统(digital enhanced cordless telecommunications, DECT)、日本的个人手持电话系统(personal handy-phone system, PHS)、美国的个人接入通信系统(personal access communications system, PACS)和我国的个人通信接入系统(personal access system, PAS)等多种数字无绳电话系统的演进。其中,我国的PAS又称"小灵通系统",这种通信系统在我国曾飞速发展。小灵通系统充分利用已有的固定电话网的网络资源,以无线方式为一定范围内移动的手机终端提供通信服务,是固定电话网的延伸和补充。

4.集群移动通信系统

集群移动通信系统又称集群调度系统,属于专用移动通信系统的范畴。集群移动通信系统是指系统所具有的可用信道可为系统的全体用户共用,具有自动选择信道功能,是一种共享资源、共同分担费用、共用信道设备及服务的多用途、高效能的无线调度通信系统。数字集群的应用遍及铁路运输、公路交通、民航、公安系统、海关、税务等各专业部门。在抢险救灾、处理各种突发事件等场景中,集群移动通信系统可用于及时准确地调度指挥通信。集群通信系统可以提供单呼、组呼、广播呼叫、短信息等业务。

与蜂窝移动通信系统相比,集群移动通信系统主要有如下特点。

(1)集群移动通信系统属于专用移动通信网,可把一些由各部门分散建立的专用通信网集中起来,统一建网和管理,并动态地利用分配给它们的有限个频道,以容纳数目更多的用户。此系统适用于在各个行业(或几个行业合用)中进行调度和指挥,对网中的不同用户常常赋予不同的优先等级并提供特殊功能,如快速调度群呼、组呼、通播、直通、强拆、强插、缩位寻址、优先呼叫、滞后进入、动态重组、环境倾听、控制转移、自动重发等。而蜂窝移动通信系统属于公众移动通信网络,适用于各行业中个人之间的通信,一般不分优先等级。

(2)集群移动通信系统具有指挥调度业务的特征,主要业务是无线用户和无线用户之间的通信。蜂窝移动通信系统的主要业务却包括大量的无线用户与有线用户之间的通信业务。在集群通信系统中也允许有一定的无线用户与有线用户之间的通信业务,但一般只允许这种业务量占总业务量的5%～10%。此外,集群移动通信系统通常具有一定的限时功能,而蜂窝移动通信系统一般对通信时间不做限制。

(3)集群移动通信系统的网络一般采用半双工的工作方式(现在已有全双工产品)。一般情况下,一对移动用户之间进行通信时只需占用一对频道。而蜂窝移动通信系统的网络都采用全双工的工作方式,一对移动用户之间进行通信时必须占用两对频道。集群移动通信系统的频率利用率高,但从通信习惯来讲,蜂窝移动通信系统相对要方便些。

(4)在蜂窝移动通信系统中,可以采用频道再用技术来提高系统的频率利用率。而在集群移动通信系统中,主要通过改进频道共用技术来提高系统的频率利用率,即移动用户在通信的过程中,不是固定地占用某一个频道,而是在按下其发信开关时才能占用一个频道,一旦松开发信开关,频道将被释放并变成空闲频道,允许其他用户占用。

(5)早期的集群移动通信系统为大区制覆盖方式,不需要切换和漫游功能,相较于蜂窝移动通信系统,价格较低。随着覆盖区域变大,集群移动通信系统也可以增加漫游和切换功能,网络管理变得复杂,网络造价提高。

集群移动通信系统和蜂窝移动通信系统各有所长,运营商在实际使用中应根据目标用户的需求,选择合适的通信系统。

在集群移动通信系统组网初期应先建立基本系统的单区网,因为它的用户数要比公用网少得多,常采用大区制、小容量网络。当覆盖范围达不到要求时,就将基本系统的单基站设计为多基站。而当覆盖区域再扩大、用户再增加时,就发展成以基本系统为基本模块,把基本模块叠加成多区的区域网,甚至发展成多区、多层次网络,构成一个或多个大区域网,甚至实现全国范围内或国际联网。

集群调度移动通信网络的控制方式有两种,即专用控制信道的集中控制方式和随路信令的分布控制方式。两种方式的结构基本上都由基地台(转发器或中继器)、系统管理终端、系统集群逻辑控制部分、调度台和用户台(车载台和手持机)组成。只不过采用集中控制方式的系统,其集群逻辑控制由系统控制器承担,而采用分布控制方式的系统无系统控制器集中控制,由每个转发器上的逻辑单元分散处理。

5. 卫星移动通信系统

"任何人(whoever),在任何地点(wherever)、任何时间(whenever),与任何人(whoever)进行任何方式(whatever)的通信(5W),在技术上逐步实现'全球一个网'(one globe, one network)"一直是人类关于理想通信的梦想,卫星移动通信系统让人们离这个梦想更近一步。卫星移动通信系统使人们实现在海上、空中以及在地形复杂而人口稀少的地区的通信,具有独特的优越性。只有利用卫星移动通信覆盖全球的特点,通过将卫星移动通信系统与地面移动通信系统相结合,才能实现名副其实的全球个人通信。

卫星移动通信属于宇宙无线电通信的形式之一,是指利用人造地球卫星作为中继站转发无线电信号,在两个或多个地面站之间进行通信的过程或方式,如图 1-5 所示。卫星移动通信不受地理条件的限制,具有覆盖面广、信道频带宽、通信容量大、电波传播稳定、通信质量好等优点。但卫星移动通信系统造价高昂、运行费用高。目前,卫星移动通信使用的是微波频段。

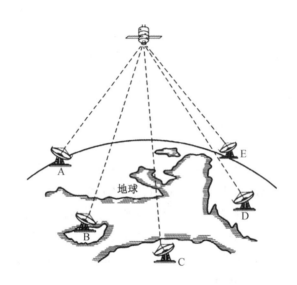

图 1-5 卫星移动通信示意图

根据卫星是否与地球自转保持同步,可以将卫星移动通信系统分为地球同步卫星通信系统和地球异步卫星通信系统。

对地静止卫星是指卫星的运行轨道在赤道平面内,轨道距离地面的高度约为 35 800 km。卫星运行方向与地球自转方向相同,绕地球一周的公转时间为 24 h,与地球自转一周的时间相同。地球上的地球站与卫星的相对位置保持不变,维持相对静止状态,故称利用该类卫星的卫星移动通信系统为对地静止卫星通信系统,也称为地球同步卫星通信系统。

众所周知,接收信号电平与通信传输距离的平方成反比。利用高轨道同步卫星实现海上或陆地移动通信时,为了接收来自卫星的微弱信号,用户终端所用的天线必须具有足够的增益,甚至使用伺服平台,保证天线能不随载体晃动而准确地跟踪卫星。这样的要求在船载终端或车载终端上可以实现,而在便携式终端和手持式终端上还难以实现。尽管如此,迄今人们仍没有放弃利用对地静止卫星为手持式终端提供话音和数据服务的想法,相关试验和研究工作也在不断进行中。

为了使地面用户只借助手机即可实现卫星移动通信,人们逐渐把注意力集中于中、低轨道的异步卫星通信系统。这类卫星不能与地球自转保持同步。从地面上看,卫星总是缓慢移动的,如果要求地面上任一地点的上空在任一时刻都有一颗卫星出现,就必须设置多条卫星轨道,每条轨道上均有多颗卫星有顺序地在地球上空运行。卫星和卫星之间通过星际链路互相连接,构成了环绕在地球上空、不断运动但能覆盖全球的卫星中继网络。一般来说,卫星轨道越高,所需的卫星数目越少;卫星轨道越低,所需的卫星数目越多。

目前,世界上有不少国家和机构提出了发展低轨道卫星通信的计划,其中比较著名的是由美国摩托罗拉(Motorola)公司开发的"铱星移动通信系统"(IRIDIUM)。该系统开始计划设置 7 条圆形轨道,均匀地分布于地球的极地方向之间,每条轨道上设置 11 颗卫星。这 77 颗卫星在地球上空运行,与铱原子中有 77 个电子围绕原子核旋转的情况相似,故也称"铱系统"。后来该系统改用 66 颗卫星,分 6 条轨道在地球上空运行,但依旧沿用原名。铱星移动通信系统的卫星轨道高度为 780 km,约是同步轨道卫星的 1/46,相应的传播损耗可减少 33 dB,因而可用手持式终端进行通信。该卫星直径为 1 m,高 2 m,重 341 kg,平均工作寿命 5 ~ 8 年。

手持式终端工作在 L 波段,功率只需 0.4 W。每颗卫星可覆盖地面上直径为 648 km 的地区,用 48 个点波束构成区群,以实现频率再用。当卫星飞向高纬度极区时,随着所需覆盖面积的减少,各卫星可自动渐渐关闭边沿上的波束,避免重叠。同一轨道平面的相邻卫星(相距 4 027 km)用双向链路相连。相邻轨道平面的卫星(距离随纬度不同而变化)的最大距离达 4 633 km,用交叉链路相连。这些链路均工作在 Ka 波段,它们把 66 颗卫星在空中连接成一个不断运动的中继网络。此外,在地面还建有若干个汇接站,分布在不同地域,每个汇接站均工作在 Ka 波段并与卫星互连,另外它们还与地面的有关网络接口,采用 TDMA 方式和 TDD 方式,能提供话音、数据和寻呼服务,话音编码速率为 2.4 kbit/s 或 4.8 kbit/s,数据速率为 2.4 kbit/s。

当卫星系统中的用户呼叫地面网络中的用户时,主呼用户先将呼叫信号发送到卫星,由卫星转发给地面汇接站,接着再由地面汇接站转送到有关地面网络中的被呼用户,双方即可建立通信链路并进行通信。当主呼用户和被呼用户均属卫星系统中的用户时,主呼用户先将其呼叫信号发送到其上空的卫星,该卫星通过星际链路将信号转发到被呼用户上空的卫星,由该卫星向被呼用户发送呼叫信号,双方即可建立通信链路并进行通信。在用户通信的过程中,正在服务的卫星由于移动(包括卫星移动和用户移动,主要是前者),可能会离开该用户所在的地区,继而其他卫星进入该地区,这时通信联络应自动由离开该地区的卫星切换到进入该地区的卫星,如同蜂窝中的越区切换一样。同样,当地面用户由一个波束区落入另一个波束区时,也要自动进行波束切换。此外,用户在地面所处的地区同样要区分归属区和访问区,并进行位置登记,以支持用户在漫游中的通信。

近年来,最为著名的近地轨道卫星是由美国太空探索技术公司(SpaceX)于 2015 年 1 月宣布的"星链(Starlink)计划"。该计划拟于 2019 年至 2024 年在太空搭建一个由约 1.2 万颗卫星组成的网络,其中有 1 584 颗部署在地球上空 550 km 处的近地轨道上,7 500 颗部署在距离地面 340 km 的轨道上,2 825 颗部署在距离地面 1 150 km 轨道上,最终将使所有卫星连成一个整体的数据中心,目标是为整个地球全天候提供高速、低成本的卫星互联网。2019 年 10 月 16 日,SpaceX 又将"星链计划"的卫星发射总数量从约 1.2 万颗更新到 4.2 万颗。

2016 年 11 月,在马斯克提出"星链计划"概念后的一年,中国航天科技集团有限公司在中国国际航空航天博览会(简称"珠海航展")召开期间发布了"鸿雁星座"项目。该系统将由 300 颗低轨道小卫星及全球数据业务处理中心组成,具有全天候、全时段及在复杂地形条件下的实时双向通信能力,可为用户提供全球实时数据通信和综合信息服务。"鸿雁星座"计划在 2024 年前后完成。

2018 年 12 月 22 日,"虹云工程"首星在酒泉卫星发射中心成功发射并进入预定轨道,成功实现了网页浏览(world wide web,Web)、微信发送、视频聊天、高清视频点播等典型互联网业务。"虹云工程"脱胎于中国航天科工集团有限公司的"福星计划",计划发射 156 颗卫星,让它们在距离地面 1 000 km 的轨道上组网运行,构建一个星载宽带全球移动互联网络,实现网络无差别的全球覆盖。

6. 无线局域网

无线局域网是利用无线通信技术在局部范围内建设的网络,是计算机网络与无线通信技术相结合的产物。它以无线多址信道作为传输媒体,利用电波完成数据交互,提供传统有线局域网(local area network,LAN)的功能,构成可以互相通信和实现资源共享的网络体系,使用户能够真正实现随时随地接入宽带网络。WLAN 能执行文件传输、外设共享、网页浏览、电子邮件收发和数据库访问等传统网络通信功能。

WLAN 提供无线对等[如 PC(personal computer,即个人计算机)对 PC、PC 对集线器或打印机对集线器]和点到点(如 LAN 到 LAN)连接的数据通信系统。WLAN 通过电磁波传送和接收数据,代替了常规 LAN 中使用的双绞线、同轴线路或光纤。

WLAN 中常用的通信协议,比如 IEEE802.11 及其相关衍生协议,均位于网络协议模型底部的第 1 层与第 2 层,这样做的好处是可以和其他原有的上层网络协议与应用程序相兼容,也就是说,本来在以太网上执行的程序,无须为了更换无线网络设备而重新编写,只要安装适当的驱动程序,就可以使用 WLAN,享受无线上网的便利。与 LAN 相比,WLAN 具有以下特点。

(1)移动性好

在 WLAN 的信号覆盖范围内,各节点可随意移动,通信范围不受环境条件的限制,拓宽了网络的覆盖范围。WLAN 能够在不同运营商和不同国家的网络间漫游;能够为覆盖范围内的移动用户提供接入网络的功能,可以使其实时获取信息。WLAN 中的接入点(access point,AP)支持的范围在室外为 300 m,在办公环境中为 10~100 m。

(2)安装方便,不受地理环境的限制

WLAN 不用将网线穿墙过顶,免去了大量的布线工作。无线技术可以使用户将网络延伸到线缆无法连接的地方,无须通过增加 AP 及进行相应的软件设置即可对现有网络进行有效扩展。无线网络受自然环境、地形及灾害影响小,无线通信覆盖范围大,几乎不受地理环境限制。

(3)运营成本低,投资回报高

使用 WLAN 可以减少对布线的需求和开支。架设无线链路时无须架线挖沟,还可以根据客户需求来灵活定制专网,线路开通速度快,可以为用户提供灵活性更高、移动性更强的信息获取方法。在需要频繁移动和变化的动态环境中,WLAN 的投资回报更高。

（4）安全性高

WLAN 采用了多种安全措施以保证安全性：采用扩频技术，使监听者难以捕捉到有用的数据；采取网络隔离及网络认证措施，设置严密的用户口令及认证措施，防止非法用户入侵；设置附加的第三方数据加密方案，即使信号被监听，监听者也难以理解其中的内容。对于 LAN 中的诸多安全问题，WLAN 基本上可以避免。

（5）可靠性高

WLAN 通过使用与以太网类似的连接协议和数据包确认机制，提供可靠的数据传送和网络带宽。

作为有线网络的无线延伸，WLAN 的应用范围非常广泛：可以应用在社区、游乐园、旅馆、机场、车站等区域，实现旅游休闲上网；可以应用在政府办公大楼、企事业单位、校园等区域，实现移动办公及在线教育等；还可以应用在医疗、金融证券等方面，实现医生在路途中对病人的网上诊断或金融证券网上交易等。WLAN 也适合应用在一些特殊的场景，比如矿山、水利、油田、港口、码头、江河湖区、野外勘探、军事流动网和公安流动网等。

WLAN 的标准主要有美国电气电子工程师协会（institute of electrical and electronics engineers, IEEE）的 802.11 系列标准，欧洲电信标准组织（European telecommunications standards institute, ETSI）大力推广的 HipperLAN1/HipperLAN2 标准、日本的多媒体移动接入通信促进委员会（multimedia mobile access communication promotion council, MMAC）致力推广的 HiSWANa/HiSWANb 标准等。

1.5　移动通信的基本技术

移动通信具有无线性与移动性双重特点，其系统较复杂，涉及的技术也较多。此外，随着移动通信的快速发展，用户需求的不断增加，各种新技术又层出不穷。本节概括介绍了移动通信中涉及的相关知识和几种基本技术，包括移动信道的电波传播特性、数字调制技术、多址技术、抗衰落技术、组网技术和语音编码技术。其中，多址技术和组网技术是理论基础，可为后面学习具体的移动通信网络奠定基础；移动信道的电波传播特性等与移动通信信道特点相关。

1.5.1　移动信道的电波传播特性

移动信道的电波传播特性对移动通信技术的研究、规划和设计十分重要，历来是人们非常关注的研究课题。在移动信道中，发送到接收机的信号会因受到传播环境中的地形、地物的影响而产生绕射、反射或散射，从而形成多径传播。多径传播将使接收机的合成信号在幅度、相位和到达时间上发生随机变化，严重地降低了接收信号的传输质量，这就是所谓的多径衰落。此外，自由空间传播所引起的扩散损耗以及阴影效应所引起的慢衰落也会影响信号的传输质量。

要研究移动信道的电波传播特性，首先要弄清移动信道的电波传播规律和各种物理现象的机理，以及这些现象对信号传输所产生的不良影响，进而研究消除各种不良影响的对策。为了给通信系统的规划和设计提供依据,人们通常通过理论分析或根据实测数据进行统计分析(或将二者结合),来总结和建立有普遍性的数学模型,利用这些数学模型可以估算一些传播环境中的传播损耗和其他相关的传播参数。

理论分析方法通常用射线表示电磁波束的传播,在确定收发天线的高度、位置和周围环境的具体特征后,根据直射、折射、反射、散射、透射等波动现象,用电磁波理论计算电波传播的路径损耗及有关信道参数。

实测分析方法是指在典型的传播环境中进行现场测试,并用计算机对大量实测数据进行统计分析,以建立预测模型(如冲激响应模型),进行传播预测。

无论用哪种分析方法得到的结果,在进行信道预测时,其准确程度都与预测环境的具体特征有关。由于移动通信的传播环境十分复杂,有城市、乡村、山区、海上和空中等,因此难以用一种或几种模型来表征各种不同地区的传播特性。通常,每种预测模型都是根据某特定传播环境总结出来的,都有其局限性,选用时应注意其适用范围。随着移动通信的发展,通信区域的覆盖范围正在由小区制向微小区、微微小区(包括室内小区)扩展。小区半径越小,小区传播环境的特殊性越突出,越难以用统一的传播模型来进行信道预测。此外,近年来,人们在室内电波传播特性的研究方面也做了大量工作。

1.5.2　数字调制技术

调制是将待传送的基带信号加到高频载波上进行传输的过程,其目的是使信号与信道特性相匹配。第一代蜂窝移动通信系统(如 AMPS、TACS 等)是模拟系统,其语音采用模拟频率调制(FM)方式(信令采用 2FSK);第二代蜂窝移动通信系统(如 GSM、IS – 95 CDMA 等)和第三代蜂窝移动通信系统(如 CDMA2000、WCDMA 和 TD – SCDMA)均为数字系统,其语音、信令均采用数字调制方式。与模拟频率调制相比,数字调制具有频谱效率高、纠错能力和抗信道失真能力强,以及多址接入高效和安全性保密性好等优点,因此 2G 之后的移动通信系统都采用数字调制方式。

移动信道具有带宽受限,受干扰和噪声影响大,存在多径衰落和多普勒扩展等特点,这就对调制技术提出了更高的要求。通常,移动通信系统在选择具体的调制方式时,主要考虑以下几点。

(1)高传输速率(满足多种业务需求)。

(2)高频带利用率(最小带宽占用)。

(3)高功率效率(最小发送功率)。

(4)对信道影响具有强抵抗力(最小误比特率)。

(5)低功耗和低成本(工程上易于实现)。

这些要求经常是相互矛盾的,因此对调制方式的选择取决于多种因素的最佳权衡。

一般而言,在不同的蜂窝半径和应用环境下,移动信道将呈现不同的衰落特性。对于半径较大的宏蜂窝小区,由于信道条件差,GMSK、QPSK 系列等是较适合的调制解调方式。而对于半径较小的微蜂窝小区或微微小区,由于存在很强的直射波,信道条件较好,频率利用率较高的 QAM 及其变形就成为合适的调制解调方式。对于复杂多变的移动信道,具有更强适应能力的可变速率调制和多载波调制则引起了人们的研究兴趣。

数字移动通信系统中广泛使用了两大类调制技术,一类是以 MSK、GMSK 为代表的恒包络调制,另一类是以 PSK、QPSK 为代表的线性调制。

1.5.3 多址技术

移动通信的传输信道是随通信用户(移动台)移动而分配的动态无线信道,一个基站同时为多个用户服务,基站通常有多个信道。每次一个用户占用一个信道进行通话,多数情况下是多个用户同时通话,同时通话的多个用户之间是以信道来区分的,这就是多址。移动通信系统采用了多址技术,使得每个用户所占用的信道各有不同的特征,并且信道间彼此隔离,从而达到信道区分的目的。

多址技术就是基站能从众多的用户信号中区分出是哪一个用户发来的信号,而移动台能从基站发来的众多的信号中识别出哪一个是发给自己的,避免用户间的互相干扰。移动通信中的多址技术也是射频信道的复用技术,这和数字通信中的多路复用不同:在发送端(信源)中,各路信号不需要集中合并,而是各自利用高频载波进行调制并送入无线信道中传输;接收端(信宿)各自从无线信道上取下已调信号,解调后得到所需信息。多址技术的应用使系统容量大为增加,便于网络管理和信道分配,并且使信道切换更加可靠。

多址技术的基本类型有频分多址、时分多址、码分多址和空分多址(space division multiple access,SDMA)。对于移动通信系统而言,由于用户数和通信业务量激增,因此一个突出的问题是在频率资源有限的条件下,如何提高通信系统的容量。因为多址方式直接影响移动通信系统的容量,所以一个蜂窝移动通信系统选用什么类型的多址技术直接影响移动通信系统的容量大小。

1.5.4 抗衰落技术

移动通信系统利用信号处理技术来改进恶劣无线电传播环境中的链路性能。多径衰落和多普勒频移的影响会导致接收信号产生很大的衰落深度,一般为 40 ~ 50 dB,偶尔可达到 80 dB。若是通过增大发射功率来克服这种深度衰落,通常通信系统无法负担那么大的功率代价,这迫使人们利用各种信号处理的方法来对抗衰落。分集技术和均衡技术就是用来克服衰落、改进接收信号质量的,它们既可单独使用,也可组合使用。

分集接收是指接收端信息的恢复在多重接收的基础上,利用接收到的多个信号的适当组合来减少接收时窄带平坦衰落深度和持续时间,从而达到提高通信质量和可通率的目的。在其他条件不变的情况下,由于改变了接收端输出信噪比的概率密度函数,系统的平均误码率下降 1 ~ 2 个数量级,中断率也明显下降。最通用的分集技术是空间分集,其他分集技术还包括天线极化分集、频率分集和时间分集。码分多址系统通常使用 RAKE 接收机,它能够通过时间分集来改善链路性能。

均衡是信道的逆滤波,用于消除由多径效应引起的码间干扰,即符号间干扰(inter symbol interference,ISI)。均衡可分为两类:线性均衡和非线性均衡。均衡器可采用横向或格型等结构。由于无线衰落信道是随机的、时变的,故需要研究均衡器自适应地跟踪信道

的时变特性。

分集技术和均衡技术都被用于改进无线链路的性能,提高系统数据传输的可靠性。但是在实际的无线通信系统中,每种技术在实现方法、所需费用和实现效率等方面具有很大的不同,在不同的场合需要采用不同的技术或技术组合。

此外,在各种移动通信系统中使用不同的纠错编码技术、自动功率控制技术,都能起到抗衰落的作用,可提高通信的可靠性。例如,模拟蜂窝系统(AMPS 和 TACS 系统)采用多种格式的 BCH 编码;在 CDMA 系统中采用卷积编码和交织技术等。

1.5.5　组网技术

移动通信网有自己的专用设备和组网方式,并提供和固网[公用电话交换网、综合业务数字网、分组交换公用数据网(packet switched public data network,PSPDN)、电路交换公用数据网(circuit switched public data network,CSPDN)]的接口,把移动用户与移动用户、移动用户与固网用户互相连接起来。

移动通信网在选择组网方式时主要从以下几个方面考虑:覆盖范围广、频率利用率高、通信容量大、干扰小、组网简单、投资少、见效快等。移动通信系统采用的所有技术都是基于信道和用户的动态特性,为解决有限的频率资源和日益增长的通信用户、业务需求之间的矛盾而产生的,组网技术也不例外。组网技术涉及的技术方面非常广泛,大致分为网络结构、网络接口和网络的控制与管理等。

1. 网络结构

在通信网络的总体规划和设计中必须解决的一个问题是:为了满足运行环境、业务类型、用户数量和覆盖范围等方面的要求,通信网络应该设置哪些基本组成部分(如基站、移动台、移动交换中心、网络控制中心、操作维护中心等)和应该怎样部署这些组成部分,才能构成一种实用的网络结构。此外,移动网络还要与公用交换电话网、综合业务数字网以及公共数据网相连接。

随着移动通信的发展,网络结构不但本身在发生着变化,其适应性的要求也在不断提高。例如,在蜂窝结构的研究中,为了既能满足大地区、高速移动用户的需求,又能满足高密度、低速移动用户的需求,同时还能满足室内用户的需求,有人曾提出一种混合蜂窝结构:用宏蜂窝满足高速移动用户的需求,用微蜂窝满足行人和慢速移动终端的需求,用微微蜂窝满足室内用户终端的需求。这种网络构思确有新意,但是移动用户是移动的,可能在通话过程中由步行改为乘车,或者由室外进入室内,因而要保证用户通话的连续性和通话质量,就必须能在不同蜂窝层次之间快速、有效地支持通话用户的越区切换。显然,满足这种要求的做法并不是简单易行的。

2. 网络接口

移动通信网络由若干个功能实体组成,在用这些功能实体进行网络部署时,为了使各功能实体之间交换信息,有关功能实体之间都要用接口进行连接。同一通信网络的接口,必须符合统一的接口规范。

除此之外,大部分移动通信网络需要与公共电信网络(PSTN、ISDN 等)互连,这种互连是在二者的交换机之间进行的。通常双方采用 7 号信令系统实现互连。

在一个地区或国家中,常常会设置多个移动通信网络,为了使移动用户能在更大的范围内实现漫游,不同网络之间应实现互连。若两个网络的技术规范相同,则二者可通过移动交换中心实现互连;若二者的技术规范不同,则需设立中介接口设备实现互连。

在一个移动通信网络中,对上述许多接口的功能和运行程序必须有明确要求并应建立统一的标准,这就是所谓的接口规范。只要遵守接口规范,无论哪一厂家生产的设备都可以用来组网,而不必限制这些设备在开发和生产中采用何种技术。显然,这也为厂家的大规模生产与不断进行设备的改进提供了方便。

3.网络的控制与管理

无论何时,当某一移动用户在接入信道上向另一移动用户或有线用户发起呼叫,或者某一有线用户呼叫移动用户时,移动通信网络就要按照预定的程序开始运转,这个过程会涉及网络的各个功能部件,包括基站、移动台、移动交换中心、各种数据库以及网络的各个接口等。网络要为用户呼叫配置所需的控制信道和业务信道,指定和控制发射机的功率,进行设备和用户的识别与鉴权,完成无线链路和地面线路的连接与交换,最终在主呼用户和被呼用户之间建立起通信链路,提供通信服务及移动通信系统的连接控制(或管理)功能,该过程称为呼叫接续过程。

当移动用户从一个位置区漫游到另一个位置区时,网络中的有关位置寄存器要随之对移动台的位置信息进行登记、修改或删除。如果移动台在通信过程中越区,网络要在不影响用户通信的情况下,控制该移动台进行越区切换,其中包括判定新的服务基站、指配新的频率或信道以及更换原有地面线路等程序。这些功能是移动通信系统的移动管理功能。

在移动通信网络中,重要的管理功能还有无线资源管理(radio resource management, RRM)。无线资源管理的目标是在保证通信质量的条件下,尽可能地提高通信系统的频谱利用率和通信容量。为了适应传播环境、网络结构和通信路由的变化,有效的办法是采用动态信道分配法,即根据当前用户周围的业务分布和干扰状态,选择最佳的(无冲突或干扰最小)信道并分配给通信用户使用。显然,这一过程既要在用户的常规呼叫时完成,也要在用户越区切换的通信过程中迅速完成。

上述控制和管理功能均由网络系统的整体操作实现,每一过程均涉及各个功能实体的相互支持和协调配合,为此,网络系统必须为这些功能实体规定明确的操作程序、控制规程和信令格式。

1.5.6 语音编码技术

在移动通信系统中,带宽是极其有限的。在有限的可分配带宽内容纳更多的用户,压缩语音信号的传输带宽,一直是业内追求的目标。语音编码的设计和主观测试是相当困难的,只有在低速率语音编码的情况下,数字调制方案才有助于提高语音业务的频谱效率。

语音编码大致分为波形编码、参量编码和混合编码 3 类,具有 3 方面的意义:一是提高通话质量,通过数字化和信道编码纠错技术实现;二是提高频率利用率,通过低码率编码实现;三是提高系统容量,通过语音激活技术实现。

移动通信对语音编码有 5 个要求:第一,编码速率低,语音质量好;第二,有较强的抗噪声干扰和抗误码的性能;第三,编译码时延小,总时延在 65 ms 以内;第四,编译码器复杂度低,便于大规模集成化;第五,功耗低,便于应用于手持机中。

语音编码的目的是解除语音信源的统计相关性,在保持一定的算法复杂度和通信时延的前提下,运用尽可能少的信道容量传送尽可能高质量的语音。通常,编码器的效率与获得此效率的算法复杂程度之间有正比关系,效率越高,算法越复杂,时延与费用就会越高。因此,必须在这两个矛盾的因素之间寻求一个平衡点。发展语音编码的目的是移动该平衡点,使平衡点向更低的比特率方向移动。

第2章 移动信道的电波传播

信道是指以传输媒体为基础的信号通道,是任何一个通信系统不可或缺的组成部分。信道按照传输媒体的不同可分为有线信道和无线信道两类。移动通信的信道属于无线信道。无线信道不像有线信道那样固定并可预见,而是具有极度的随机性。通常,无线信道的建模采用统计方法。

本章在介绍无线电波的频段划分的基础上,介绍了无线电波传播特性、阴影效应,以及移动信道的多径传播特性、多径衰落信道的主要参数及分类,重点分析了陆地移动信道的电波传播损耗预测模型。

2.1 无线电波的频段划分

人类正在观测研究和利用的电磁波,其频率低至千分之几赫兹(地磁脉动)、高达 10^{30} Hz(宇宙射线),相应地,波长从 10^{11} m 减至 10^{-20} m 以下,不同波长的电磁波表现出不同的特性。按序排列的频率分布称为频谱(或波谱)。在整个电磁波谱中,无线电波的波段划分如表 2 - 1 所示。

表 2 - 1 无线电波的波段划分①

频段名	频率 f	波长 λ	波段名	用途
极低频 (ELF)	30 Hz 以下	10^4 km 以上	极长波	对潜通信、地下通信、极稳定的全球通信、地下遥感、电离层与磁层研究
超低频 (SLF)	30 ~ 300 Hz	10^3 ~ 10^4 km	超长波	地质结构探测、电离层与磁层研究、对潜通信、地震电磁辐射前兆检测
特低频 (ULF)	300 ~ 3 000 Hz	100 ~ 1 000 km	特长波	地质勘探、地震电磁辐射前兆检测
甚低频 (VLF)	3 ~ 30 kHz	10 ~ 100 km	甚长波	超远程及水下相位差导航系统、全球电报通信及对潜指挥通信、时间频率标准传递、地质探测

---

① 表 2 - 1 中,ELF 全称为 extremely low frequency;SLF 全称为 super low frequency;ULF 全称为 ultra low frequency;VLF 全称为 very low frequency;LF 全称为 low frequency;MF 全称为 medium frequency;HF 全称为 high frequency;VHF 全称为 very high frequency;UHF 全称为 ultra high frequency;SHF 全称为 super high frequency;EHF 全称为 extremely high frequency;LW 全称为 long wave;MW 全称为 medium wave;SW 全称为 short wave。

表 2－1(续)

频段名	频率 f	波长 λ	波段名		用途
低频 (LF)	30 ~ 300 kHz	1 ~ 10 km	长波 (LW)		导航、信标、电力线通信
中频 (MF)	300 ~ 3 000 kHz	100 ~ 1 000 m	中波 (MW)		调幅广播、机场着陆系统、业余无线电
高频 (HF)	3 ~ 30 MHz	10 ~ 100 m	短波 (SW)		短波广播、定点军用通信、业余无线电
甚高频 (VHF)	30 ~ 300 MHz	1 ~ 10 m	米波 (metric wave)		移动无线电话、电视、调频广播、空中管制、车辆通信、导航
特高频 (UHF)	300 ~ 3 000 MHz	10 ~ 100 cm	分米波	微波 (microwave)	电视、空间遥测、雷达导航、点对点通信、移动通信
超高频 (SHF)	3 ~ 30 GHz	1 ~ 10 cm	厘米波		微波接力、卫星和空间通信、雷达、移动通信
极高频 (EHF)	30 ~ 300 GHz	1 ~ 10 mm	毫米波		雷达、微波接力、射电天文学、移动通信
紫外、 可见光、 红外	300 ~ 3 000 GHz	0.1 ~ 1 mm	亚毫米波 (submillimeter wave)		光通信

不同波长(或频率)的无线电波的传播特性不同,考虑到系统技术问题,一些频段的无线电波的典型应用如下。

1. 极低频无线电波(极长波)

极低频无线电波的典型应用为对潜通信、地下通信、极稳定的全球通信、地下遥感、电离层与磁层研究。由于频率低,因而极低频无线电波信息容量小、信息速率低(约 1 bit/s)。该频段中,垂直极化的天线系统不易建立,并且受雷电干扰强。

2. 超低频无线电波(超长波)

超低频无线电波由于波长太长,因而辐射系统庞大且效率低,人造系统难以建立,主要由太阳风与磁层的相互作用、雷电及地震活动激发。该电波的典型应用为地质结构探测、电离层与磁层研究、对潜通信、地震电磁辐射前兆检测。近来在频段高端已有人为发射系统用于对潜艇发射简单指令和在地震活动中对深地层特性变化进行检测。

3. 甚低频无线电波(甚长波)

甚低频无线电波的典型应用为超远程及水下相位差导航系统、全球电报通信及对潜指挥通信、时间频率标准传递、地质探测。该波段难于实现大尺寸的垂直极化天线和定向天线,传输数据率低,雷电干扰也比较强。

4. 低频无线电波(长波)

低频无线电波的典型应用如我国"长河二号"远程脉冲相位差导航系统、时间频率标准传递、远程通信广播。该频段不易实现定向天线。

5. 中频无线电波(中波)

中频无线电波用于广播、通信、导航(机场着陆系统)。采用多元天线可实现较好的方向性,但是天线结构庞大。

6. 高频无线电波(短波)

高频无线电波用于远距离通信广播、超视距天波及地波雷达、超视距地空通信。

7. 甚高频无线电波(米波)

米波用于语音广播、移动(包括卫星移动)通信、接力通信、航空导航信标,以及容易实现具有较高增益系数的天线系统。

8. 特高频无线电波(分米波)

分米波用于电视广播、飞机导航和着陆、警戒雷达、卫星导航、卫星跟踪、数传及指令网、蜂窝无线电通信。

9. 超高频无线电波(厘米波)

厘米波用于多路语音与电视信道、雷达、卫星遥感、固定及移动卫星信道,近年来也应用于5G移动通信。

10. 极高频无线电波(毫米波)

毫米波用于短路径通信、雷达、卫星遥感,近年来也应用于5G移动通信。此波段及以上波段的系统设备和技术有待进一步发展。

11. 紫外、可见光、红外(亚毫米波)

亚毫米波用于短路径通信。

在5G移动通信出现以前,移动通信主要使用VHF和UHF频段,主要原因有以下3点。

第一,VHF和UHF频段较适合移动通信。从VHF和UHF频段的无线电波传播特性来看,无线电波主要在视距范围内传播,一般为几千米到几十千米,比较适合移动通信(无线电波覆盖区域可控)。

第二,天线较短,便于携带和移动。天线的长度决定于波长,移动台中使用最多的是$\lambda/4$(λ为电波波长)的鞭状天线。例如,频率为150 MHz时,鞭状天线的长度约为50 cm;频率为450 MHz时,鞭状天线的长度约为17 cm;频率为900 MHz时,鞭状天线的长度约为8 cm。

第三,抗干扰能力强。由于工业火花干扰及天电干扰等属于脉冲干扰,频率越高,干扰幅度越小,因此工作在VHF和UHF频段的设备,可以用较小的发射功率获得较好的信噪比。

目前,蜂窝移动通信系统使用的频段主要有:800 MHz频段(CDMA)、900 MHz频段(AMPS、TACS、GSM)、1 800 MHz频段(DCS1800)、2 GHz频段(CDMA2000、WCDMA、TD-SCDMA、WiMAX)、2 GHz/3 GHz频段(FDD-LTE、TD-LTE)等。

2.2 无线电波的传播特性

2.2.1 无线电波的传播方式

在移动信道中,虽然电磁波的传播形式很复杂,但一般可归纳为直射、反射、绕射和散射4种基本传播方式。如图2-1所示,两端的竖线代表被放大的发射机天线和接收机天线,两个天线之间给出了4种电波的传播方式示意图。

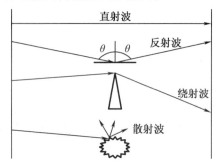

图 2-1　4 种电波的传播方式示意图

1. 直射波

传播过程中没有遇到任何阻挡物,直接由发射机到达接收机的电波,称为直射波。例如,在没有阻挡物的情况下,电磁波在视距范围内直接由基站到达手机。直射波多出现于理想的电波传播环境中。

2. 反射波

电波在传播过程中遇到比自身的波长大得多的物体时,会在物体表面发生反射,形成反射波。反射常发生于地表、建筑物的墙壁表面等。

3. 绕射波

电波在传播过程中被尖利的阻挡物边缘阻挡时,会由阻挡表面产生二次波,二次波能够散布于空间,甚至到达阻挡物的背面,那些到达阻挡物背面的电波就称为绕射波。由于地球表面的弯曲性和地表物体的密集性,绕射波在电波传播过程中起到重要作用。绕射波也称为衍射波。

4. 散射波

电波在传播过程中遇到表面粗糙的阻挡物或者体积小但数目多的阻挡物时,会在其表面发生散射,形成散射波。散射波可能散布于许多方向,因而电波的能量也被分散于多个方向。

发射机天线发出的电波经过上述多种传播路径最终到达接收机,这些来自同一波源的电波信号叠加在一起就会产生干涉,即多径传播现象,如图2-2所示。

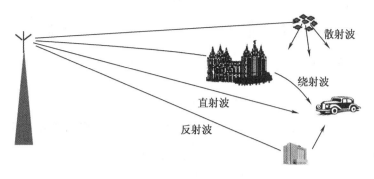

图 2 – 2　典型的移动信道电波传播方式

2.2.2　自由空间的电波传播

通常把均匀无损耗的无限大空间视为自由空间,该空间具有各向同性、电导率为零、相对介电系数和相对磁导率均衡为 1 的特点。可见自由空间是一个理想的空间,是为了简化问题研究而提出的一种数学抽象。电波在自由空间传播时不会发生反射、折射、绕射、散射和吸收等现象,因而对直射波传播可按自由空间传播来考虑。

不同的电波传播方式反映在不同传输媒体对电波传播的影响不同,带来的损耗也不同。但是即使在自由空间传播,电波在传播的过程中的功率密度也会不断衰减。为了便于对各种传播方式对定量的比较,有必要先对电波在自由空间传播进行讨论。

自由空间无线电波传播示意图如图 2 – 3 所示。仅考虑由能量扩散引起的损耗,接收机和发射机之间的路径是无任何阻挡的视距信道。那么自由空间的传播损耗可以等效为直射波的传播损耗,推导过程如下:

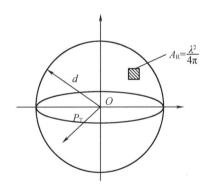

图 2 – 3　自由空间无线电波传播示意图

自由空间中,设在原点 O 有一辐射源,均匀地向各方向辐射,发射功率为 P_T。经辐射后,能量均匀地分布在以 O 点为球心、d 为半径的球面上。球的表面积为 $4\pi d^2$,因此,在球面单位面积上的功率密度 S 为

$$S = \frac{P_\mathrm{T}}{4\pi d^2}(\mathrm{W/m}^2) \tag{2-1}$$

若接收天线所能接收的有效面积取为 $A_R = \dfrac{\lambda^2}{4\pi}D$，其中 λ 为工作波长，D 为天线的方向性系数。对于各向同性的天线，$D = 1$，则接收功率为

$$P_R = SA_R = \frac{P_T}{4\pi d^2} \times \frac{\lambda^2}{4\pi} = P_T \left(\frac{\lambda}{4\pi d}\right)^2 \qquad (2-2)$$

定义发射功率与接收功率的比值为传播损耗，自由空间传播损耗 L_{fs} 可定义为

$$L_{fs} = \frac{\text{发射功率}}{\text{接收功率}} = \frac{P_T}{P_R} = \left(\frac{4\pi d}{\lambda}\right)^2 \qquad (2-3)$$

以分贝(dB)表示，则

$$[L_{fs}] = 10\lg\left(\frac{4\pi d}{\lambda}\right)^2 (\text{dB}) = 20\lg\left(\frac{4\pi d}{\lambda}\right)(\text{dB}) \qquad (2-4)$$

把波长转换成频率，得到自由空间的传播损耗公式为

$$[L_{fs}] = 32.44 + 20\lg d + 20\lg f (\text{dB}) \qquad (2-5)$$

式中，传输距离 d 的单位为 km；电波频率 f 的单位为 MHz。

观察式(2-5)可以看出，当工作频率提高一倍，或者工作波长减小一半时，电波在自由空间的传播损耗就增加 6 dB；当传播距离增加一倍时，传播损耗也增加 6 dB。

若考虑到发射机和接收机的天线增益，发射天线增益为 G_T，接收天线增益为 G_R，则接收天线上获得的功率为

$$P_R = P_T G_T G_R \left(\frac{\lambda}{4\pi d}\right)^2 \qquad (2-6)$$

则自由空间的传播损耗应为

$$[L_{fs}] = 32.44 + 20\lg d + 20\lg f - G_T - G_R (\text{dB}) \qquad (2-7)$$

可见前面求得的自由空间的传播损耗为当收、发天线增益为 0 dB，即当 $G_R = G_T = 1$ 时的特殊情况。

得到了传播损耗，则接收功率可以表示为

$$[P_R] = [P_T] - [L_{fs}] + [G_T] + [G_R] \qquad (2-8)$$

本书后面如果没有特别说明，发射天线增益 G_T 和接收天线增益 G_R 均默认为单位增益，即 $G_R = G_T = 1$。

【例2-1】 当工作频率为 900 MHz，通信距离为 10 km 和 20 km 时，分别计算其自由空间的传播损耗。

解 当 $d = 10$ km 时，自由空间的传播损耗为

$$[L_{fs}] = 32.44 + 20\lg d + 20\lg f$$
$$= 32.44 + 20\lg 10 + 20\lg 900$$
$$= 111.52 (\text{dB})$$

同理，当 $d = 20$ km 时，自由空间的传播损耗为 117.52 dB。

可见当传播距离增加一倍时，传播损耗增加了 6 dB。

【例2-2】 如果发射机发射功率为 50 W，载频为 900 MHz，假定发射天线和接收天线的增益均为 1。若仅考虑自由空间的传播损耗，则距离发射机 10 km 处的接收功率为多少

毫瓦分贝(dBm,dBm 为以 1 mW 为参照的分贝数)?

解　由例 2－1 可知,当 $d = 10$ km 时,自由空间的传播损耗为 111.52 dB,则

$$[P_R] = [P_T] - [L_{fs}]$$
$$= 10\lg 50 - 115.52$$
$$= 16.99 \text{ dBW} - 115.52 \text{ dB}$$
$$= -98.53(\text{dBW})$$
$$= -98.53 + 30(\text{dBm})$$
$$= -68.53(\text{dBm})$$

从例 2－2 中可以看出,虽然自由空间是不吸收电磁能量的理想空间,但是随着传播距离增加,因为电磁能量在扩散过程中产生了球面波扩散损耗,所以接收天线所捕获的信号功率仅仅是发射功率的很小一部分。

2.2.3　大气中的电波传播

在实际陆地移动通信信道中,电波主要在地球周围的低层大气中传播。大气层是非均匀媒体,其压力、温度与湿度都随高度而变化,其介电常数是高度的函数。大气层对电波产生折射与衰减,这直接影响视线传播的极限距离。

1. 大气折射

当电磁波从一种介质射入另一种介质时,传播方向会发生改变,这就产生了折射。如图 2－4 所示,φ_1 是入射角,φ_2 是折射角。

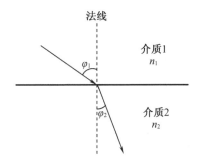

图 2－4　折射示意图

在不考虑传导电流和介质磁化的情况下,介质折射率 n 与相对介电常数 ε_r 的关系为

$$n = \sqrt{\varepsilon_r} \tag{2-9}$$

众所周知,大气的相对介电常数与温度、湿度和气压有关。大气高度不同,ε_r 也不同,即 $\mathrm{d}n/\mathrm{d}h$ 是不同的。根据折射定律,电波传播速度 v 与大气折射率 n 成反比,即

$$v = \frac{c}{n} \tag{2-10}$$

式中,c 为光速。

当一束电波通过折射率随高度(h)变化的大气层时,由于不同高度上的电波传播速度

不同,电波射束发生弯曲,弯曲的方向和程度取决于大气折射率的垂直梯度 $\mathrm{d}n/\mathrm{d}h$。这种由大气折射率引起电波传播方向发生弯曲的现象,称为大气对电波的折射。

若将大气层分成许多薄片层,每一薄片层是均匀的,各薄片层的折射率 n 随高度的增加而减小。这样,当电波在大气层中依次通过每个薄片层界面时,射线都将产生一定程度的偏折,因而电波射线形成一条向下弯曲的弧线,如图 2-5 所示。

大气折射对电波传播的影响,在工程上通常用"地球等效半径"来表征,即认为电波依然按直线方向行进,只是地球的实际半径 R_0(约为 6.37×10^6 m)变成了等效半径 R_e,R_e 与 R_0 之间的关系为

$$k = \frac{R_e}{R_0} = \frac{1}{1 + R_0 \dfrac{\mathrm{d}n}{\mathrm{d}h}} \qquad (2-11)$$

式中,k 称作地球等效半径系数。

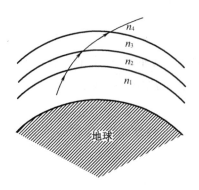

图 2-5　大气中的电波传播示意图

当 $\mathrm{d}n/\mathrm{d}h < 0$ 时,大气折射率 n 随着高度升高而减小,因而 $k > 1$,$R_e > R_0$。在标准大气折射情况下,即当 $\mathrm{d}n/\mathrm{d}h \approx -4 \times 10^{-8}$(1/m)时,等效地球半径系数 $k = 4/3$,等效地球半径 $R_e \approx 8\,500$ km。

由此可知,大气折射有利于超视距的传播,但在视线距离内,因为由折射现象所产生的折射波会同直射波同时存在,从而也会产生多径衰落。

2. 视线传播极限距离

如图 2-6 所示,设发射天线高度为 h_t,接收天线高度为 h_r,当收、发天线顶点的连线正好与地球表面相切时,假设这个距离为 d。由于地球曲率的影响,当实际两天线 A、B 间的距离 $d' < d(d = d_1 + d_2)$ 时,两天线互相"看得见",当两天线 A、B 间的距离 $d' > d$ 时,两天线互相"看不见",定义距离 d 为收、发天线高度分别为 h_t 和 h_r 时的视线传播极限距离,简称视距。AB 与地球表面相切于 C 点,R_e 为地球等效半径。

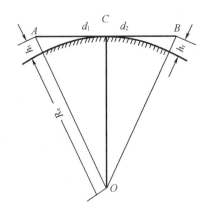

图 2-6 视线传播极限距离

观察图 2-6,因为 $R_e \gg h_t$,可得由发送天线顶点 A 到切点 C 的距离 d_1 为

$$d_1 = \sqrt{(R_e + h_t)^2 - R_e^2} \approx \sqrt{2R_e h_t} \qquad (2-12)$$

同理,由切点 C 到接收天线顶点 B 的距离 d_2 为

$$d_2 \approx \sqrt{2R_e h_r} \qquad (2-13)$$

则视线传播极限距离 d 为

$$d = d_1 + d_2 = \sqrt{2R_e}(\sqrt{h_t} + \sqrt{h_r}) \qquad (2-14)$$

在标准大气折射情况下,$R_e = 8\,500$ km,故

$$d = 4.12(\sqrt{h_t} + \sqrt{h_r}) \qquad (2-15)$$

式中,h_t、h_r 的单位是 m;d 的单位是 km。

对于球形地面来讲,当电波传播距离不同时,其情况也不同,通常可依据接收点离开发射天线的距离的不同分成 3 个区域:

(1)$d' < 0.7d$ 的区域称为亮区;

(2)$0.7d < d' < (1.2 \sim 1.4)d$ 的区域称为半阴影区;

(3)$d' > (1.2 \sim 1.4)d$ 的区域称为阴影区。

通信工程设计时要尽量保证工作在亮区范围。海上和空中移动通信时,接收点有可能进入半阴影区和阴影区,这时接收信号的场强就必须用绕射和散射公式来计算。

2.2.4　反射波

当电磁波遇到比其波长大得多的物体表面时就会发生反射。电磁波反射发生在不同物体界面上,比如地球表面、建筑物和墙壁表面。物体界面即反射界面可能是规则的,也可能是不规则的;可能是平滑的,也可能是粗糙的。反射是产生多径衰落的主要因素。

实际的移动传播环境是十分复杂的,为便于分析,在简化情况下,地面电波双径传播模型如图 2-7 所示。将地面对电波的反射按平面波处理,电波在反射点 O 的反射角等于入射角。图 2-7 中,天线 T 表示基站发射天线;天线 R 表示移动台接收天线;TR 表示直射波路径,长度用 c 表示;TOR 表示反射波路径,长度用 $a + b$ 表示;h_t 和 h_r 分别表示基站和移动台的天线高度。

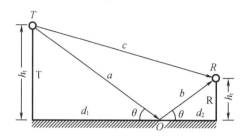

图 2-7　双径传播模型

将反射系数 R 定义为反射波场强与入射波场强的比值，表示为

$$R = |R|e^{-j\varphi} \tag{2-16}$$

式中，$|R|$ 为反射点上反射波场强与入射波场强的振幅比；φ 为反射波相对于入射波的相移。

由发射点 T 发出的电波分别经过直射波路径 **TR** 与地面反射波路径 **TOR** 到达接收点 R，由于两者的路径不同，从而会产生附加相移。反射波与直射波的路径差为

$$
\begin{aligned}
\Delta d &= a + b - c \\
&= \sqrt{(d_1 + d_2)^2 + (h_t + h_r)^2} - \sqrt{(d_1 + d_2)^2 + (h_t - h_r)^2} \\
&= d\left[\sqrt{1 + \left(\frac{h_t + h_r}{d}\right)^2} - \sqrt{1 + \left(\frac{h_t - h_r}{d}\right)^2}\right]
\end{aligned} \tag{2-17}
$$

式中，$d = d_1 + d_2$。

通常 $(h_t + h_r) \ll d$，故式 (2-17) 中的每个根号均可用二项式定理展开，并且只取展开式中的前两项。例如：

$$\sqrt{1 + \left(\frac{h_t + h_r}{d}\right)^2} \approx 1 + \frac{1}{2}\left(\frac{h_t + h_r}{d}\right)^2 \tag{2-18}$$

由此可得

$$\Delta d = \frac{2h_t h_r}{d} \tag{2-19}$$

由路径差 Δd 引起的附加相移 $\Delta\varphi$ 为

$$\Delta\varphi = \frac{2\pi}{\lambda}\Delta d \tag{2-20}$$

式中，$2\pi/\lambda$ 称为传播相移常数。

这时接收场强 E 为直射波和反射波的叠加，可表示为

$$E = E_0(1 + Re^{-j\Delta\varphi}) = E_0(1 + |R|)e^{-j(\varphi + \Delta\varphi)} \tag{2-21}$$

由式 (2-21) 可见，直射波与地面反射波的合成场强将随反射系数及路径差的变化而变化，有时会同相相加，有时会反相抵消，这就造成了合成波的衰落现象。反射系数越接近 1，衰落就越严重。所以在移动通信中，选择基站地址时，应力求减弱地面反射，或者调整天线的位置或高度，使地面反射区离开光滑界面，但这在实际中很难做到。

当多径数目很大时,不同的反射波叠加在一起,随着地面反射系数 R 和路径差的变化而变化,与双径传播模型的原理相同,有可能会同相相加,也可能会反相抵消,将可能产生多径衰落现象。

2.2.5 绕射波

在实际的移动通信环境中,发射点与接收点之间的传播路径上存在山丘、建筑物、树木等各种阻挡物。绕射的产生可以用惠更斯原理进行解释,即波前上的所有点可作为产生次级波的点源,这些次级波组合起来形成传播方向上新的波前。当电波到达阻挡物的边缘时,由次级波的传播进入阴影区。这里可以简单理解为无线电波被尖利的边缘阻挡时,会由阻挡表面产生二次波,二次波能够散布于空间,甚至到达阻挡物的背面,那些到达阻挡物背面的电波就称为绕射波。

绕射引起的附加传播损耗称为绕射损耗。该损耗与阻挡物的性质、传播路径的相对位置有关。

当阻挡物是单个物体,且阻挡物的宽度与其高度相比很小时,这样的阻挡物称为刃形阻挡物。阻挡物与发射点和接收点的相对位置(菲涅尔余隙)示意图如图 2-8 所示。图 2-8 中,P 点为传播路径中阻挡物的顶点,x 为 P 点至发射天线和接收天线顶点的连线 TR 的距离,称为菲涅尔余隙。规定有阻挡时余隙为负,如图 2-8(a)所示;无阻挡时余隙为正,如图 2-8(b)所示。

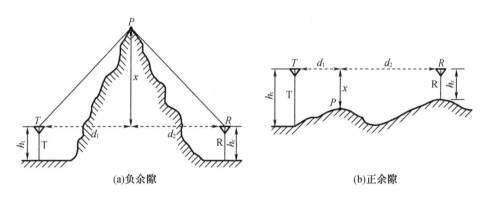

(a)负余隙　　　　　　　　　　(b)正余隙

图 2-8 菲涅尔余隙

根据菲涅尔绕射理论,可得到由阻挡物引起的绕射损耗与菲涅尔余隙之间的关系,如图 2-9 所示。图 2-9 中,纵坐标为绕射损耗,即相对于自由空间传播的值(dB)。横坐标为菲涅尔余隙 x/x_1,x_1 称菲涅尔半径(第一菲涅尔半径),且有

$$x_1 = \sqrt{\frac{\lambda d_1 d_2}{d_1 + d_2}} \tag{2-22}$$

式中,d_1 和 d_2 的定义如图 2-8 所示。

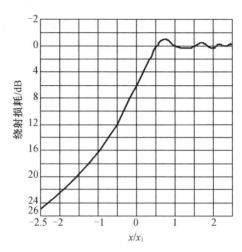

图 2 - 9　绕射损耗与菲涅尔余隙之间的关系

由图 2 - 9 可见，当横坐标 $x/x_1 > 0.5$ 时，则阻挡物对直射波的传播基本没有影响。当 $x = 0$ 时，即当 TR 直射线从阻挡物顶点擦过时，绕射损耗约为 6 dB；当 $x < 0$ 时，即 TR 直射线低于阻挡物顶点时，绕射损耗急剧增加。所以，在设计中选择天线高度时，根据地形尽可能使服务区内各处的菲涅尔余隙 $x/x_1 > 0.5$。

【例 2 - 3】　设如图 2 - 8(a)所示的传播路径中，菲涅尔余隙 $x = -82$ m，$d_1 = 5$ km，$d_2 = 10$ km，工作频率为 150 MHz。试求出电波传播损耗。

解　先由式(2 - 5)求出自由空间传播的损耗 L_{fs} 为

$$[L_{fs}] = 32.44 + 20\lg(5 + 10) + 20\lg 150 = 99.5 \ (dB)$$

由式(2 - 22)求第一菲涅尔半径 x_1 为

$$x_1 = \sqrt{\frac{\lambda d_1 d_2}{d_1 + d_2}} = \sqrt{\frac{2 \times 5 \times 10^3 \times 1 \times 10^4}{15 \times 10^3}} = 81.7 \ (m)$$

$$x/x_1 \approx -1$$

由图 2 - 9 查得横坐标为 -1 时，绕射损耗约为 17 dB，所以电波传播的损耗 L 为

$$[L] = [L_{fs}] + 17 = 116.5 \ (dB)$$

2.2.6　散射波

实际的移动环境中，接收信号比单独绕射和反射模型预测的信号要强，这是因为电波遇到粗糙表面时，发生了散射。散射波产生于粗糙表面、小物体或其他不规则物体表面。在实际的移动通信信道中，树叶、街道标志和灯柱等会引发散射。散射波可能散布于许多方向，因而电波的能量也被分散于多个方向，这就给接收机提供了额外的能量。

2.3　阴　影　效　应

电波在传播路径上遇到起伏地形、建筑物、植被(如高大的树木)等障碍物的阻挡时会

产生电磁场的阴影。移动台在运动中通过不同障碍物的阴影时,就会引起接收天线处场强中值的变化,从而引起衰落,称为阴影衰落,这种现象也称作阴影效应。

这种由阴影衰落导致接收场强中值随地理位置改变而出现的缓慢变化是一种长期衰落,由于其信号电平起伏是相对缓慢的,所以也叫慢衰落。慢衰落速率主要取决于传播环境,即移动台周围地形,包括山丘起伏、建筑物的分布与高度、街道走向、基站天线的位置与高度,以及移动台的行进速度,而与频率无关。

2.4 移动信道的多径传播特性

2.4.1 移动通信信道的时变特性

无线信道是随机时变信道。信号在无线信道中传播,会有不同的衰减损耗,进而产生多径衰落(快衰落)、阴影衰落(慢衰落)和传播损耗。

多径衰落是由多径传播产生的衰落,它反映为小范围内数十米波长量级接收信号场强的瞬时值呈现快速变化的特性,如图 2 - 10 所示。在数十米波长范围内对信号求平均值,可得到短区间中心值。

阴影衰落是由电波在传播路径上受到建筑物及山丘等的阻挡所产生的阴影效应引起的损耗,它反映为中等范围内,即数百米波长量级区间内,接收信号的短区间中心值出现缓慢变化的特性,如图 2 - 10 所示。在较大区间内对短区间中心值求平均值,可以得到长区间中心值。

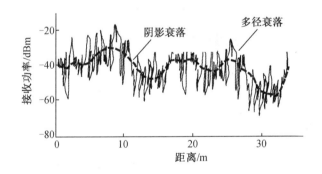

图 2 - 10　接收信号功率测试曲线示意图

传播损耗是指电波在空间传播中产生的损耗,它描述了电波传播所引起的平均接收功率衰减,主要与无线电波频率以及移动用户和基站之间的距离有关。由此引起的接收信号场强变化规律体现为在数百米或者数千米的区间内,接收信号的长区间中心值随距离基站位置的变化而变化,且其变化规律表明:接收信号的平均功率与信号传播距离的 n 次方成反比,一般情况下,$n = 3 \sim 5$。

有些文献把传播损耗和阴影衰落所引起的衰落叫作大尺度衰落,它们合并在一起反映了无线信道在大尺度上对传输信号的影响,其主要影响无线覆盖范围,合理的设计就可以

消除这种不利的影响;而将多径衰落称为小尺度衰落,其严重影响信号传播质量,并且是不可避免的,只能采用抗衰落技术来减小其影响。

2.4.2 多径效应

陆地移动通信系统的主要特征是多径传播。电波在传播过程中会遇到各种建筑物、树木、植被以及起伏的地形,从而发生反射、散射,如图 2 – 11 所示,使得到达接收端的信号不仅会含有直射波的主径信号,还会有从不同建筑物反射及绕射过来的多条不同路径的信号,那么在接收端收到的信号是上述各路径信号的矢量和。由于电波通过各条路径的距离不同,因而各条路径的电波信号的到达时间不同,相位也就不同。不同相位的多个信号在接收端叠加,有时因同相叠加而增强,有时因反相叠加而减弱。这样,接收信号的幅度将急剧变化,可能产生达 30 ~ 40 dB 的深度衰落。通常这种由多径现象引起的干扰称为多径干扰或多径效应,产生的衰落称为多径衰落。多径衰落的速率与移动台的运动速度和工作频率有关,衰落的深度与地形、地物有关。

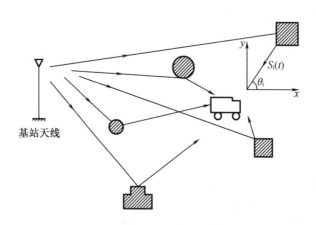

图 2 – 11　多径传播示意图

2.4.3 多普勒效应

多普勒效应以奥地利物理学家多普勒的名字命名。1842 年的一天,多普勒路过铁路交叉处,恰逢一列火车从他身旁驶过。他发现火车由远及近时汽笛声变响、音调变尖,而火车由近到远时汽笛声变弱、音调变低。他对这个物理现象进行了研究,发现由于振源与观察者之间存在着相对运动,因此观察者听到的声音频率不同于振源频率,这就是频移现象。也就是说,声源相对于观察者运动时,观察者所听到的声音会发生变化。当声源离观察者而去时,声波的波长增加、音调变得低沉;当声源接近观察者时,声波的波长减小、音调变高。

简单来说,当物体运动时,固定点接收到的从运动体发来的载波频率将随其运动速度的不同,产生不同的频率漂移,这称为多普勒频移,通常把这种现象称为多普勒效应,如图

2-12 所示。

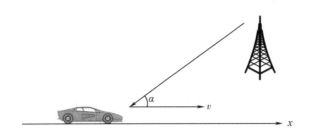

图 2-12　多普勒效应

在用户靠近基站的过程中,移动台接收到的信号频率会变高,而当用户远离基站时,移动台接收到的信号频率会变低。多普勒频移(f_d)的计算公式为

$$f_d = \frac{v}{\lambda} \cos \alpha \qquad (2-23)$$

式中,v 为移动台的运动速度;λ 为工作波长;α 为移动台的运动方向和无线电波入射方向之间的夹角。

当移动台的运动方向与入射波方向一致时,最大多普勒频移为

$$f_m = \frac{v}{\lambda} \qquad (2-24)$$

因此,多普勒频移公式也可以表示为

$$f_d = f_m \cos \alpha \qquad (2-25)$$

由多普勒频移公式可以看出,多普勒频移与移动台的运动速度、移动台的运动方向和无线电波入射方向之间的夹角有关。若终端朝向入射波方向运动,则多普勒频移为正(即接收频率上升);若终端背离入射波方向运动,则多普勒频移为负(即接收频率下降)。信号经不同方向传播,其多径分量造成了接收机信号的多普勒扩散,因而增加了信号带宽。

【例 2-4】　若移动台的运动速度为 50 km/h,载波频率为 900 MHz,求最大多普勒频移。

解

$$\lambda = \frac{c}{f_c} = \frac{3 \times 10^8}{900 \times 10^6} \approx 0.333 \text{（m）}$$

$$f_m = \frac{v}{\lambda} = \frac{50 \times 10^3}{0.333 \times 3\ 600} \approx 41.7 \text{（Hz）}$$

2.4.4　多径接收信号统计分析

本部分主要讨论多径信道的包络统计特性。接收信号的包络根据不同的无线环境一般服从瑞利分布、莱斯分布和 Nakagami-m 分布。

1. 瑞利分布

在多径传播信道中,假设:有 N 条多径信道,彼此相互独立,没有一个信道的信号占支配地位(即没有直射波通路),只有大量反射波存在,或没有占主导作用的直射波通路;这些路径的无线电波到达接收天线的方向角是随机的,相位也是随机的,在 $0 \sim 2\pi$ 均匀分布;各个反射波的幅度和相位都是统计独立的。一般来说,距离基站较远、反射物较多的地区符合上述假设。此时接收到的信号包络的衰落变化服从瑞利分布。其推导过程如下。

考虑到多普勒频移,移动台收到某条传播路径长度为 l 的信号可表示为

$$s(t) = a_l \cos(\omega_c t + 2\pi f_d t + \varphi_l) \qquad (2-26)$$

式中, a_l 为信号幅度; f_d 为多普勒频移; φ_l 为电波到达相位,表示为

$$\varphi_l = \frac{2\pi}{\lambda} l \qquad (2-27)$$

接收信号可以表示为

$$S_r(t) = \sum_{i=1}^{N} a_i \cos\left(\omega_c t + 2\pi \frac{v}{\lambda} \cos \alpha_i t + \varphi_i\right) \qquad (2-28)$$

令 θ_i 为入射角,则

$$\theta_i = 2\pi \frac{v}{\lambda} \cos \alpha_i t + \varphi_i \qquad (2-29)$$

于是有

$$\begin{aligned} S_r(t) &= \sum_{i=1}^{N} a_i \cos(\omega_c t + \theta_i) \\ &= T_c(t) \cos \omega_c t - T_s(t) \sin \omega_c t \end{aligned} \qquad (2-30)$$

式中

$$T_c(t) = \sum_{i=1}^{N} a_i \cos \theta_i \qquad (2-31)$$

$$T_s(t) = \sum_{i=1}^{N} a_i \sin \theta_i \qquad (2-32)$$

式中, $T_c(t)$ 和 $T_s(t)$ 分别为 $S_r(t)$ 的两个角频率相同的相互正交的分量; a_i 为信号幅度; θ_i 为入射角。 a_i 和 θ_i 都是随机变量。当 N 很大时, $T_c(t)$ 和 $T_s(t)$ 为大量随机变量之和。根据中心极限定理,大量独立随机变量之和的分布趋向于正态分布,所以 $T_c(t)$ 和 $T_s(t)$ 是高斯随机过程。

若用 T_c 和 T_s 分别表示某时刻 t 对应于随机过程 $T_c(t)$ 和 $T_s(t)$ 的随机变量,则 T_c 和 T_s 服从正态分布,即有概率密度函数为

$$p(T_c) = \frac{1}{\sqrt{2\pi} \sigma_c} e^{-\frac{T_c^2}{2\sigma_c^2}} \qquad (2-33)$$

$$p(T_s) = \frac{1}{\sqrt{2\pi} \sigma_s} e^{-\frac{T_s^2}{2\sigma_s^2}} \qquad (2-34)$$

式中, σ_c 和 σ_s 分别为 T_c 和 T_s 的方差。

假设 T_c 和 T_s 的均值为 0，方差相等，即有

$$\sigma_c^2 = \sigma_s^2 = \sigma^2 \qquad (2-35)$$

T_c 和 T_s 相互独立，则 T_c 和 T_s 的联合概率密度等于 T_c 和 T_s 概率密度之积，即

$$p(T_c, T_s) = p(T_c)p(T_s) = \frac{1}{2\pi\sigma^2} e^{-\frac{T_c^2 + T_s^2}{2\sigma^2}} \qquad (2-36)$$

通常，二维分布的概率密度函数使用极坐标系 (r, θ) 表示比较方便。此时，接收天线处的信号振幅即包络为 r，相位为 θ，对应于直角坐标系为

$$r^2 = T_c^2 + T_s^2 \qquad (2-37)$$

$$\theta = \arctan \frac{T_s}{T_c} \qquad (2-38)$$

则有

$$T_c = r\cos\theta, \ T_s = r\sin\theta \qquad (2-39)$$

由雅可比行列式：

$$J = \frac{\partial(T_c, T_s)}{\partial(r, \theta)} = \begin{vmatrix} \cos\theta & -r\sin\theta \\ \sin\theta & r\cos\theta \end{vmatrix} = r \qquad (2-40)$$

可求出新坐标系下的联合概率密度：

$$p_{r,\theta}(r, \theta) = p(T_c, T_s) \cdot |J| = \frac{r}{2\pi\sigma^2} \exp\left(-\frac{r^2}{2\sigma^2}\right) \qquad (2-41)$$

对 θ 积分，可求得包络概率密度函数 $p(r)$ 为

$$p(r) = \frac{1}{2\pi\sigma^2} \int_0^{2\pi} r e^{-\frac{r^2}{2\sigma^2}} d\theta = \frac{r}{\sigma^2} e^{-\frac{r^2}{2\sigma^2}}, \text{瑞利分布}, r \geqslant 0 \qquad (2-42)$$

同理，对 r 积分可求得相位概率密度函数 $p(\theta)$ 为

$$p(\theta) = \frac{1}{2\pi\sigma^2} \int_0^{\infty} r e^{-\frac{r^2}{2\sigma^2}} dr = \frac{1}{2\pi}, 0 \leqslant \theta \leqslant 2\pi \qquad (2-43)$$

式 $(2-42)$ 和式 $(2-43)$ 表明，多径接收信号的相位在 $[0, 2\pi]$ 服从均匀分布，接收信号的包络服从瑞利分布，故把这种多径衰落称为瑞利衰落。瑞利分布的概率密度曲线如图 $2-13$ 所示。

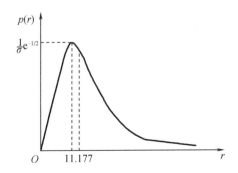

图 2 – 13　瑞利分布的概率密度曲线

2. 莱斯分布

当存在一个主要的静态(非衰落)信号分量时,如直射系统中,接收信号中有视距信号成为主导分量,同时还有不同角度随机到达的多径分量叠加于其上,或者非直射系统中,源自某一个散射体路径的信号功率特别强,此时多径接收信号的包络将服从莱斯分布。如果主导信号分量减弱到与其他多径信号分量功率相匹敌时,接收信号的包络将退化为服从瑞利分布。当主导信号分量进一步增强时,接收信号的包络将从服从莱斯分布趋向于服从高斯分布。

莱斯分布的概率密度函数表示为

$$p(r) = \begin{cases} \dfrac{r}{\sigma^2}e^{-\frac{(r^2+A^2)}{2\sigma}}I_0\left(\dfrac{A^2}{\sigma^2}\right), A\geqslant 0, r\geqslant 0 \\ 0, r<0 \end{cases} \tag{2-44}$$

式中,A 为主信号峰值;r 为衰落信号包络;σ^2 为 r 的方差;$I_0(\cdot)$ 为 0 阶第一类修正贝塞尔函数。莱斯分布的概率密度函数曲线如图 2-14 所示。

定义 K 为主信号功率与多径分量方差之比,称为莱斯因子,表示为

$$K = \frac{A^2}{2\sigma^2} \tag{2-45}$$

用分贝表示为

$$K = 10\lg\frac{A^2}{2\sigma^2}(\text{dB}) \tag{2-46}$$

K 的大小完全决定了莱斯分布。当 $A\to 0, K\to -\infty$ 时,莱斯分布将变为瑞利分布;当某一路径的信号增强为主导信号时,接收信号包络从瑞利分布变为莱斯分布;当主导信号进一步增强,$\dfrac{A}{2\sigma^2}\gg 1$ 时,莱斯分布将趋向于高斯分布。

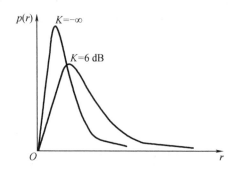

图 2-14 莱斯分布的概率密度曲线

3. Nakagami - m 分布

Nakagami - m 分布采用基于现场实测的方法,通过曲线拟合来得到近似分布的概率密度函数。Nakagami - m 分布对于无线信道的描述具有很好的适应性,常见的瑞利分布、莱斯

分布或者高斯分布都可以用其来描述。

若信号包络 r 服从 Nakagami − m 分布,则其概率密度函数为

$$p(r) = \frac{2m^m r^{2m-1}}{\Gamma(m)\Omega^m} \exp\left(-\frac{mr^2}{\Omega}\right) \qquad (2-47)$$

式中, $m = \frac{E(r^2)}{\mathrm{var}(r^2)}$ 为不小于 1/2 的实数; $\Omega = E(r^2)$; $\Gamma(m) = \int_0^\infty x^{m-1} \mathrm{e}^{-x} \mathrm{d}x$,为伽马函数。

对于功率 $s = r^2/2$ 的概率密度函数,则有

$$p(s) = \left(\frac{m}{\bar{s}}\right)^m \frac{s^{m-1}}{\Gamma(m)} \exp\left(-\frac{ms}{\bar{s}}\right) \qquad (2-48)$$

式中, $\bar{s} = E(s) = \frac{\Omega}{2}$,为信号的平均功率。

参数 m 取不同值时对应不同的分布。当 $m = 1$ 时,有

$$p(r) = \frac{2r}{\Omega} \exp\left(-\frac{r^2}{\Omega}\right) = \frac{r}{\bar{s}} \exp\left(-\frac{r^2}{2\bar{s}}\right) \qquad (2-49)$$

则 Nakagami − m 分布退化为瑞利分布。

当 m 较大时,Nakagami − m 分布接近于高斯分布。

2.4.5 描述衰落特性的特征量

在工程实际中,常用一些特征量表示信号的幅度衰落特性,这些特征量有衰落率、衰落深度、电平通过率和衰落持续时间等。

1. 衰落率

信号包络在单位时间内以正斜率通过中值电平的次数即为包络衰落的速率,简称衰落率。它可以用来衡量信号包络变化的快慢,即频繁程度。衰落率与发射频率,移动台的行进速度、方向,以及多径传播的路径数有关。由于衰落率是随机变量,因此通常用平均衰落率来描述。

平均衰落率可以表示为

$$A = \frac{v}{\lambda/2} = 1.85 \times 10^{-3} \times v \times f \qquad (2-50)$$

式中, v 为行进速度,单位为 km/h; f 为工作频率,单位为 MHz。平均衰落率 A 的单位为 Hz。

测试结果表明,移动台的行进方向朝向或背离电波传播方向时,衰落最快。频率越高,速度越快,平均衰落率的值越大。

2. 衰落深度

衰落深度可以用来衡量衰落的严重程度,其定义为接收电平与场强中值电平之差或信号电平低于中值电平的值(dB),表示以场强中值电平为参考,信号起伏偏离其中值电平的程度。

衰落深度与衰落速率密切相关。深度衰落发生的次数较少,浅度衰落发生得相当频繁。根据实测统计,信号包络衰减 20 dB 的概率约为 1%,衰减 30 dB 和 40 dB 的概率分别

约为 0.1% 和 0.01%。

3. 电平通过率

电平通过率表示信号包络在单位时间内以正斜率通过某规定电平 R 的平均次数,记为 N_R,可以用来描述衰落次数的统计规律,如图 2 - 15 所示。由于电平通过率是随机变量,因此通常用平均电平通过率来描述。

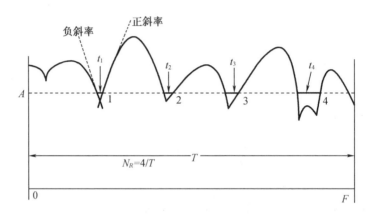

图 2 - 15　电平通过率

图 2 - 15 中,信号包络在时间 T 内 4 次以正斜率通过规定电平 $R = A$,即时间 T 内信号 4 次衰落至规定电平 A 以下,所以电平通过率 N_R 为 $4/T$。

电平通过率在数学上可以表示为

$$N_R = \int_0^\infty \dot{r} p(R, \dot{r}) \mathrm{d}\dot{r} \tag{2-51}$$

式中,$\dot{r}$ 为信号包络 r 对时间的导函数;$p(R, \dot{r})$ 为 R 和 $\dot{r}$ 的联合概率密度函数。对于瑞利分布则有

$$N_R = \sqrt{2\pi} f_m \cdot \rho \mathrm{e}^{-\rho^2} \tag{2-52}$$

式中,f_m 为最大多普勒频移;ρ 的计算式为

$$\rho = \frac{R}{\sqrt{2}\sigma} = \frac{R}{R_{rms}} \tag{2-53}$$

其中,R_{rms} 为信号有效值。

信号平均功率为

$$E(r^2) = \int_0^\infty r^2 p(r) \mathrm{d}r = 2\sigma^2 \tag{2-54}$$

R_{rms} 的计算公式为

$$R_{rms} = \sqrt{2}\sigma \tag{2-55}$$

4. 衰落持续时间

接收信号电平低于接收机门限电平时,就可能造成语音中断或误比特率突然增大。了解接收信号包络低于某个门限的持续时间的统计规律,就可以判断语音受影响的程度,或

者可以确定是否会发生突发错误以及突发错误的长度,这对工程设计具有重要意义。

衰落持续时间的定义为信号包络低于某个给定电平值的概率与该电平所对应的电平通过率之比,用公式表示为

$$\tau_R = \frac{P(r \leqslant R)}{N_R} \qquad (2-56)$$

图2-15中,衰落持续时间为 $t_1 + t_2 + t_3 + t_4$,则平均衰落持续时间 $t_R = (t_1 + t_2 + t_3 + t_4)/4$。由于每次衰落的持续时间也是随机的,因此只能给出平均衰落持续时间。

对于瑞利衰落,平均衰落持续时间为

$$\tau_R = \frac{1}{\sqrt{2\pi} f_m \rho} (e^{\rho^2} - 1) \qquad (2-57)$$

式中,f_m 为最大多普勒频移;$R_{rms} = \sqrt{2}\sigma$,为信号有效值;$\rho = \frac{R}{R_{rms}}$。

2.5　多径衰落信道的主要参数及分类

多径环境和移动台运动等影响因素,使得移动信道对传输信号在时间、频率和角度上造成了色散,从而使得本来分开的波形在时间上、频谱上或空间上产生交叠,致使信号产生衰落失真。

第一,多径效应在时域上引起信号的时延扩展,使得接收信号的时域波形展宽,在频域上对应着相关带宽性能,当信号带宽大于相关带宽时就会发生频率选择性衰落。

第二,多普勒效应在频域上引起频谱扩展,使得接收信号的频谱产生多普勒扩展,在时域上对应着相关时间性能。多普勒效应会导致发送信号在传输过程中,其信道特性发生变化,产生所谓的时间选择性衰落。

第三,散射效应会引起角度扩展。移动台或基站周围的本地散射以及远端散射会使天线的点波束产生角度扩散,在空间上规定了相关距离性能。空域上波束的角度扩散造成了同一时间、不同地点的信号衰落起伏不同,即产生所谓的空间选择性衰落。

常用一些特定参数描述多径信道在时间、频率和角度上的色散,如时延扩展、相关带宽、多普勒扩展、相关时间、角度扩展和相关距离等。

移动信道中的时间色散、频率色散和角度色散会产生各种衰落效应,信号特性、信道特性以及相对运动特性的相互关系决定了不同的发送信号会经历不同类型的衰落。

2.5.1　时间色散

时延扩展和相关带宽可以用来描述无线信道的时间色散特性。信道的时间色散是由多径效应所引起的。

1. 时延扩展

假设基站发射一个极短的脉冲信号 $S_i(t) = a_0\delta(t)$,经过多径信道后,移动台接收到的

信号呈现为一串脉冲,结果使脉冲宽度被展宽了。这种由多径传播造成的信号时间扩散的现象称为多径时散,如图 2 - 16 所示。

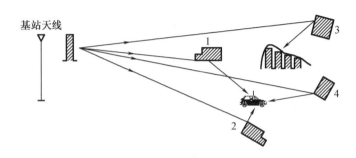

图 2 - 16　多径时散示意图

此时,接收到的信号为 N 个不同路径传来的信号之和,表示为

$$S_o(t) = \sum_{i=1}^{N} a_i S_i[t - \tau_i(t)] \qquad (2-58)$$

式中,a_i 为第 i 条路径的衰减系数;$\tau_i(t)$ 为第 i 条路径的相对延时差。因为多径的性质是随时间变化的,所以路径的个数 N、路径的衰减系数 a_i 以及路径的延时差都是变化的。

可以直观地将时延扩展的大小理解为在一串接收脉冲中,最大传输时延和最小传输时延的差值,即最后一个可分辨的时延信号和第一个时延信号到达时间的差值,实际上就是脉冲展宽的时间,记为 Δ。

在实际情况下,多径时散比图 2 - 16 给出的情况复杂得多,时延扩展采用统计测试的结果来估算。图 2 - 17 为归一化时延功率谱曲线,给出了移动通信系统中,接收机接收到的某个归一化的时延信号的包络曲线示意图。图 2 - 17 中,横坐标 τ 是相对时延值,纵坐标为相对功率密度,归一化的时延信号的包络曲线近似为指数曲线。

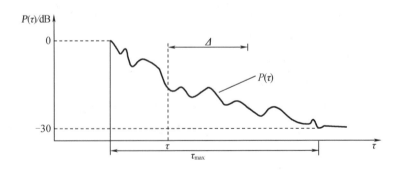

图 2 - 17　归一化时延功率谱曲线

$\tau_{\max}$ 为最大时延扩展,定义为包络从初值衰落到低于最大值 30 dB 处的时延所对应的时延差值。

平均时延 $\bar{\tau}$ 为归一化的时延谱曲线的数学期望,即

$$\overline{\tau} = \int_0^\infty \tau P(\tau) \, \mathrm{d}\tau \qquad (2-59)$$

Δ 为归一化时延谱曲线的均方值时延扩展,即

$$\Delta = \sqrt{\int_0^\infty \tau^2 P(\tau) \, \mathrm{d}\tau - \overline{\tau}^2} \qquad (2-60)$$

当归一化时延功率为离散时,有

$$\overline{\tau} = \frac{\sum\limits_k a_k^2 \tau_k}{\sum\limits_k a_k^2} = \frac{\sum\limits_k P(\tau_k) \tau_k}{\sum\limits_k P(\tau_k)} \qquad (2-61)$$

$$\Delta = \sqrt{\overline{\tau^2} - \overline{\tau}^2} \qquad (2-62)$$

式中

$$\overline{\tau^2} = \frac{\sum\limits_k a_k^2 \tau_k^2}{\sum\limits_k a_k^2} = \frac{\sum\limits_k P(\tau_k) \tau_k^2}{\sum\limits_k P(\tau_k)} \qquad (2-63)$$

Δ 是对多径信道时延特性的统计描述,表征时延谱扩展的程度。Δ 越大,时延扩展越严重;Δ 越小,时延扩展越轻。

由于存在时延扩展,接收信号中,一个码元的波形会扩展到其他码元周期内,引起码间干扰。如果码元速率 R_b 较小,满足 $R_b < 1/\Delta$ 条件时,可以避免码间干扰;如果码元速率较大,应该采用相关的技术来消除或者减少码间干扰的影响。

表 2-2 给出了时延扩展的一些典型数据。

表 2-2 时延扩展的一些典型数据

参数	市区	郊区
平均时延 $\overline{\tau}$/μs	1.5 ~ 2.5	0.1 ~ 0.2
对应路径距离差/m	470 ~ 750	30 ~ 600
时延扩展 Δ/μs	1.0 ~ 3.0	0.2 ~ 2.0
最大时延扩展 τ_{max}(-30 dB)/ μs	5.0 ~ 12.0	3.0 ~ 7.0

可见,市区的时延要比郊区大,也就是说,从多径时间色散考虑,市区的传播条件更为恶劣。

2. 相关带宽

当信号通过移动通信信道时,会产生多径衰落,但是信号中不同频率分量通过多径信道后,所受衰落是否相同? 这需要依赖于信号带宽与相关带宽的关系来判断。这里面的"相关带宽"是从时延扩展 Δ 得出的一个关系值。

相关带宽是指两个频率分量有很强的幅度相关性的信号带宽或者频率范围,记为 B_c。当两个频率分量的频率间隔小于相关带宽 B_c 时,它们具有很强的幅度相关性;相反,当两个

频率分量的频率间隔大于相关带宽 B_c 时,它们的幅度相关性很弱。

为了得出相关带宽和时延扩展的关系,进行简化推导,以双径信道模型为例,且不计信道的固定衰减,如图2-18所示。

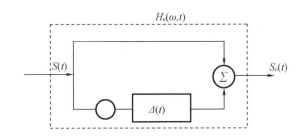

图2-18 双径信道模型

一条路径的信号为 $S_i(t)$,另一条路径的信号为 $rS_i(t)e^{j\omega\Delta(t)}$,接收信号为两者之和,即

$$S_o(t) = S_i(t)[1 + re^{j\omega\Delta(t)}] \tag{2-64}$$

式中,r 为一比例常数;$\Delta(t)$ 为时延扩展。

图2-18所示的双射线信道等效网络的传递函数为

$$H_e(\omega, t) = \frac{S_o(t)}{S_i(t)} = 1 + re^{j\omega\Delta(t)} \tag{2-65}$$

信道的幅频特性为

$$A(\omega, t) = |1 + r\cos\omega\Delta(t) + jr\sin\omega\Delta(t)| = \sqrt{1 + r^2 + 2r\cos\omega\Delta(t)} \tag{2-66}$$

由式(2-66)可知,当 $\omega\Delta(t) = 2n\pi$ 时,双径信号同相叠加,信号出现峰点;当 $\omega\Delta(t) = (2n+1)\pi$ 时,双径信号反相相消,信号出现谷点,幅频特性如图2-19所示。

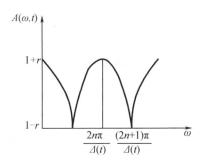

图2-19 双径信道的幅频特性示意图

相邻两个谷点的相位差为

$$\Delta\varphi = \Delta\omega \cdot \Delta(t) = 2\pi \tag{2-67}$$

则

$$\Delta\omega = \frac{2\pi}{\Delta(t)} \tag{2-68}$$

于是有

$$B_c = \frac{\Delta\omega}{2\pi} = \frac{1}{\Delta(t)} \qquad (2-69)$$

由此可见,两相邻场强为最小值的频率间隔是与双径时延扩展 $\Delta(t)$ 成反比的,B_c 即为多径时散的相关带宽。

上面的分析只针对上述双径信道的特定情况,实际上,移动信道中的传播路径通常不止两条,而是多条。对于相关带宽的计算也很复杂。多径时延扩展 Δ 是随时间变化的,可由大量实测数据经过统计处理计算得出。此外,相关带宽还取决于包络的相关系数的大小。但总体来说,相关带宽由信道的时延扩展决定,两者成反比。

比如对于多径信道,包络的相关系数大于 0.9,则相关带宽为

$$B_c \approx \frac{1}{50\Delta} \qquad (2-70)$$

若将相关系数放宽至大于 0.5,则

$$B_c \approx \frac{1}{5\Delta} \qquad (2-71)$$

实际上,通常工程上根据包络的相关系数等于 0.5 来衡量相关带宽,则

$$B_c = \frac{1}{2\pi\Delta} \qquad (2-72)$$

3. 平坦衰落和频率选择性衰落

多径特性引起的时间色散,可以导致发送的信号经过这样的信道后产生平坦衰落或频率选择性衰落。平坦衰落和频率选择性衰落的发生条件如图 2-20 所示。

当发送的信号带宽比信道的相关带宽小得多时,信号通过信道传输后,其各频率分量的变化具有一致性,即信号在各个频率上的增益或衰减几乎是一个常数,也即发生了平坦衰落,也叫非频率选择性衰落。

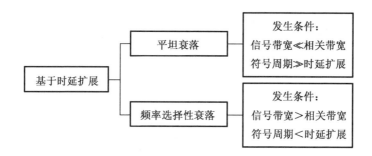

图 2-20 平坦衰落和频率选择性衰落的发生条件

值得注意的是,这里的"平坦"是一个相对于频域的概念,而在时域上,对于任意的一个固定时间,信号在不同频率上的增益或衰减几乎是一个定值。但是随着时间的变化,信号的功率有可能经历快速而剧烈的变化,导致信号忽大忽小。这是因为当发生平坦衰落时,

信道的时延扩展小于符号周期,到达接收机的多径信号是不可分辨的,即不同路径的时延差远小于信号带宽的倒数,由这些不可分辨的信号结合而成的接收信号包络是一个随机变量,研究表明,其通常服从瑞利分布,当存在一个固定的直射分量时则服从莱斯分布,相关分析见2.4.4。

当发送的信号带宽大于信道的相关带宽时,信道对发送信号在不同频率上的衰减是不尽相同的,对不同的频率成分有了不同的响应,也就是说对信号的频率具有了选择性,信号产生了失真,发生了频率选择性衰落。很明显,"选择性"也是一个频域上的概念,从时域上看,由于信道的时延扩展大于符号周期,多径传播使得在接收信号中形成数个可分辨的路径,这些路径(即多径)将对后续脉冲造成干扰,或者对数字通信系统来说,会使接收信号的一个码元的波形扩展到其他码元周期内,这称为码间干扰。

2.5.2 频率色散

多普勒扩展和相关时间可以用来描述无线信道的时变特性。信道的时变特性是由多普勒效应引起的。

1. 多普勒扩展

当发送端和接收端有相对运动的时候,信号便有多普勒频移产生,这引起了信号频谱扩展。如果发送的是频率为 f_c 的正弦波,在没有多普勒效应的情况下,信号的功率谱密度为一德塔(Delta)函数,所有的信号能量会集中在中心频率 f_c 附近。一旦发送端和接收端有相对运动,多普勒效应将会使功率谱密度往 $f_c \pm f_m$ 频率附近集中,其中 $f_m = v/\lambda$ 为最大多普勒频移,形成"U"字形,接收电波的功率谱 $S_{PSD}(f)$ 扩展到 $(f_c - f_m) \sim (f_c + f_m)$ 范围,如图 2-21 所示。

将多普勒扩展 B_D 定义为多普勒频谱不为零的频率范围。多普勒扩展 B_D 是谱展宽的测量值,一般定义为

$$B_D = f_m = v/\lambda \qquad\qquad (2-73)$$

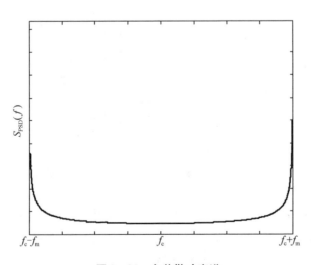

图 2-21 多普勒功率谱

2. 相关时间

在描述信道的时变特性时,从频域的角度来看,有多普勒扩展 B_D 这个参数,而相关时间 T_c 则为多普勒扩展在时域上的表现。这是因为多普勒效应所造成信道的频率色散,其实也隐含了信道会随时间而改变这个事实,体现了移动无线信道的时间变化率。

和相关带宽的定义类似,相关时间指的是在某个时间间隔内,任意两个接收信号的增益或衰减有很强的相关性,也就是说,信道对这两个信号所造成的增益或衰减是基本相同的,所以相关时间就是信道冲激响应维持不变的时间间隔的统计平均值。相关时间表征了时变信道对信号的衰落节拍,这种衰落是由多普勒效应引起的,发生在传输波形的特定时间段上,呈现出时间选择性。

由于相关时间是多普勒扩展在时域的表示,与多普勒扩展呈现倒数关系,所以相关时间 T_c 为

$$T_c \approx \frac{1}{f_m} \tag{2-74}$$

若将相关时间定义为两个信号包络相关度为 0.5 时的时间间隔,则相关时间 T_c 为

$$T_c \approx \frac{9}{16\pi f_m} \tag{2-75}$$

工程上,在现代数字通信中,常规定相关时间 T_c 为式(2-74)和式(2-75)的几何平均,以此作为经验公式,则

$$T_c = \frac{9}{\sqrt{16\pi f_m^2}} = \frac{0.423}{f_m} \tag{2-76}$$

如果发送信号的码元周期大于信道的相关时间,则信道将在一个码元尚未传送完毕之前就发生变化,如此一来,接收机所收到的信号就会失真。

3. 慢衰落和快衰落

多普勒效应引起的频率色散,导致信号经过这样的信道后会产生慢衰落或快衰落。慢衰落和快衰落的发生条件如图 2-22 所示。

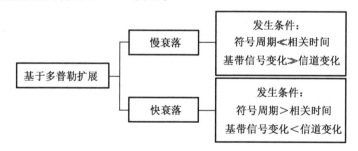

图 2-22　慢衰落和快衰落的发生条件

当发送信号的符号周期比信道的相关时间小得多或者信道的变化慢于基带信号的变化时,产生慢衰落,也叫非时间选择性衰落。从时域上看,在慢衰落信道中,信道冲激响应的变化速率比发送信号的基带码元速率慢。在这种情况下,可以把数个码元周期内的信道

状况都视为静止不变的。而从频域上看,可以认为信道的多普勒频移远小于基带信号的带宽。

当发送信号的符号周期大于信道的相关时间时则产生快衰落,也叫时间选择性衰落。从时域上看,信道的相关时间小于传送信号的码元周期,也就是说,信道在一个码元还没有传送完毕之前就已经发生了变化,因为经过信道后同一个码元的一部分增益和另外的部分不同,因此快衰落也称为时间选择性衰落,这种情况会引起发送信号的失真。再回到频域来看这个现象,多普勒频移越大,代表发送端与接收端的相对速度越高,也就代表信道变化的速度越快。因为受到较快的信道衰减变化,信号失真的情况也就越严重。在实际的系统中,大部分无线通信系统是处于慢衰落的信道中的,快衰落只会发生在发送码元速率极低的情况下。

以式(2-75)为例,当移动台的速度为 60 km/h、载频为 900 MHz 时,相关时间的一个保守估计值为 3.58 ms。这说明若要保证数字信号在经过信道后不会产生快衰落,就必须保证传输的符号速率大于 $1/T_c$(即 279 bit/s)。

4.4 种衰落组合

关于信道各类效应所造成的衰落,有一点需要注意,如果将信道以快衰落或慢衰落来区分的话,这和信道是属于平坦衰落还是属于频率选择性衰落是没有关系的,因为"快"或"慢"只取决于信道变化的速率。该速率主要和车速或是环境中物体的运动有关,和环境所造成的多径效应毫无关系。从某种程度来说,多普勒效应是动态因素造成的,而多径效应或延时扩展则是静态因素造成的。也就是说,信道可以同时是快(慢)衰落和平坦衰落,或者信道可以同时是快(慢)衰落和频率选择性衰落,即总共有 4 种可能的排列组合,如图 2-23所示。

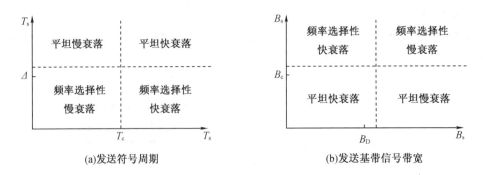

(a)发送符号周期   (b)发送基带信号带宽

图 2-23　4 种衰落组合

2.5.3　角度色散

角度扩展和相关距离可以用来描述信道的空间特性。信道的空间特性是由移动台或基站周围的本地散射体以及远端散射体决定的。

1. 角度扩展

角度扩展与角度功率谱有关。信号功率谱密度在角度上的分布,一般为均匀分布、截短高斯分布和截短拉普拉斯分布。在室外环境下,到达基站的电波分布在一个较窄的角度内,此时基站端的角度功率谱主要取决于移动台周围的散射体分布。当散射体均匀分布在移动台四周时,基站的角度功率呈现均匀分布;当本地散射服从瑞利分布时,基站的角度功率谱为截短高斯分布。

角度扩展 δ 被定义为归一化角度功率谱 $P_\delta(\theta)$ 的均方根值,即

$$\delta = \sqrt{\int_0^\infty (\theta - \overline{\theta})^2 P_\delta(\theta) \, \mathrm{d}\theta} \qquad (2-77)$$

式中,θ 是天线来波信号到达角,定义为来自散射体的入射电波与基站天线阵列中心和移动台阵列中心连线之间的夹角,其平均值为

$$\overline{\theta} = \int_0^\infty \theta P_\delta(\theta) \, \mathrm{d}\theta \qquad (2-78)$$

角度扩展 δ 在 $[0°, 360°]$ 范围分布。角度扩展越大,表明散射越强,信号在空间的色散度越高;反之,角度扩展越小,表明散射越弱,信号在空间的色散度越低。

2. 相关距离

相关距离是信道冲激响应维持不变或具有一定相关度的空间间隔的统计平均值。在相关距离内,信号经历的衰落具有很大的相关性。相关距离是空间自相关函数特有的参数。

若将相关距离定义为两个信号包络相关度为 0.5 时的空间间隔,则可以推出相关距离近似为

$$D_\delta = \frac{0.187}{\delta \cos \theta} \qquad (2-79)$$

由式(2-79)可见,相关距离除了与角度扩展有关外,还与来波信号的到达角有关。在天线来波信号的到达角相同的情况下,角度扩展越大,不同接收天线接收到的信号之间的相关性就越小;反之,角度扩展越小,不同接收天线接收到的信号之间的相关性就越大。同样,在角度扩展相同的情况下,来波信号的到达角越大,不同接收天线接收到的信号之间的相关性就越大;反之,来波信号的到达角越小,不同接收天线接收到的信号之间的相关性就越小。

3. 空间选择性衰落和非空间选择性衰落

由散射引起的角度色散,导致信号经过这样的信道后会产生空间选择性衰落或非空间选择性衰落。空间选择性衰落和非空间选择性衰落的发生条件如图 2-24 所示。

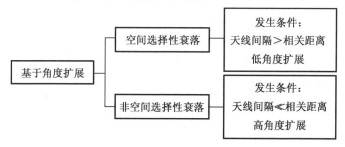

图 2-24　空间选择性衰落和非空间选择性衰落的发生条件

在相关距离内,可以认为空间传递函数是平坦的,即若相邻天线的空间距离(即天线间隔)比相关距离小得多,则相应的信道就是非空间选择性信道。若想保证相邻信号经历的衰落不相关,则需要相邻天线的空间距离比相关距离大,此时信号经历的衰落为空间选择性衰落。

2.6 陆地移动信道的电波传播损耗预测模型

由于移动信道中电波传播的条件十分恶劣和复杂,路径损耗除了受频率、距离等确定因素的影响外,还受地形、地貌、建筑物分布以及街道分布等不确定因素的影响。前面介绍的关于直射波、绕射波、反射波、散射波等损耗的计算,只适用于对不同的系统设计进行一般的优劣分析,但如果涉及基站选址等无线系统设计和规划等问题,就需要得到较为准确的损耗值。要准确地计算信号场强或传播损耗是很困难的,通常采用分析和统计相结合的办法,通过分析了解各因素的影响。工程实践中所使用的大量统计模型,是通过大量实验,找出各种地形和地物下的传播损耗与距离、频率、天线高度之间的关系来建立的。统计模型一般只需知道地理环境的统计数据和信息,即可由大量实验测试数据拟合出经验公式或半经验半理论公式,也可以是经验曲线。对于统计模型预测的结果在实际应用中必须进行修正。

电波传播损耗预测模型是基于大量实测数据而得到的经验模型,常用的模型包括奥村(Okumura)模型、Okumura - Hata 模型、COST 231 - Walfisch/Ikegami 模型等。其中,奥村模型是城市宏小区中信号预测最常用的模型之一,适用的距离范围是 1 ~ 10 km,频率范围是150 ~ 1 500 MHz。该模型除了公式外,还包括一些经验曲线和图表。Okumura - Hata 模型是将奥村模型中的经验曲线与图表拟合成更加便于工程上使用的经验公式,适用的频率范围也基本是 150 ~ 1 500 MHz。

本节着重研究陆地移动信道场强中值的估算方法,先以自由空间传播为基础,再分别考虑各种地形、地物对电波传播的实际影响,并逐一予以必要的修正。所以在研究陆地移动信道的电波传播损耗预测模型之前,有必要先了解关于地形、地物的定义及分类。

2.6.1 地形、地物的定义及分类

1. 地形波动高度及天线有效高度

(1)地形波动高度

地形波动高度在平均意义上描述了电波传播路径中地形变化的程度,记为 Δh。地形波动高度的定义为沿通信方向,距接收地点 10 km 范围内,10% 高度线和 90% 高度线的高度差,如图 2 - 25 所示。10% 高度线是指在地形剖面图上有 10% 的地段高度超过此线的一条水平线,90% 高度线的定义方法类似。

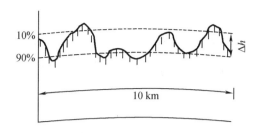

图 2 - 25　地形波动高度示意图

（2）天线有效高度

因为天线总是架设在某种地形或地物之上，特别是基站天线，单独谈天线的实际高度并没有太大意义，所以有必要定义"天线有效高度"。

如图 2 - 26 所示，若基站天线顶点的海拔高度为 h_{ts}，定义从天线设置地点开始，沿着电波传播方向的 3 km 到 15 km 之内的地面平均海拔高度为 h_{ga}，则定义基站天线的有效高度为

$$h_b = h_{ts} - h_{ga} \qquad\qquad (2-80)$$

如果传播距离不到 15 km，h_{ga} 是 3 km 到实际距离之间的平均海拔高度。

移动台天线的有效高度 h_m 就是指移动台天线在当地地面上的高度。

如无特殊说明，本章给出的天线高度均为天线有效高度。

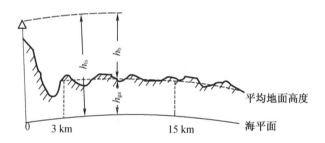

图 2 - 26　基站天线有效高度示意图

2. 地形

为了计算移动信道中信号电场强度中值（或传播损耗中值），可将地形分为两大类，即准平坦地形和不规则地形，并以准平坦地形作为传播基准。所谓准平坦地形，也叫中等起伏地形，是指在传播路径的地形剖面图上，地形波动高度不超过 20 m，且波动缓慢，峰点与谷点之间的水平距离大于波动高度的地形。例如，我国的许多平原地区就属于这类地形。不规则地形是指除了准平坦地形以外的其他地形，如丘陵、孤立山岳、斜坡和水陆混合地形等。

后文中将涉及上述地形中的多数。必须指出，这种分类虽然能概括通常遇到的大部分地形，但是陆地移动通信的电波传播并不是"点对点"的场强分布，所以应该取某一距离范围或区域进行地形判断。

3. 地物

地物指地面上影响电波传播的障碍物,也称为地面用途参数。不同地物环境的传播条件不同,电波传播损耗不同。按照地物的密集程度不同可将地面简单划分为 3 类地区。

(1)开阔地。在电波传播的路径上无高大树木、建筑物等障碍物,呈开阔状地面,如农田、荒野、广场、沙漠和戈壁滩等。

(2)郊区。在靠近移动台近处有些障碍物,但障碍物不稠密,如有少量的低层房屋或小树林等的地区。

(3)市区。市区可分为中小城市地区和大城市地区。中小城市地区是指建筑物较多,有商业中心,可有高层建筑(但数量较少),街道也比较宽的地区。大城市地区的建筑物密集,街道较窄,高层建筑较多,这样的地区是城市中话务密度最高的区域。

2.6.2 奥村(Okumura)模型

奥村模型是日本科学家奥村(Okumura)于 1962 年、1965 年在日本东京及其周围的 100 km 范围内,采用很宽范围的频率(200 MHz、453 MHz、922 MHz、1 310 MHz、1 430 MHz 及 1 920 MHz)、多种基站天线高度、多种移动台天线高度,选择不同的距离以及各种各样不规则地形和地物条件,进行一系列测试,并对实测结果进行总结,由得出的相应曲线构成的模型。

这一模型以准平坦地形大城市地区的场强中值或路径损耗为基准,用不同的修正因子来校正不同的传播环境等因素的影响。由于这种模型提供的数据较齐全,因此我们可以在掌握详细地形、地物的情况下,得到更加准确的预测结果。我国有关部门也建议在移动通信工程设计中采用奥村模型进行场强预测。

奥村模型适用的频率范围为 150 ~ 1 500 MHz,基站天线高度为 30 ~ 200 m,移动台天线高度为 1 ~ 10 m,传播距离为 1 ~ 20 km。

1. 准平坦地形上市区的传播损耗中值

在计算各种地形、地物上的传播损耗时,均以准平坦地形市区(基站天线有效高度 h_b 为 200 m、移动天线高度 h_m 为 3 m)的损耗中值或场强中值为基础,因而该中值被称为基准损耗中值或基本中值。对于其他天线高度、地形、环境,则需加修正因子。

由电波传播理论可知,传播损耗取决于传播距离 d、工作频率 f、基站天线有效高度 h_b 和移动台天线有效高度 h_m 等。图 2 – 27 给出了典型准平坦地形上市区的基本损耗中值 $A_m(f,d)$ 与工作频率 f、通信距离 d 的关系。图 2 – 27 中,纵坐标用分贝计量,$A_m(f,d)$ 为准平坦地形上市区(基站天线有效高度 h_b = 200 m、移动台天线高度 h_m = 3 m)相对于自由空间的损耗中值,又称为基本损耗中值。换言之,由曲线上查得的基本损耗中值 $A_m(f,d)$ 加上自由空间的传播损耗 L_{fs} 才是实际传播损耗,实际传播损耗应为

$$L_M = L_{fs} + A_m(f,d) \, (dB) \tag{2–81}$$

为了表示方便,如无特殊说明,本章后续出现的所有损耗和与损耗相关的修正因子都

用分贝计量。

如果基站天线的高度不是 200 m,则损耗中值的差异用基站天线高度增益因子 $H_b(h_b,d)$ 表示。图 2-28 给出了通信距离 d 不同时,$H_b(h_b,d)$ 与 h_b 的关系。显然,当 $h_b > 200$ m 时,$H_b(h_b,d) > 0$ dB;反之,当 $h_b < 200$ m 时,$H_b(h_b,d) < 0$ dB。

同理,当移动台天线高度不是 3 m 时,需用移动台天线高度增益因子 $H_m(h_m,f)$ 加以修正,参见图 2-29。当 $h_m > 3m$ 时,$H_m(h_m,f) > 0$ dB;反之,当 $h_m < 3m$ 时,$H_m(h_m,f) < 0$ dB。

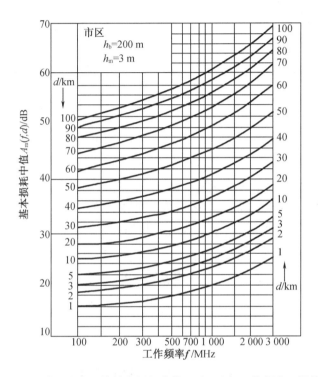

图 2-27 典型准平坦地形上市区的基本损耗中值 $A_m(f,d)$ 与工作频率 f、通信距离 d 的关系

由图 2-29 可观察到,当移动台天线高于 5 m 时,其高度增益因子 $H_m(h_m,f)$ 不仅与天线高度、频率有关,还与环境条件有关。例如,在中小城市,建筑物的平均高度较低,其屏蔽作用较小,当移动台天线高于 4 m 时,随移动台天线高度的增加,移动台天线高度增益因子明显增大;在大城市,建筑物的平均高度为 15 m,所以 $H_m(h_m,f)$ 曲线在 10 m 范围内没有出现拐点;当移动台天线高度为 1~4 m 时,$H_m(h_m,f)$ 受工作频率、环境变化的影响较小,此时 $H_m(h_m,f)$ 曲线簇在此范围内大多交汇重合,变化一致。

在考虑基站天线高度增益因子与移动台天线高度增益因子的情况下,准平坦地形上市区路径传播损耗中值(不考虑街道走向)应为

$$L_M = L_{fs} + A_m(f,d) - H_b(h_b,d) - H_m(h_m,f) \quad (\text{dB}) \qquad (2-82)$$

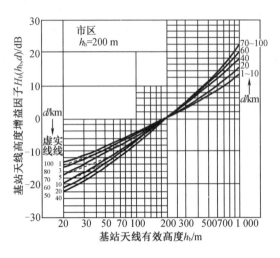

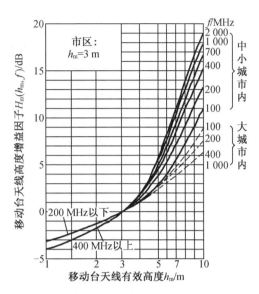

| 图 2－28　基站天线高度增益因子 | 图 2－29　移动台天线高度增益因子 |

【例 2－5】　当 $d=10$ km、$h_b=200$ m、$h_m=3$ m、$f=900$ MHz 时，求准平坦地形上市区路径传播损耗中值为多少分贝？若将基站天线高度改为 $h_b=50$ m，将移动台天线高度改为 $h_m=2$ m，则此情况下准平坦地形上市区路径传播损耗中值为多少分贝？

解　自由空间的传播损耗为

$$L_{fs}=32.44+20\lg d+20\lg f$$
$$=32.44+20\lg 10+20\lg 900$$
$$=111.5(dB)$$

查图 2－27 可得

$$A_m(f,d)=A_m(900,10)\approx 30(dB)$$

则利用式（2－82）就可以计算出准平坦地形市区的传播损耗中值为

$$L_M=L_{fs}+A_m(f,d)=111.5+30=141.5(dB)$$

若 $h_b=50$ m、$h_m=2$ m，需要用 $H_b(h_b,d)$、$H_m(h_m,f)$ 对路径传播损耗中值进行修正。由图 2－28、图 2－29 可得

$$H_b(h_b,d)=H_b(50,10)\approx -12(dB)$$
$$H_m(h_m,f)=H_m(2,900)\approx -2(dB)$$

修正后的准平坦地形上市区路径传播损耗中值为

$$L_M=L_{fs}+A_m(f,d)-H_b(h_b,d)-H_m(h_m,f)$$
$$=141.5+12+2=155.5(dB)$$

2. 郊区和开阔地的传播损耗中值

郊区的建筑物一般是分散的、低矮的，故电波传播条件优于市区。市区的传播损耗中值与郊区的传播损耗中值之差称为郊区修正因子，记作 K_{mr}，所以 K_{mr} 为增益因子，它与工作频率 f 和通信距离 d 的关系如图 2－30 所示。郊区的传播损耗中值小于市区的传播损耗中值。

图2－31为开阔地、准开阔地的修正因子Q_o、Q_r，图中给出了开阔地、准开阔地的传播损耗中值相对于市区传播损耗中值的修正曲线。图2－31中，Q_o为开阔地修正因子，Q_r为准开阔地修正因子。因为开阔地及准开阔地的传播条件优于市区和郊区，所以Q_o、Q_r均为增益因子。在求郊区或开阔地、准开阔地的传播损耗中值时，应在市区传播损耗中值的基础上，减去相应的修正因子，如式（2－83）所示。

$$L_A = L_{fs} + A_m(f,d) - H_b(h_b,d) - H_m(h_m,f) - K_{mr}(Q_o \text{ 或 } Q_r) \qquad (2-83)$$

式中，L_A为不是准平坦地形和市区情况下的传播损耗中值，单位为dB。

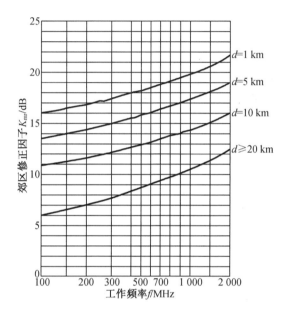

图2－30　郊区修正因子K_{mr}与工作频率f和
　　　　 通信距离d的关系

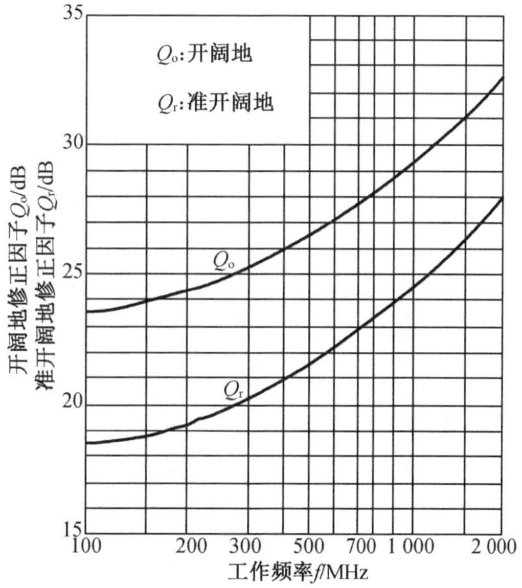

图2－31　开阔地、准开阔地的修正因子Q_o、Q_r

【例2－6】　某移动通信系统的工作频率为450 MHz，基站天线高度为50 m，基站天线增益为6 dB，移动台天线高度为3 m，移动台天线增益为0 dB。若该通信系统在市区工作，传播路径为准平坦地形，通信距离为10 km。试求：

（1）传播路径的路径损耗中值。

（2）若基站发射机送至天线的信号功率为10 W，不考虑馈线损耗和公用器损耗，求移动台天线接收到的信号功率中值。

解　（1）自由空间传播损耗L_{fs}为

$$L_{fs} = 32.44 + 20\lg f + 20\lg d$$
$$= 32.44 + 20\lg 450 + 20\lg 10$$
$$= 105.5 \text{（dB）}$$

由图2－27查得市区基本损耗中值为

$$A_m(f,d) = A_m(450,10) \approx 27 \text{（dB）}$$

由图 2 - 28、图 2 - 29 查得基站天线高度增益因子和移动台天线高度增益因子分别为

$$H_b(h_b,d) = H_b(50,10) \approx -12(\text{dB})$$

$$H_m(h_m,f) = H_m(3,450) \approx 0(\text{dB})$$

所以路径损耗中值为

$$
\begin{aligned}
L_A &= L_M \\
&= L_{fs} + A_m(f,d) - H_b(h_b,d) - H_m(h_m,f) \\
&= 105.5 + 27 + 12 \\
&= 144.5 \ (\text{dB})
\end{aligned}
$$

（2）接收信号的功率中值为

$$
\begin{aligned}
[P_R] &= [P_T] + [G_b] + [G_m] - L_M \\
&= 10\lg 10 + 6 + 0 - 144.5 \\
&= -128.5 \ (\text{dBW})
\end{aligned}
$$

【例 2 - 7】 若将例 2 - 6 中条件改为郊区工作，其他条件不变。求路径损耗中值及接收信号功率中值。

解 由图 2 - 30 查得郊区修正因子为

$$K_{mr} \approx 12.7 \ (\text{dB})$$

所以路径损耗中值为

$$
\begin{aligned}
L_A &= L_{fs} + A_m(f,d) - H_b(h_b,d) - H_m(h_m,f) - K_{mr} \\
&= 105.5 + 27 + 12 - 12.7 \\
&= 131.8 \ (\text{dB})
\end{aligned}
$$

接收信号的功率中值为

$$
\begin{aligned}
[P_R] &= [P_T] + [G_b] + [G_m] - L_A \\
&= 10\lg 10 + 6 + 0 - 131.8 \\
&= -115.8 \ (\text{dBW})
\end{aligned}
$$

3. 不规则地形上的传播损耗中值

除了需要考虑地物传播条件之外，当处于不规则地形如丘陵、孤立山岳、斜坡或水陆混合等地形时，对其传播损耗中值的计算同样可以采用在准平坦地形上市区基本损耗中值的基础上进行修正的方法。

（1）丘陵地修正因子

丘陵地的地形参数用地形起伏高度 Δh 表征。需要注意的是，丘陵地是指地形起伏达数次的情况，要同单纯的斜坡地形区分开来。

丘陵地传播损耗中值修正因子分为两项：一是丘陵地平均修正因子（简称"丘陵地修正因子"）K_h，表征基准损耗中值与丘陵地传播损耗中值之差；二是丘陵地微小修正因子 K_{hf}。

在丘陵地中，因为起伏的顶部与谷部的传播损耗中值相差较大，因此有必要进一步加以修正，它是在 K_h 的基础上进一步修正的微小值。图 2 - 32（a）是丘陵地平均修正因子 K_h

的曲线。此外,图 2-32(b)给出了丘陵地上起伏的顶部与谷部的微小修正因子曲线,顶部的 K_{hf} 为正,谷部的 K_{hf} 为负。

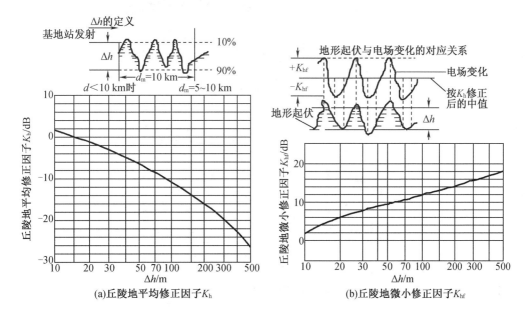

(a)丘陵地平均修正因子 K_h　　(b)丘陵地微小修正因子 K_{hf}

图 2-32　丘陵地传播损耗中值修正因子

(2)孤立山岳地形修正因子

当电波传播路径上有近似刃形的单独山岳时,若要求山背后的场强,则应考虑绕射损耗、阴影效应、屏蔽吸收等附加损耗,这时可用孤立山岳地形修正因子 K_{js} 加以修正。

图 2-33 给出的是工作频段为 450~900 MHz、山岳高度为 110~350 m,由实测所得的孤立山岳地形修正因子 K_{js} 的曲线。K_{js} 是基准损耗中值与针对山岳高度 $H=200$ m 所得的路径传播损耗中值的差值。图 2-33 中,d_1 是发射天线至山顶的水平距离,d_2 是山顶至移动台的水平距离。显然,K_{js} 也为增益因子。

如果实际的山岳高度不为 200 m,则上述求得的修正因子 K_{js} 还需乘以系数 α,计算 α 的经验公式为

$$\alpha = 0.07\sqrt{H} \tag{2-84}$$

式中,H 为山岳的实际高度,单位为 m。

(3)斜坡地形修正因子

斜坡地形是指 5~10 km 范围内的倾斜地形。若在电波传播方向上,地形逐渐升高,称为正斜坡,倾角为 $+\theta_m$;反之为负斜坡,倾角为 $-\theta_m$,如图 2-34(b)所示。图 2-34 给出的斜坡地形修正因子 K_{sp} 是在 450 MHz 和 900 MHz 频段得到的,横坐标平均倾角 θ_m 的单位为毫弧度(mrad)。

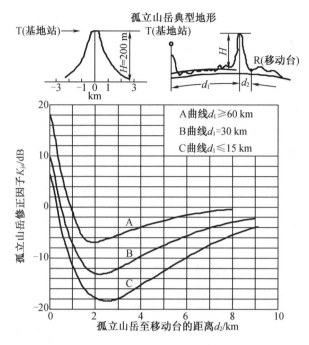

图 2－33　孤立山岳地形修正因子 K_{js}

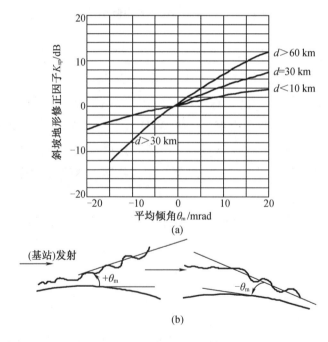

图 2－34　斜坡地形修正因子 K_{sp}

需要注意的是,如果斜坡地形处于丘陵地带,则还需要考虑取决于 Δh 的丘陵地修正因子。

（4）水陆混合地形修正因子

电波在传播路径中如遇湖泊或其他水域时,接收信号的场强往往比全是陆地时要高,传播损耗要小,此时可用水陆混合地形修正因子 K_S 加以修正。修正因子 K_S 可由图 2 – 35 查得。图 2 – 35 中,d_{SR} 为水面距离,d 为收发天线之间的全距离,横坐标为地形参数 d_{SR}/d (水面距离与全距离的比率)。修正因子 K_S 不仅与地形参数 d_{SR}/d 有关,而且与水面所处位置有关。在 d_{SR}/d 相同的情况下,水面位于移动台一方的修正因子较大,如图 2 – 35 中的情况 A;水面位于基站一方的修正因子较小,如图 2 – 35 中的情况 B。当水面在传播路径的中间时,则取上述两曲线的中间值。

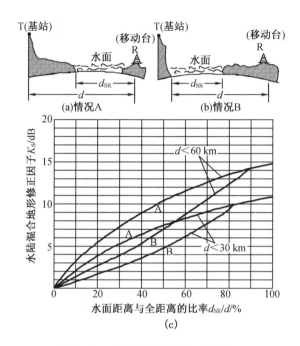

图 2 – 35　水陆混合地形修正因子 K_S

4. 任意地形、地物条件下的传播损耗中值

前面已经分别讲了各种地形、地物情况下,信号的传播损耗中值与通信距离、工作频率以及天线高度等的关系。利用上述修正因子就能较为准确地估算各种地形、地物条件下的传播损耗中值,进而求出信号的功率中值,具体步骤如下。

(1)计算自由空间的传播损耗

自由空间的传播损耗为

$$L_{fs} = 32.44 + 20\lg f + 20\lg d (dB) \qquad (2 – 85)$$

式中,f 为工作频率,单位为 MHz;d 为收发天线间的距离,单位为 km。

(2)预测准平坦地形上市区的传播损耗中值及接收信号功率中值

准平坦地形上市区的传播损耗中值为

$$L_M = L_{fs} + A_m(f,d) - H_b(h_b,d) - H_m(h_m,f)(dB) \qquad (2 – 86)$$

式中,$A_m(f,d)$ 为准平坦地形上市区的基本损耗中值;$H_b(h_b,d)$ 为基站天线高度增益因子;$H_m(h_m,f)$ 为移动台天线高度增益因子。

若需要考虑街道走向,还应该减去纵向或横向路径修正值。

如果发射机送至天线的发射功率为 P_T,则中等起伏地形市区接收信号功率中值 P_R 为

$$[P_R] = [P_T] + [G_T] + [G_R] - L_M$$
$$= [P_T] + [G_T] + [G_R] - L_{fs} - A_m(f,d) + H_b(h_b,d) + H_m(h_m,f) \quad (2-87)$$

式中,G_T 为发射天线增益;G_R 为接收天线增益。

(3)预测任意地形、地物情况下的传播损耗中值及接收信号功率中值

任意地形、地物情况下的传播损耗中值 L_A 为

$$L_A = L_M - K_T \quad (2-88)$$

式中,L_M 为准平坦地形上市区的传播损耗中值;K_T 为地形、地物修正因子,它由式(2-89)中的修正因子构成:

$$K_T = K_{mr} + Q_o + Q_r + K_h + K_{hf} + K_{js} + K_{sp} + K_S \quad (2-89)$$

式中,K_{mr} 为郊区修正因子;Q_o、Q_r 分别为开阔地和准开阔地的修正因子;K_h、K_{hf} 分别为丘陵地平均修正因子及微小修正因子;K_{js} 为孤立山岳地形修正因子;K_{sp} 为斜坡地形修正因子;K_S 为水陆混合地形修正因子。

根据实际的地形、地物状况,K_T 中的修正因子可能只有其中的某一项或几项,其他修正因子为零。

如果发射机送至天线的发射功率为 P_T,则任意地形、地物情况下的接收信号功率中值 P_R 为

$$[P_R] = [P_T] + [G_T] + [G_R] - L_A \quad (2-90)$$

2.6.3 Okumura – Hata 模型

在使用 Okumura 模型的过程中,由于需要查找其给出的各种曲线,不利于计算机预测,因此 Hata 根据 Okumura 的基本中值场强预测曲线,通过曲线拟合,提出了传播损耗的经验公式,即 Okumura – Hata 模型,也简称为 Hata 模型。

Okumura – Hata 模型做了如下 3 点假设,以求简化。

假设一:将传播损耗作为两个全向天线之间的传播损耗处理。

假设二:将地形作为准平坦地形,而不是不规则地形处理。

假设三:以城市市区的传播损耗公式为标准,其他地区采用校正公式进行修正。

Okumura – Hata 模型的适用条件:工作频率 f_c 为 150 ~ 1 500 MHz;基站天线有效高度 h_b 为 30 ~ 200 m,移动台天线有效高度 h_m 为 1 ~ 10 m,基站天线有效高度和移动台天线有效高度的定义方法与前面相同;通信距离 d 为 1 ~ 20 km。

Okumura – Hata 模型的分析思路与 Okumura 模型一致,以市区的传播损耗中值为标准,其他地形、地物在此基础上进行修正。

考虑修正因子后,市区的传播损耗中值的标准计算公式如下:

$$L_{urban} = 69.55 + 26.16 \lg f_c - 13.82 \lg h_b - a(h_m) + (44.9 - 6.55 \lg h_b) \lg d \text{(dB)}$$

$$(2-91)$$

式中,工作频率 f_c 的单位为 MHz;基站天线有效高度 h_b 和移动台天线高度 h_m 的单位为 m;通信距离 d 的单位为 km;$a(h_m)$ 为移动台天线高度修正因子,其值取决于所处传播环境。

$a(h_m)$ 的表达式为

$$a(h_m) = \begin{cases} (1.11\lg f_c - 0.7)h_m - (1.56\lg f_c - 0.8), 中小城市 \\ 8.29(\lg 1.54h_m)^2 - 1.1, f_c \leqslant 300 \text{ MHz}, 大城市 \\ 3.2(\lg 11.75h_m)^2 - 4.97, f_c \geqslant 300 \text{ MHz}, 大城市 \end{cases} \quad (2-92)$$

此外,Okumura – Hata 模型中还给出了各种地形、地物的修正因子的拟合公式。例如,郊区修正因子 K_{mr} 可表示为

$$K_{mr} = 2\left[\lg(f_c/28)\right]^2 + 5.4 \quad (2-93)$$

开阔地修正因子 K_o 可表示为

$$K_o = 4.78(\lg f_c)^2 - 18.33\log f_c + 40.94 \quad (2-94)$$

当处于郊区或者开阔地时,需要在市区的传播损耗中值的基础上再减去相应的修正因子以修正。

2.6.4　COST – 231 – Walfisch/Ikegami 模型

欧洲科学与技术研究协会的 COST – 231 工作委员会对 Hata 模型进行了扩展,理论上主要借用了 Walfisch 与 Ikegami 的研究成果,属于半经验半理论的传播模型,该模型被称为 COST – 231 – Walfisch/Ikegami 模型。

该模型考虑到自由空间传播损耗、沿传播路径的绕射损耗以及移动台与周围建筑物之间的损耗,广泛用于建筑物高度近似一致的城区和郊区环境,适用于微小区的实际工程设计,比如基站的覆盖范围小于 1 km 的地区。该模型的适用条件:工作频率 f_c 为 800 ~ 2 000 MHz,基站天线有效高度 h_b 为 4 ~ 50 m,移动台天线有效高度 h_m 为 1 ~ 3 m,通信距离 d 为 0.02 ~ 5 km。

根据视距情况(高基站天线)和非视距情况(低基站天线)分别讨论模型无线链路的路径损耗。

1. 视距情况下的路径损耗

视距情况下的路径损耗公式为

$$L_b = 42.6 + 26\lg d + 20\lg f(\text{dB}) \quad (2-95)$$

式中,通信距离 d 的单位为 km;工作频率 f 的单位为 MHz。

2. 非视距情况下的路径损耗

在非视距情况下,即在街道峡谷内有高的建筑物阻挡视线时,路径损耗 L_b 为

$$L_b = L_{fs} + L_{rts} + L_{msd} \quad (2-96)$$

其中:

(1) L_{fs} 为自由空间传播损耗,其计算公式为

$$L_{fs} = 32.4 + 20\lg f + 20\lg d(\text{dB}) \quad (2-97)$$

（2）L_{rts}为屋顶至街道的绕射及散射损耗（基于 Ikegami 模型），其计算公式为

$$L_{rts} = \begin{cases} -16.9 - 10\lg w + 10\lg f + 20\lg \Delta h_m + L_{ori}, h_{roof} > h_m \\ 0, h_{roof} < h_m \end{cases} \quad (2-98)$$

式中，w 为街道宽度，单位为 m；$\Delta h_m = h_{roof} - h_m$，为建筑物高度 h_{roof} 与移动台天线高度 h_m 之差，单位为 m，如图 2-36(a)所示；L_{ori} 为考虑到街道方向的修正因子，其表达式为

$$L_{ori} = \begin{cases} -10 + 0.354\varphi, 0° \leqslant \varphi < 35° \\ 2.5 + 0.075(\varphi - 35°), 35° \leqslant \varphi < 55° \\ 4.0 - 0.114(\varphi - 35°), 55° \leqslant \varphi < 90° \end{cases} \quad (2-99)$$

式中，φ 为入射波相对于街道走向的夹角，单位为（°），如图 2-36(b)所示。

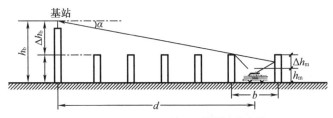

(a)COST-231-Walfisch/Ikegami模型中的参数

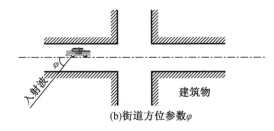

(b)街道方位参数 φ

图 2-36　COST-231-Walfisch/Ikegami 模型中的参数定义示意图

（3）L_{msd}为联排建筑所引起的多重屏障的绕射损耗（基于 Walfisch 模型），其表达式为

$$L_{msd} = L_{bsh} + K_a + K_d\lg d + K_f\lg f - 9\lg b \quad (2-100)$$

式中，b 为传播路径上建筑物之间的距离，单位为 m，如图 2-36(a)所示。

其他参数的表达式为

$$L_{bsh} = \begin{cases} -18\lg(1 + \Delta h_b), \Delta h_b > 0 \\ 0, \Delta h_b \leqslant 0 \end{cases} \quad (2-101)$$

式中，$\Delta h_b = h_b - h_{roof}$ 为基站天线高度 h_b 与建筑物高度 h_{roof} 之差，如图 2-36(a)所示。

$$K_a = \begin{cases} 54, \Delta h_b > 0 \\ 54 - 0.8 \times \Delta h_b, \Delta h_b \leqslant 0, d \geqslant 0.5 \text{ km} \\ 54 - 0.8 \times \Delta h_b \times (d/0.5), \Delta h_b \leqslant 0, d < 0.5 \text{ km} \end{cases} \quad (2-102)$$

$$K_d = \begin{cases} 18, \Delta h_b > 0 \\ 18 - 15 \times \dfrac{\Delta h_b}{h_{roof}}, \Delta h_b \leqslant 0 \end{cases} \quad (2-103)$$

$$K_f = \begin{cases} -4 + 0.7(f/925 - 1), & \text{中等城市中心或中等树木密度的郊区中心} \\ -4 + 1.5(f/925 - 1), & \text{大城市中心} \end{cases} \quad (2-104)$$

需要注意的是,如果将 COST-231-Walfisch/Ikegami 计算模型应用于 $h_b \ll h_{roof}$,即基站天线有效高度比建筑物高度小得多时,计算结果误差较大。

2.6.5 室内环境损耗模型

室内无线电波传播的机理与室外是一样的,也会存在反射、绕射和散射等现象,但室内传播条件又与室外有很大不同,典型特点是覆盖距离更小、环境的变动更大。例如,门是打开还是关闭的,办公家具的配置、天线安置的位置等都会改变室内传播条件。

室内移动台接收从建筑物外部发来的信号时,电波需要穿透墙壁、楼层,会受到很大的衰减,即产生损耗。这种损耗除了与建筑物的结构(土木、砖石或钢筋混凝土结构等)有关外,还与移动台的位置(是否靠近窗口、所处楼层)、无线电波频率等因素有关。仅靠有限的经验很难准确地确定透射损耗模型。因此,在进行这类环境下的移动通信系统设计时,只能通过大量测量并取中间值来设计。

已有的研究结果表明,钢筋混凝土结构的透射损耗大于砖石或土木结构;建筑物的穿透损耗随电波的穿透深度(进入室内的深度)的加深而增加;穿透损耗与楼层有关,以一楼为基准,楼层越高,损耗越小,地下室损耗最大,根据美国芝加哥的测量数据,从底层到15 层,透射损耗以每层 1.9 dB 的速率递减,更高楼层的透射损耗会因相邻建筑物的阴影效应而增加;透射损耗与信号频率有关,频率低的透射损耗比频率高的透射损耗大,如根据日本东京的测量数据,一楼的损耗中值在 150 MHz 时为 22 dB,在 400 MHz 时为 18 dB,在 800 MHz 时为 17 dB。

电波在室内的传播可分为以下两种情况:

(1)若发射点和接收点同处一室且中间无阻挡,相距仅几米或几十米,属于直射传播,此时的场强可按自由空间计算。

由于墙壁等物的反射,室内场强会随地点起伏。用户持手机移动时也会使接收信号产生衰落,但衰落速度很慢,多径时延为数十纳秒,最大时延扩展为 100~200 ns,对信号传输几乎不产生影响。

(2)若发射点和接收点虽在同一建筑物内,但不在同一房间内,则情况要复杂得多,这时要考虑下列各种损耗。

①同楼层的分隔损耗

如果发射点和接收点在同一楼层的不同房间内,要考虑分隔损耗。居民住所和办公用户中往往有很多的分隔和阻挡物。有些分隔是建筑物结构的一部分,称为硬分隔;有的分隔是可移动的,且未延伸到天花板,称为软分隔。分隔的物理和电气特性变化很大,对特定室内设置应用通用模型是相当困难的。

②不同楼层的分隔损耗

建筑物楼层间损耗由该建筑物外部尺寸、材料、楼层和周围建筑物的结构类型等因素决定,建筑物窗户的数量、面积,窗玻璃有无金属膜,甚至建筑物墙面有无涂料等都会影响楼层间损耗。

研究表明,室内路径损耗与对数正态阴影衰落的公式相似,可以表示为

$$L_M = L_M(d_0) + 10n\lg\left(\frac{d}{d_0}\right) + X_\sigma \text{(dB)} \qquad (2-105)$$

式中,参数 n 与周围环境和建筑物类型有关;d_0 为收发天线之间的距离;X_σ 为用分贝表示的正态随机变量,标准方差为 σ。

当考虑不同楼层的影响时,室内路径损耗可表示为

$$L_M = L_M(d_0) + 10n_{SF}\lg\left(\frac{d}{d_0}\right) + \text{FAF} \text{(dB)} \qquad (2-106)$$

式中,参数 n_{SF} 为同一楼层的路径损耗因子;FAF 为楼层衰减因子,与建筑物类型和障碍物类型有关。

第3章 噪声与干扰

移动通信系统是一个干扰受限系统,信道对信号传输的重要限制因素除了损耗和衰落之外,就是噪声与干扰。通信系统中任何不需要的信号都是噪声或干扰。噪声按照产生方式不同主要分为内部噪声和外部噪声(也称环境噪声)两大类,而外部噪声又可以分为自然噪声和人为噪声。干扰是指无线电台之间的干扰,包括电台本身产生的干扰,如邻道干扰、同频干扰、互调干扰、远近效应引起的干扰、码分多址系统引起的干扰等。

因此,从移动通信信道设计和提高设备的抗干扰性能考虑,必须研究噪声和干扰的特征以及它们对信号传输的影响,并采取必要的措施,以减小它们对通信质量的影响。

3.1 噪　　声

3.1.1 噪声的分类与特性

移动信道中加性噪声(简称"噪声")的来源是多方面的,一般可分为内部噪声和外部噪声。内部噪声是系统设备本身产生的各种噪声。例如,在电阻一类的导体中由电子的热运动所引起的热噪声、散弹噪声和电源噪声等。外部噪声包括自然噪声和人为噪声。自然噪声主要指大气噪声、银河噪声、太阳噪声。人为噪声主要指电气设备的噪声,如电力线噪声、工业电气噪声、汽车或其他发动机的点火噪声等。其中,不能预测的噪声统称为随机噪声。自然噪声及人为噪声为外部噪声,也属于随机噪声。

噪声依据噪声特征又可分为脉冲噪声和起伏噪声。脉冲噪声是在时间上无规则的突发噪声,如汽车发动机所产生的点火噪声。这种噪声的主要特点是其突发的脉冲幅度较大,而持续时间较短。从频谱上看,脉冲噪声通常有较宽频带。热噪声、散弹噪声及宇宙噪声是典型的起伏噪声。

3.1.2 人为噪声

在移动信道中,外部噪声的影响较大,美国国际电话电报公司(international telephone and telegraph corporation,ITT)公布的数据示于图3-1,给出了移动信道中的噪声。图3-1中将噪声分为6种:大气噪声、太阳噪声、银河噪声、郊区人为噪声、市区人为噪声、典型接收机的内部噪声。其中,前5种均为外部噪声。

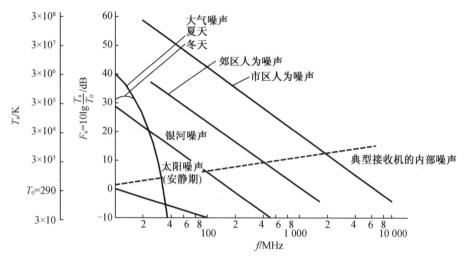

图 3 - 1 移动信道中的噪声

图 3 - 1 中,纵坐标用等效噪声系数 F_a 或噪声温度 T_a 表示。F_a 以超过基准噪声功率 N_0($N_0 = KT_0B_N$)的值(dB)来表示,即

$$F_a = 10\lg \frac{kT_aB_N}{kT_0B_N} = 10\lg \frac{T_a}{T_0}(\text{dB})$$

式中,B_N 为接收机有效噪声带宽;k 为玻尔兹曼常量(1.38×10^{-23} J/K);T_0 为参考绝对温度(290 K)。等效噪声系数 F_a 与噪声温度 T_a 相对应,若 $T_a = T_0$,$F_a = 0$ dB;若 $T_a = 10T_0$,$F_a = 10$ dB。

在 $f > 100$ MHz 时,大气噪声、太阳噪声和银河噪声可忽略不计。因而在城市移动通信中,对工作于 VHF 和 UHF 频段的移动通信系统来说,影响最大的是人为噪声。

【例 3 - 1】 已知市区移动台的工作频率为 450 MHz,接收机的噪声带宽为 16 kHz,试求市区人为噪声功率为多少?(单位:dBW)

解 基准噪声功率为

$$\begin{aligned} N_0 &= 10\lg(kT_0B_N) \\ &= 10\lg(1.38 \times 10^{-23} \times 290 \times 16 \times 10^3) \\ &= -162(\text{dBW}) \end{aligned}$$

由图 3 - 1 查得市区人为噪声功率比 N_0 高 25 dB,所以实际人为噪声功率 N 为

$$N = -162 + 25 = -137(\text{dBW})$$

【思考题】 已知市区移动台的工作频率为 900 MHz,接收机的噪声带宽为 16 kHz,求接收机输入端的平均人为噪声功率为多少?(单位:dBW)

解 基准噪声功率为

$$\begin{aligned} N_0 &= 10\lg(kT_0B_N) \\ &= 10\lg(1.38 \times 10^{-23} \times 290 \times 16 \times 10^3) \\ &= -162(\text{dBW}) \end{aligned}$$

由图 3 - 1 查得市区人为噪声功率比 N_0 高 15 dB,所以实际人为噪声功率 N 为

$$N = -162 + 15 = -147 \text{（dBW）}$$

所谓人为噪声,是指各种电气装置中因电流或电压发生急剧变化而形成的电磁辐射。这种噪声除直接辐射外,还可以通过电力线传播,并由电力线和接收机天线间的电容性耦合进入接收机。

就人为噪声本身的性质来讲,它属于脉冲噪声,主要是车辆的点火噪声。图3-2为典型点火电流波形,图中有一个超过200 A的点火尖脉冲,其宽度为1~5 ns,相应频谱的高端频率达200 MHz~1 GHz;低于100 A的点火脉冲宽度约为20 ns,相应频谱的高端频率为50 MHz。所以对移动通信影响较大的主要为大于200 A的尖脉冲。

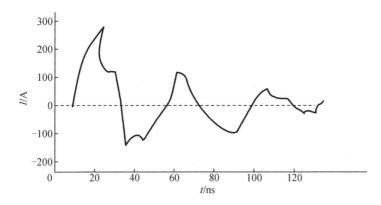

图3-2 典型点火电流波形

但在城市中,由于汽车往来密集,合成噪声不再是脉冲性的,而是连续性的,功率谱密度分布带有起伏干扰的性质。这种环境噪声的大小主要取决于汽车的流量。

假定一台汽车发动机有8个气缸,每个气缸的转速是3 000 r/min,因为在任一时刻只有半数气缸在燃烧,所以可以计算出一台汽车每秒产生的点火脉冲数为

$$\frac{4 \times 3\ 000}{60} = 200\text{（个）}$$

假如有许多车辆在道路上行驶,那么点火脉冲的总数量为200乘以车辆的数目。

由于人为噪声源的数量和集中程度因地点和时间而异,因此人为噪声就地点和时间而言都是随机变化的,属于随机噪声。

图3-3为汽车噪声功率的实测曲线图。由图3-3可知,等效噪声系数不仅与频率有关,而且与交通密度有关。为了评定接收机性能受人为噪声的影响,常根据交通密度把噪声源划分为3类:一是高噪声地区,在给定瞬时内车辆的流通密度为100辆/km²;二是中噪声地区,在给定瞬时内车辆的流通密度为10辆/km²;三是低噪声地区,在给定瞬时内车辆的流通密度为1辆/km²。

几种典型环境等效噪声系数平均值如图3-4所示。

由图3-4可见,城市商业区的噪声系数比城市居民区高6 dB左右,比郊区高12 dB。人为噪声(100 MHz以上)在农村地区可忽略不计。

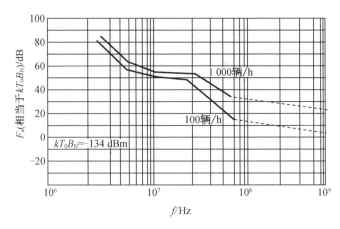

图 3-3 汽车噪声功率的实测曲线图

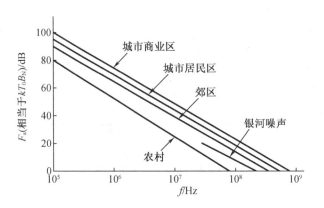

图 3-4 几种典型环境等效噪声系数平均值

3.1.3 环境噪声和多径效应对话音质量的综合影响

多径效应对话音质量的影响与火花干扰类似。不同的信噪比在静态(只有接收机内部噪声)和衰落条件下,给人耳的听觉效果不大一样。如图 3-5 所示,对话音质量采用主观的评定方法,分为 5 级。其中,5 级为最优,几乎无噪声;1 级为最劣,话音不可懂。

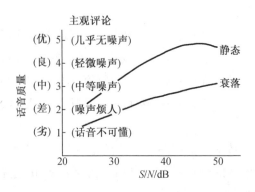

图 3-5 话音质量主观评定方法

车辆在行进时,同样遭受点火噪声和多径效应的影响,为此在计算服务区范围时,必须确定由这两种影响引起的接收机性能的恶化量。

恶化量是指在车辆行进的动态条件下,为达到同静态条件下一样的话音质量所需的接收电平的增加量。

在 30 ~ 500 MHz 频率范围内,移动台话音质量分别为 3 级和 4 级时,移动台接收机性能的恶化量分别如图 3 - 6(a)和(b)所示。由图 3 - 6 可知,频率升高时,恶化量减小,频率在 400 MHz 以上的移动台接收机的恶化量基本上与频率无关。

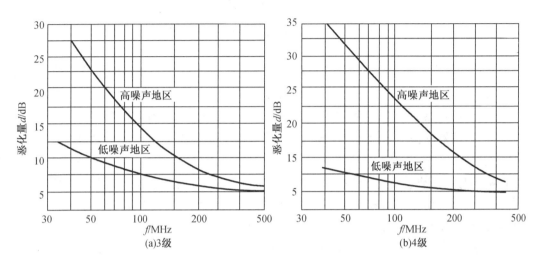

图 3 - 6　移动台接收机性能的恶化量

当考虑移动台接收机性能的恶化量时,要求接收机输入信号的最低保护电平 A_{min} 为

$$A_{min} = S_v + d \, (\mathrm{dB\mu V})$$

式中,S_v 是信纳比为 12 dB 时的接收机灵敏度(以 $\mathrm{dB\mu V}$ 计);d 为环境噪声和多径效应的恶化量(以 dB 计)。

3.1.4　发射机产生的噪声及寄生辐射

1. 发射机边带噪声

通常,发射机中即使未加入调制信号,也存在以载频为中心、分布频率范围相当宽的噪声,这种噪声就称为发射机边带噪声,简称"发射机噪声"。发射机边带噪声频带为 2 ~ 3 MHz,比频道间隔(如 25 kHz)大得多。它不仅会在相邻频道内形成干扰,而且会在几兆赫的频带内产生影响。典型移动电台发射机的噪声频谱如图 3 - 7 所示。

发射机边带噪声主要由振荡器的噪声、倍频器次数及调制器传入的杂音等决定。减小发射机边带噪声的措施如下。

(1)供给振荡器的电源必须有良好的滤波特性并采用稳压措施。

(2)应力求减少倍频次数 n,同时在倍频之前,振荡器的输出端即倍频器输入端应有良好的滤波特性。

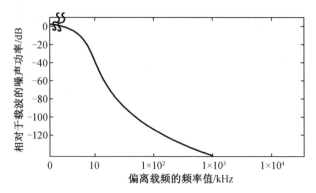

图 3 - 7 典型移动电台发射机的噪声频谱

振荡器的噪声主要受电源的波动及热噪声的影响,为此供给振荡器的电源必须有良好的滤波特性并采用稳压措施。振荡器输出的振荡频率往往要倍频数次才能获得所需的载波频率,由于倍频器的影响,信噪比将会进一步恶化。为此,应力求减少倍频次数 n,同时在倍频之前,振荡器的输出端即倍频器输入端应有良好的滤波特性,以减小发射机边带噪声。

2. 发射机的寄生辐射

目前的移动电台,为了获得较高的频率稳定度,大多采用晶体振荡器或温补晶体振荡器,然后通过多级倍频器倍频到所需载频。在倍频的过程中,如果各级倍频器的滤波特性不良,会产生一系列寄生信号成分,这会干扰与寄生频率相近的接收机。在图 3 - 8 中,除了所需信号的频率 $f_T = 12f_r$ 之外,还有很多寄生信号成分。

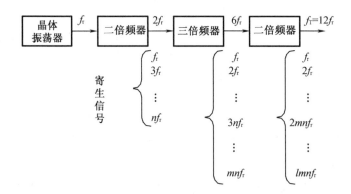

图 3 - 8 倍频器产生的寄生信号

为减小寄生辐射,关于发射机需注意以下问题。

(1)倍频次数要尽可能小。

(2)各级倍频器应具有良好的滤波性能。

(3)各级倍频器之间应屏蔽隔离,防止电磁耦合或泄漏。

(4)发射机的输出回路应具有良好的滤波性能,以抑制寄生分量。

3.2 邻道干扰与同频干扰

3.2.1 邻道干扰

移动通信系统属于多信道工作系统。为有效利用频谱,信道间隔是受限的,这就带来相邻或相近信道相互干扰的问题,也就是邻道干扰。它是不可以避免,只可以减小的。目前,模拟移动通信系统广泛使用的 VHF、UHF 电台的频道间隔是 25 kHz。然而,调频信号的频谱是很宽的。理论上说,调频信号含有无穷多个边频分量,当其中某些边频分量落入邻道接收机的通频带(简称"通带")内,就会造成邻道干扰。

邻道干扰的引入因素主要有发信机的边带扩展、边带噪声、杂散辐射以及来自蜂窝内部的邻道干扰。发信机的边带扩展是指发信频谱超出了限定的宽度,成为落到相邻信道的带外辐射干扰,其大小主要由发信波道滤波器的带外抑制能力决定。只有当移动台靠近基站时,移动台的寄生辐射才会对正在接收微弱信号的邻道基站接收机产生干扰,其他情况下的干扰并不严重。发信机边带噪声存在于发信载频两侧,频谱很宽,其大小取决于振荡器、倍频器的噪声、IDC 电路和调制电路的噪声等。杂散辐射是指在有用带宽以外的某些频率点上的寄生辐射,主要由非线性器件引起。

以调频方式传输语音信号时,要计算邻道干扰是比较复杂的。为简化计算,在对邻道干扰进行分析时,常采用单音频调频波进行分析。

假设单音频调频波为

$$S(t) = \cos(\omega_0 t + \beta \sin \Omega t)$$

式中,β 为调频指数;Ω 为调制信号角频率;w_0 为载波角频率。

展开运算可得

$$
\begin{aligned}
S(t) &= \sum_{n=-\infty}^{\infty} J_n(\beta) \cos\left[(\omega_0 + n\Omega)t\right] \\
&= J_0(\beta)\cos\omega_0 t + J_1(\beta)\cos(\omega_0 + \Omega)t - J_1(\beta)\cos(\omega_0 - \Omega)t + \\
&\quad J_2(\beta)\cos(\omega_0 + 2\Omega)t + J_2(\beta)\cos(\omega_0 - 2\Omega)t + J_3(\beta)\cos(\omega_0 + 3\Omega)t - \\
&\quad J_3(\beta)\cos(\omega_0 - 3\Omega)t + \cdots + J_n(\beta)\cos(\omega_0 + n\Omega)t + (-1)^n J_n(\beta)\cos(\omega_0 - n\Omega)t + \cdots
\end{aligned}
$$

式中,$J_n(m_f)$ 为 n 和 m_f 的函数,称为自变量 m_f 的第一类 n 阶贝塞尔函数,可通过查表或者查曲线得到。部分贝塞尔函数表如表 3-1 所示。

表 3-1　部分贝塞尔函数表

m_f	J_0	J_1	J_2	J_3	J_4	J_5	J_6	J_7	J_8	J_9	J_{10}
0.2	0.990	0.100	0.005								
0.4	0.960	0.196	0.020	0.001							

表 3 – 1（续）

m_f	J_0	J_1	J_2	J_3	J_4	J_5	J_6	J_7	J_8	J_9	J_{10}
0.6	0.912	0.287	0.044	0.004							
0.8	0.846	0.369	0.076	0.010	0.001						
1.0	0.765	0.440	0.115	0.020	0.002						
1.2	0.671	0.498	0.159	0.033	0.005	0.001					
1.4	0.567	0.542	0.207	0.050	0.009	0.001					
1.6	0.455	0.570	0.257	0.073	0.015	0.002					
1.8	0.340	0.582	0.306	0.099	0.023	0.004	0.001				
2.0	0.224	0.577	0.353	0.129	0.034	0.007	0.001				
2.2	0.110	0.556	0.395	0.162	0.048	0.011	0.002				
2.4	0.003	0.520	0.431	0.198	0.064	0.016	0.003	0.001			
2.6	−0.097	0.471	0.459	0.235	0.084	0.023	0.005	0.001			
2.8	−0.185	0.410	0.478	0.273	0.107	0.032	0.008	0.002			
3.0	−0.260	0.339	0.486	0.309	0.132	0.043	0.011	0.003			
3.2	−0.320	0.261	0.484	0.343	0.160	0.056	0.016	0.004	0.001		

可见，调频信号具有无穷多对边频分量，如果某些边频分量落入邻道接收机通带内，且强度可以与有用信号相比拟的话，就会造成调制边带干扰。

图 3 – 9 为邻道干扰示意图，给出了第 $K-1$ 信道发射机的调制边带第 n_L 边频落入第 K 信道。

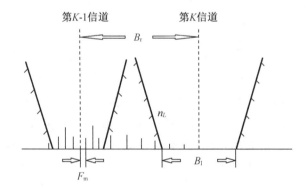

图 3 – 9　邻道干扰示意图

若 n_L 为落入邻近信道的最低边频次数，F_m 为调制信号的最高频率（最高调制频率），B_r 为信道间隔，B_I 为接收机的中频带宽。令收、发信机频率不稳定和不准确造成的频率偏差（简称"频差"）为 Δf_{TR}，那么在最坏情况下，落入邻道接收机通带的最低边频次数为

$$n_L = \frac{B_r - 0.5B_I - \Delta f_{TR}}{F_m} \tag{3-1}$$

若已知调频电台的频偏为 Δf，则调频指数 $\beta(\beta = \Delta f/F_m)$ 就可确定，由式（3-1）求出 n_L 后，就能求出边频分量的幅度 $Jn_L(\beta)$、$Jn_{L+1}(\beta)$、$Jn_{L+2}(\beta)$ 等，从而求出落入邻道的调制边带功率与载波功率之比。若已知发射机功率，则能求得落入邻道的边带功率。

【例 3-2】 已知某移动台的辐射功率为 10 W，信道间隔 B_r 为 25 kHz，接收机中频带宽 B_I 为 16 kHz，频偏为 5 kHz，收、发信机频差 $\Delta f_{TR} = 2$ kHz，最高调制频率 F_m 为 3 kHz。假设该移动台到另一移动台（邻道）接收机的传输损耗为 100 dB，试求落入邻道接收机的调制边带功率。

解

$$n_L = \frac{25 - 8 - 2}{3} = 5$$

$$\beta = \frac{\Delta f}{F_m} = \frac{5}{3} \approx 1.7$$

由贝塞尔函数表可查得 $J_5(1.7) = 3.3997 \times 10^{-3}$，同理也可求得落入邻道的第 6,7,8,…边频的相对幅度，但因它们远小于第 5 边频分量，故可忽略不计。因此，可以求出第 5 边频相对于载波的功率为

$$20\lg J_5(1.7) = 20\lg(3.3997 \times 10^{-3}) \approx -49(\text{dB})$$

比载频低 49 dB。已知移动台辐射功率为 10 W，即 10 dBW，传输损耗 100 dB，所以落入邻道的边带功率为

$$P_n = 10 - 49 - 100 = -139(\text{dBW}) = -109(\text{dBm})$$

3.2.2 同频干扰

同频干扰，也叫同道干扰，是指相同载频电台之间的干扰。在电台密集的地方，若频率管理或系统设计不当，就会造成同频干扰。

在移动通信系统中，为了提高频率利用率，在相隔一定距离以外可以使用相同的频率，这称为同频道复用。也就是说，可以将相同的频率分配给彼此相隔一定距离的两个或多个无线小区使用。显然，复用带来的问题就是同频干扰，它是移动通信在组网中出现的一种干扰。复用距离越远，同频干扰越小，但频率复用次数也随之降低，即频率利用率降低。因此，在进行无线区群的频率分配时，两者要兼顾。

凡是能进入接收机通带的外台载频信号都能形成接收机的同频干扰。因此，能构成同频道干扰的频率范围为 $f_0 \pm B_I/2$。式中，f_0 为载波频率；B_I 为接收机的中频带宽。

1. 射频防护比

为了减小同频干扰的影响和保证接收信号的质量，必须使接收机输入端的有用信号电平与同频干扰电平之比大于某个数值，该数值称为射频防护比。从这点出发，可以研究同频道复用距离。

射频防护比通常与调制方式、信号类型及要求的接收信号质量有关，一般是一个固定值（dB）。

如表 3-2 所示，信号类型用 3 个符号表示：第一个符号表示主载波的调制方式，如 F 表示调频，G 表示调相（或间接调频），A 表示双边带调幅；第二个符号表示调制信号的类别，

如"3"为模拟单载波信号,"2"为数字单载波信号;第3个符号表示发送消息的类别,如E表示电话,B表示印字电报。

例如,信号类型F3E表示调频、模拟单载波信号、电话,简称"调频电话"。

表3-2 信号类型的表示方法

有用信号类型	无用信号类型	射频防护比 B/dB
窄带 F3E、G3E	窄带 F3E、G3E	8
宽带 F3E、G3E	宽带 F3E、G3E	8
宽带 F3E、G3E	A3E	8
窄带 F3E、G3E	A3E	10
窄带 F3E、G3E	F2B	12
A3E	宽带 F3E、G3E	8~17
A3E	窄带 F3E、G3E	8~17
A3E	A3E	17

2. 同频道复用距离

为了提高频率利用率,在满足一定通信质量的条件下,允许使用相同频道的无线小区之间的最小距离为同频道复用的最小安全距离,简称"同频道复用距离"或"共道用距离"。所谓"安全"是指接收机输入端的有用信号与同频道干扰信号的比值大于射频防护比。

由于信号电平及干扰强度不仅取决于距离,而且取决于设备参数、地形条件等因素,因此为了分析简便,假定各基站与各移动台的设备参数相同,地形条件也是理想的。这样,同频道复用距离只与以下因素有关。

(1)调制制度。为了达到规定的接收信号质量,不同调制制度所需的射频防护比不同。对于窄带调相或调频来说,射频防护比为(8 ± 3)dB,调幅为17 dB。

(2)电波传播特性。假定传播路径是光滑的地平面,路径损耗L由式(3-2)近似确定:

$$L = \frac{d^4}{h_t^2 h_r^2} \tag{3-2}$$

式中,d是收、发天线之间的距离;h_t、h_r分别是发射天线和接收天线的高度。如果d以km计,h_t、h_r均以m计,则

$$[L] = 120 + 40\lg d - 20\lg(h_t \cdot h_r)(\text{dB}) \tag{3-3}$$

更实际些考虑,应该使用工作频率的传播特性曲线(随不同地形、地物而异)来计算L。

(3)基站覆盖范围或小区半径r_0。

(4)通信工作方式,可分为同频单工和异频双工。

(5)要求的可靠通信概率。

图3-10为同频单工方式的同频干扰示意图。基站A、B的小区覆盖半径均为r_0,两个基站相隔一定距离同频工作。

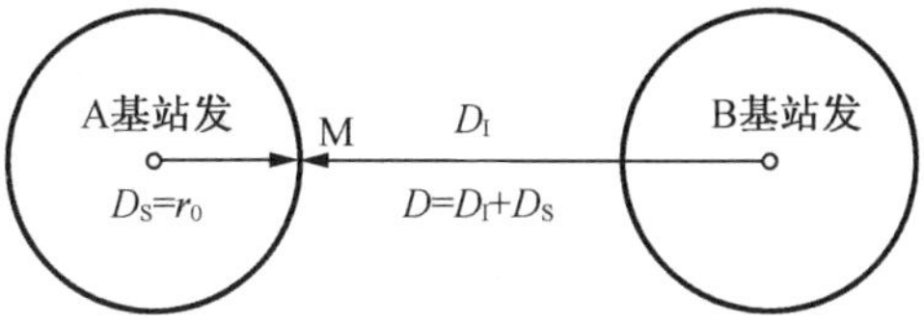

图 3 – 10 同频单工方式的同频干扰示意图

假设基站 A 和 B 使用相同的频道,移动台 M 正在接收基站 A 发射的信号,由于基站天线高度高于移动台天线高度,因此当移动台 M 处于小区的边沿时,易于受到基站 B 发射信号的同频干扰。若输入移动台接收机的有用信号与同频干扰之比等于射频防护比,则 A、B 两基站之间的距离即为同频道复用距离,记作 D。由图 3 – 10 可得

$$D = D_I + D_S = D_I + r_0$$

式中,D_I 为同频干扰源至被干扰接收机的距离;D_S 为有用信号的传播距离,即小区半径 r_0。

通常,定义同频道复用系数为

$$\alpha = \frac{D}{r_0}$$

可得同频道复用系数

$$\alpha = \frac{D}{r_0} = 1 + \frac{D_I}{r_0}$$

若干扰信号和有用信号的传播损耗中值分别用 L_I 和 L_S 表示,由式(3 – 3)可列出:

$$[L_I] = 120 + 40\lg D_I - 20\lg(h_t h_r)$$
$$[L_S] = 120 + 40\lg D_S - 20\lg(h_t h_r)$$

所以传播损耗中值之差为

$$[L_I] - [L_S] = 40\lg \frac{D_I}{D_S}(\text{dB})$$

设基站 A 和基站 B 的发射功率均为 P_T,则移动台 M 接收机的输入信号功率和共频道干扰功率分别为

$$[S] = [P_T] - [L_S]$$
$$[I] = [P_T] - [L_I]$$
$$[S/I] = [S] - [I] = [L_I] - [L_S]$$
$$\frac{D_I}{D_S} = 10^{\frac{[S/I]}{40}}$$

式中,S 为有用信号功率;I 为干扰信号加电磁噪声的总功率;S/I 为信号干扰比,简称"信干比",以 dB 计。

若取射频防护比为 8 dB,可求得

$$\frac{D_I}{D_S} = \frac{D_I}{r_0} = 10^{\frac{8}{40}} = 1.6$$

$$D = D_I + r_0 = 2.6r_0$$

若考虑快衰落及慢衰落,$[S/I]$ 将大于 8 dB。理论分析和实验的结果表明,按无线区内

可靠通信概率为90%考虑，$[S/I]$约需25 dB，由此可得

$$\frac{D_1}{D_S} = 10^{\frac{25}{40}} = 4.2$$

$$D = \left(1 + \frac{D_1}{D_S}\right)r_0 = 5.2r_0$$

以上估算是在考虑一个同频干扰源的情况下进行的。当同频干扰源不止一个时（在小区制移动通信中是存在的），干扰信号电平应以功率叠加方式获得。

3.3　互　调　干　扰

3.3.1　互调干扰的基本概念

互调干扰是由传输信道中的非线性电路产生的。当两个或多个不同频率的信号同时输入非线性电路时，由于非线性器件的作用，会产生许多谐波和组合频率分量，其中与所需信号频率 w_0 相近的组合频率分量会顺利地通过接收机而形成干扰，这就是互调干扰。

一般非线性器件的输出电流 i_c 与输入电压 u 的关系式可写为

$$i_c = a_0 + a_1 u + a_2 u^2 + a_3 u^3 + \cdots + a_k u^k \qquad (3-4)$$

式中，a_k 为非线性器件的特性系数，通常有 $a_1 > a_2 > a_3 > \cdots$

假设有两个信号同时作用于非线性器件，即

$$u = A\cos \omega_A t + B\cos \omega_B t$$

把 u 代入式(3-4)可得失真项，表示为

$$\sum a_n (A\cos \omega_A t + B\cos \omega_B t)^n, n = 2,3,4,5,\cdots \qquad (3-5)$$

将式(3-5)展开并观察其中所含的频率成分，可以发现：

（1）在各个失真项中都包含 ω_A 和 ω_B 的高次谐波分量（$n\omega_A$ 和 $n\omega_B$），这些谐波分量的频率通常远离接收机的调谐频率 ω_0，而且不属于互调频率，这里不予考虑。

（2）在二阶($n=2$)失真项中，会出现 $\omega_A + \omega_B$ 和 $\omega_A - \omega_B$ 两种组合频率。由于接收机的输入电路及高频放大器具有调谐回路即具有选择性，因此这两种频率的干扰信号必将受到很大抑制，不易形成互调干扰。具体来说，因为 ω_A 和 ω_B 往往都接近 ω_0，所以 $\omega_A + \omega_B$ 和 $\omega_A - \omega_B$ 远离接收机的调谐频率 ω_0，不可能形成互调干扰。

同理，四阶($n=4$)、六阶($n=6$)等偶数阶所产生的组合频率都具有类似的性质，因而都不再考虑。

（3）在三阶($n=3$)失真项中，会出现 $2\omega_A - \omega_B$、$2\omega_B - \omega_A$、$2\omega_A + \omega_B$ 与 $2\omega_B + \omega_A$ 等组合频率，这里，$2\omega_A + \omega_B$ 和 $2\omega_B + \omega_A$ 的性质类似于二阶组合频率中的 $\omega_A + \omega_B$，可以忽略。但对于 $2\omega_A - \omega_B$ 和 $2\omega_B - \omega_A$ 两项而言，当 ω_A 和 ω_B 都接近于有用信号的频率 ω_0 时，很容易满足以下条件：

$$\left.\begin{array}{r} 2\omega_A - \omega_B \approx \omega_0 \\ 2\omega_B - \omega_A \approx \omega_0 \end{array}\right\}$$

这说明,因为接收机的输入电路对频率靠近其工作频率的干扰信号不会有很大的抑制作用,所以 $2\omega_A - \omega_B$ 和 $2\omega_B - \omega_A$ 两项频率可以落入接收机的通带之内,即这两种组合频率的干扰对接收机的危害比较大。通常把这两种组合频率的干扰称为三阶互调干扰。

下面一个频率组有 7 个频率:$f_1 = 150$ MHz,$f_2 = 150.025$ MHz,$f_3 = 150.050$ MHz,$f_4 = 150.075$ MHz,$f_5 = 150.100$ MHz,$f_6 = 150.125$ MHz,$f_7 = 150.150$ MHz。令 $f_A = f_3 = 150.050$ MHz,$f_B = f_2 = 150.025$ MHz,则有 $2f_A - f_B = 150.075$ MHz $= f_4$,$2f_B - f_A = 150.000$ MHz $= f_1$。可见,互调分量落入了有用信号的通带之内。

(4)同理,可以看出,在五阶($n = 5$)失真项中,具有危害性的组合频率是 $3\omega_A - 2\omega_B$ 和 $3\omega_B - 2\omega_A$,通常把这两种组合频率的干扰称为五阶互调干扰。

因为在非线性器件中,系数 $a_5 < a_3$,因而高阶互调分量的强度一般都小于低阶互调分量的强度。这就是说,五阶互调干扰的影响小于三阶互调干扰的影响,因而在一些实际系统的设计中,常常只考虑三阶互调干扰,至于七阶以上的互调干扰,因为其影响更小,故一般都不予考虑。

倘若在非线性电路的输入端同时出现 3 个不同频率的干扰信号,即

$$u = A\cos \omega_A t + B\cos \omega_B t + C\cos \omega_C t$$

按同样方法分析可以得出,其中危害最大的互调频率是三阶互调干扰中的 $\omega_A + \omega_B - \omega_C$,$\omega_A + \omega_C - \omega_B$ 和 $\omega_B + \omega_C - \omega_A$ 等项,以及五阶互调干扰中的 $2\omega_A - 2\omega_B + \omega_C$ 等项。

有时会把 2 个干扰信号产生的三阶互调干扰称为三阶 – Ⅰ 型互调干扰,把 3 个干扰信号产生的三阶互调干扰称为三阶 – Ⅱ 型互调干扰。

3.3.2 互调干扰的分类

1. 发射机互调干扰

发射机互调干扰是基站使用多个不同频的发射机(频分多址系统)所产生的特殊干扰。将多台发射机设置在同一地点时,无论它们是分别使用各自的天线还是共同使用一副天线,它们的信号都可能通过电磁耦合或其他途径窜入发射机,从而产生互调干扰。由于发射机的末级功率放大器(简称"功放")通常工作在非线性状态,因此这种互调干扰通常发生在末级放大器中。基站发射机互调干扰示意图如图 3 – 11 所示。

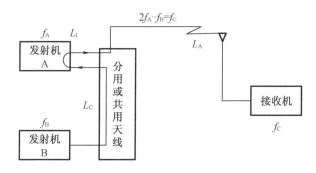

图 3 – 11 基站发射机互调干扰示意图

假设发射机 A、B 的输出功率均为 P(dBW),这时发射机 A 输出的三阶互调干扰功率为

$$P_{\text{TIM}} = P - (L_{\text{C}} + L_{\text{I}})$$

式中,L_{C} 为耦合损耗;L_{I} 是互调转换损耗。

(1)耦合损耗 L_{C}

耦合损耗 L_{C} 是发射机 B 的输出功率与它进入发射机 A 末级功放的功率之比。这里有两种情况:一种是两部发射机共用一副天线,L_{C} 取决于天线共用器的隔离度(典型值为 25 dB);另一种是各发射机分用天线,这时耦合损耗取决于天线之间和馈线之间的耦合强弱。此外,耦合损耗还与发射机和天线之间是否插入隔离器、滤波器等有关。

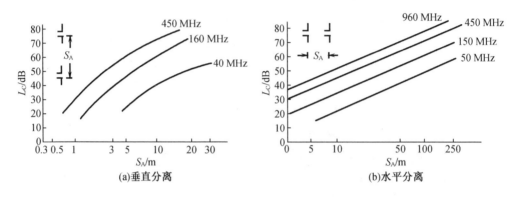

(a)垂直分离　　　　　　　(b)水平分离

图 3 – 12　分用天线间的耦合损耗

(2)互调转换损耗 L_{I}

互调转换损耗 L_{I} 是发射机 B 的信号进入发射机 A(经耦合损耗 L_{C})与由发射机 A 产生并输出的互调产物的功率之比(典型值为 15 dB)。L_{I} 的大小与两发射机频差有关,具体关系可由图 3 – 13 表示。

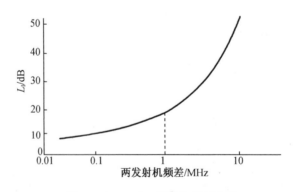

图 3 – 13　三阶互调转换损耗曲线

发射机互调干扰如图 3 – 14 所示。移动台以频率 f_0 与基站 B 通信,基站 A 产生的三阶互调频率 $(2f_1 - f_2)$ 正好等于频率 f_0,假定:移动台距基站 A 和基站 B 的距离分别为 $d_1 = 1$ km 与 $d_2 = 30$ km;两个基站的发射机功率均为 10 W;基站天线高度均为 30 m,天线增益均

为 4 dB;移动台天线高度为 3 m,天线增益为 0 dB;工作频率为 150 MHz;工作环境为郊区;基站 A 发射机输出的三阶互调干扰功率为 −58 dBW。此外,假定发射机的互调干扰可按同频干扰处理,即要求中等话音质量(3 级)时,有用信号功率与互调干扰功率之比必须大于 8 dB。

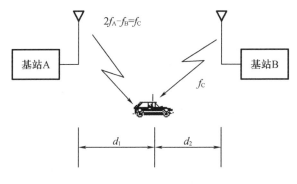

图 3 − 14　发射机互调干扰

到达移动台接收机的互调干扰功率为

$$[P_{IM}] = [P_{TIM}] + G - L_A$$

式中,$[P_{TIM}]$ 是基站 A 输出的三阶互调干扰功率;G 是基站 A 的天线增益。

$$L_A = L_T - K_T$$

$$L_T = [L_{fs}] + A_m(f, d) - H_b(h_b, d) - H_m(h_m, f)$$

$$[L_{fs}] = 32.44 + 20\lg f + 20\lg d = 32.44 + 20\lg 150 + 20\lg 1 = 76 \text{ (dB)}$$

$$A_m(f, d) = 16 \text{ (dB)}$$

$$H_b(h_b, d) = -12 \text{ (dB)}$$

$$H_m(h_m, f) = 0 \text{ (dB)}$$

$$K_T = K_{mr} = 17 \text{ (dB)}$$

$$L_A = (76 + 16 + 12) - 17 = 87 \text{ (dB)}$$

$$[P_{IM}] = -58 + 4 - 87 = -141 \text{ (dBW)}$$

同样可求出有用信号由基站 B 到达移动台的传播损耗中值为 147 dB,因而到达移动台接收机的信号功率为

$$[P_R] = [P_0] + G - 147 = 10 + 4 - 147 = -133 \text{ (dBW)}$$

因此,在移动台接收机的输入端,有用信号与互调干扰功率之比为

$$\left[\frac{P_R}{P_{IM}}\right] = 8 \text{ (dB)}$$

在给定条件下工作,移动台距产生互调干扰的基站 A 的距离不能小于 1 km。如果要进一步缩小距离(d_1),则必须设法降低基站 A 产生的互调电平。

为了减少发射机互调干扰,可以采取以下措施:一是尽量增大基站发射机之间的耦合损耗。各发射机分用天线时,要增大天线间的空间隔离度;在发射机的输出端接入高质量的带通滤波器(band-pass filter,BPF),增大频率隔离度;避免馈线相互靠近或平行敷设。二

是改善发射机末级功放性能,提高其线性动态范围。三是在共同天线系统中,在各发射机与天线之间要插入单向隔离器。

【例 3 - 3】 在图 3 - 15 所示的电路中,发射机 T_1、T_2 的输出功率均为 10 W(即 10 dBW)$f_1 = f_2 + 0.1$(MHz),单向环行器 Y_1、Y_2 和桥式混合电路 H 的特性均采用上述典型值。试分析计算发射天线输入端的信号功率和($2f_1 - f_2$)互调干扰功率。

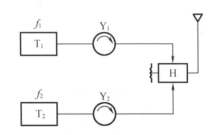

图 3 - 15 采用单向隔离器的发射机系统

解 计算信号功率比较简单,发射机 T_1、T_2 输出的功率分别经 Y_1、Y_2 和电路 H 的衰减为

$$P_1 = P_2 = 10 - 1 - 3 = 6 \text{ (dBW)}$$

互调干扰功率的计算包括耦合损耗和互调转换损耗的计算。其中,耦合损耗 L_C 包括 Y_2 的插入损耗、H 的隔离度和 Y_1 的反向损耗,即

$$L_C = 1 + 25 + 25 = 51 \text{ (dB)}$$

因此,进入发射机 T_1 的 f_2 功率为

$$[P(f_2)] = 10 - 51 = -41 \text{ (dBW)}$$
$$L_1 = 13 \text{ (dB)}$$

这样发射机 T_1 输出端的($2f_1 - f_2$)三阶互调干扰功率为

$$P[2f_1 - f_2] = -41 - 13 = -54 \text{ (dBW)}$$

加上 Y_1 的插入损耗和 H 的插入损耗,送入天线的互调干扰功率为

$$[P_{IM}] = -54 - 1 - 3 = -58 \text{ (dBW)}$$

2. 接收机互调干扰

接收机互调干扰是指如果两个或多个干扰信号同时进入接收机高频放大器(简称"高放")或混频器,只要它们的频率满足一定的关系,则由于器件的非线性特性,就有可能形成互调干扰。为减少接收机的互调干扰,可以采用以下措施。

(1)高放和混频器宜采用具有平方律特性的器件(如结型场效应管和双栅场效应管)。

(2)接收机输入回路应有良好的选择性,如采用多级调谐回路,以减小进入高放的强干扰。

(3)在接收机的前端加入衰减器,以减小互调干扰。因为经过非线性电路后,有用信号的幅度与 $a_1 u$ 成比例,而三阶互调分量的幅度与 $a_3 u^3$ 成比例,当把输入的信号与干扰均衰减 10 dB 时,互调干扰将衰减 30 dB。

接收机抗互调干扰能力用互调抗拒比(以 dB 计)表示,它表征了接收机对于满足互调频率关系的两个或多个无用信号的抑制能力,并用干扰信号与接收机灵敏度的相对电平

(以 dB 计)来表示。测试中,当输入有用信号的电平比灵敏度高 3 dB 时,引入适当的互调干扰使接收机输出的信纳比保持为 12 dB。这时,输入的互调干扰电平与有用信号电平的比值(以 dB 计)即为接收机的互调抗拒比。在我国的公用移动通信系统中,要求接收机对两信号三阶互调干扰的互调抗拒比指标为 70 dB。

所谓"等效干扰电平"是将接收机中由互调产物引起的干扰,等效为接收机输入端调谐频率上的干扰电平。根据分析和大量测试结果,典型接收机对两信号三阶互调干扰的等效互调干扰电平近似满足关系式(3-6):

$$[P_{IM}] = 2A + B + C_{2,3} - 60\lg\overline{\Delta f} \tag{3-6}$$

式中,$[P_{IM}]$ 为接收机输入端的等效互调干扰功率;A、B 分别为在接收机输入端收到的来自各干扰发射机的功率;$\overline{\Delta f}$ 是各干扰频率偏离接收机标称频率的平均值(以 MHz 计);$C_{2,3}$ 为两信号三阶互调干扰的互调常数,约为 -10 dB。

对于一般的移动通信系统而言,三阶互调干扰的影响是主要的,其中又以两信号三阶互调干扰的影响最大。对于接收机的互调干扰,可将其折算为同频干扰来估算它对通信的影响,即为了保证一定的接收信号质量,应当满足

$$[P_{SV}] - [P_{IM}] \geq \Gamma = \begin{cases} 8 \text{ dB,3 级话音质量} \\ 12 \text{ dB,4 级话音质量} \end{cases}$$

式中,$[P_{SV}]$ 为接收机的灵敏度(以 dBW 计);$[P_{IM}]$ 为接收机的等效互调功率(dBW);Γ 为射频防护比(dB)。

【例 3-4】 在图 3-14 中,设通信环境是中等起伏地和市区,基站 A 的发射频率 $f_A = 451$ MHz,基站 B 的发射频率 $f_B = 452$ MHz,移动台接收频率 $f_0 = 450$ MHz,$d_1 = 100$ m,$d_2 = 200$ m,基站发射机的输出功率均为 100 W,基站天线增益 G_b 均为 6 dB,天线高度 $h_b = 200$ m,移动台的天线增益 $G_m = 3$ dB,天线高度为 3 m,已知移动台接收机的灵敏度为 -146 dBW。试求在移动台接收机输入端三阶互调干扰的功率,并说明接收信号能否满足 3 级话音质量要求。

解 根据给定的条件,计算接收机互调干扰功率的步骤与结果如表 3-3 所示。由于干扰台与接收台的距离比较近,因此传播损耗中值可近似按直射波计算。

表 3-3 计算接收机互调干扰功率的步骤与结果

序号	项目	T_A	T_B
(1)	发射机功率/dBW	20	20
(2)	发射机频率/MHz	451	452
(3)	发射机天线增益 G_b/dB	6	6
(4)	发射机有效辐射功率/dBW	26	26
(5)	传播损耗中值/dB	65.5	71.5
(6)	接收机天线增益 G_m/dB	3	3
(7)	接收机输入端得到的干扰信号功率[①]/dBW	-36.5	-42.5
(8)	$2A$/dBW	-73	

表 3 - 3（续）

序号	项目	T_A	T_B
(9)	B/dBW	-42.5	
(10)	互调常数 $C_{2,3}$/dB	-10	
(11)	$\overline{\Delta f}^{②}$/MHz	1.5	
(12)	$60\lg \overline{\Delta f}$	10.5	
(13)	接收机等效互调干扰功率$[P_{IM}]^{③}$/dBW	-136	
(14)	接收机灵敏度$[P_{SV}]$/dBW	-146	
(15)	$[P_{SV}] - [P_{IM}]^{④}$/dB	-10	

注：①接收机输入端得到的干扰信号功率 = (4) - (5) + (6)。

②$\overline{\Delta f} = [(451 - 450) + (452 - 450)]/2$。

③$[P_{IM}] = (8) + (9) + (10) - (12)$。

④$[P_{SV}] - [P_{IM}] = (14) - (13)$。

除上述各种干扰外，移动通信系统还将受到无线电系统的电磁干扰，其他无线电系统的电磁干扰指来自无线广播、电视、雷达以及微波中继通信系统等产生的电磁干扰，因为上述系统中使用的频段有些与移动通信所用的频段交叉在一起，来自这些无线电系统的电磁干扰，无论是基波或是谐波辐射，对移动通信都可能产生有害的影响。

雷达发射机是一种危害较大的干扰源，因为有很大的峰值功率（如几兆瓦），并且有较多的谐波，所以对移动通信的影响也较大。

3.4　无三阶互调频道组

设频道组的频率集合为$\{f_1, f_2, \cdots, f_n\}$。若这些频率产生的三阶互调分量不落入频道组的任一个工作频道中，称该频道组为无三阶互调频道组。

设f_i, f_j, f_k是频率集合中的任意 3 个频率，f_x也是该频率集合中的一个频率。

假设可以产生三阶互调干扰，则有

$$f_x = f_i + f_j - f_k \qquad (3-7)$$

$$f_x = 2f_i - f_j \qquad (3-8)$$

按图 3 - 16 进行频道编号。

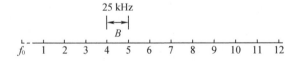

图 3 - 16　频道编号

用频道序号表示三阶互调干扰,任一频道的载波可以用频道序号 C_x 表示。

$$f_x = f_0 + BC_x \tag{3-9}$$

同理有

$$\left. \begin{array}{l} f_i = f_0 + BC_i \\ f_j = f_0 + BC_j \\ f_k = f_0 + BC_k \end{array} \right\} \tag{3-10}$$

将式(3-9)和式(3-10)代入用频率表示的三阶互调表达式(3-7)和式(3-8),得到用频道序号表示的三阶互调表达式如下:

$$C_x = C_i + C_j - C_k \tag{3-11}$$

$$C_x = 2C_i - C_j \tag{3-12}$$

式(3-11)和式(3-12)对所有 i、j、k 都成立。

只要频道组内采用的频道序号差值相等,则该组内就一定存在三阶互调干扰。换句话说,如果希望本频道组中不存在三阶互调干扰,选用的频道序号差值应互不相等。

3.5 近端对远端比干扰(远近效应)

当基站同时接收从距离不同的两个移动台发来的信号时,如果两个移动台发射机以相同的频率工作,具有相等的发射功率,距基站近的移动台 B(距离为 d_2)到达基站的功率明显要大于距基站远的移动台 A(距离为 d_1、$d_2 \ll d_1$)的到达功率。若二者频率相近,则距基站近的移动台 B 就会对距基站远的移动台 A 的有用信号造成干扰或抑制,甚至将移动台 A 的有用信号淹没,这种现象即为近端对远端比干扰(远近效应)。无三阶互调干扰的频道组如表3-4所示。

表3-4 无三阶互调干扰的频道组

需要频道数	最小占用频道数	无三阶互调干扰的频道组	频段利用率
3	4	1,2,4;1,3,4	75%
4	7	1,2,5,7;1,3,6,7	57%
5	12	1,2,5,10,12;1,3,8,11,12	42%
6	18	1,2,5,11,13,18;1,2,9,13,15,18;1,2,5,11,16,18;1,2,9,12,14,18	33%
7	26	1,2,8,12,21,24,26;1,3,4,11,17,22,26;1,2,5,11,19,24,26;1,3,8,14,22,23,26;1,2,12,17,20,24,26;1,4,5,13,19,24,26;1,5,10,16,23,24,26	27%
8	35	1,2,5,10,16,23,33,35	23%
9	45	1,2,6,13,26,28,36,42,45	20%
10	56	1,2,7,11,24,27,35,42,54,56	18%

近端对远端比干扰的定义是：由接收点位置和两个分开的发射机之间的路径损耗不同引起的接收功率差。

近端对远端比干扰的计算式为

$$\zeta = \frac{d_1 \text{ 的路径损耗}}{d_2 \text{ 的路径损耗}} = \frac{d_1^4}{d_2^4} = 40 \lg \frac{d_1}{d_2}$$

电磁波沿地面传播所产生的损耗近似与传播距离的 4 次方成正比。信号经过的传播距离不同时，其损耗会有非常大的差异。例如，距离的比值为 100 时，损耗的比值达 $100^4 = 10^8$（相当于 80 dB）。显然，近地强信号的功率电平会远远大于远地弱信号的功率电平。因为系统的许多电台共用一个频率发送信号或接收信号，所以近地强信号压制远地弱信号的现象很容易发生。

【例 3-5】 一个基站同时接收到两个移动台发来的信号，其中，一个移动台离基站 0.1 km，另一个离基站 15 km，此时近端对远端比干扰为

$$\zeta = 40 \lg \frac{15}{0.1} = 87 \text{ （dB）}$$

如果要求接收机信号干扰比为 15 dB，需要移动台提供的隔离度为 87 + 15 = 102（dB）。

减小近端对远端比干扰的措施如下：

(1)进行频率规划时，尽量分开同一频道组的各相邻频道间隔，以提供足够的隔离度。

(2)采用扩频技术，提高基站接收机自身抗干扰能力。

(3)移动台采用自动功率控制（automatic power control，APC）技术。

(4)改进设备制造技术，提高滤波器的带外抑制能力，降低发射机的寄生辐射。

第4章 蜂窝组网技术

4.1 移动通信网的基本概念

移动通信网是承载移动通信业务的网络,主要完成移动用户之间、移动用户与固定用户之间的信息交换。一般来说,移动通信网由空中网络和地面网络两部分组成。空中网络又称为无线网络,主要完成无线通信;地面网络又称为有线网络,主要完成有线通信。其中,空中网络是移动通信网的主要部分,主要包括多址接入技术、频率复用和区域覆盖、多信道共用以及用户的移动性管理。地面网络主要包括服务区内各个基站的相互连接及基站与固定网的信息交换(PSTN、ISDN、数据网等)。蜂窝移动通信网的基本组成如图4-1所示。

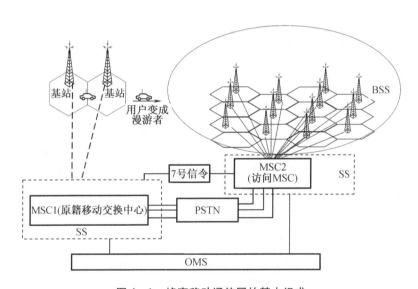

图 4-1 蜂窝移动通信网的基本组成

移动通信无线服务区由许多正六边形小区覆盖而成,呈蜂窝状,通过接口与公众通信网(PSTN、ISDN)互联。移动通信系统包括移动交换子系统(switching system,SS)、操作维护子系统(operation and maintenance subsystem,OMS)和基站子系统(base station subsystem,BSS)(通常包括移动台),是一个完整的信息传输实体。

为了保证移动通信网的正常运行,通常要考虑以下几个方面的问题:众多电台组网时区域覆盖和信道分配等因素对系统性能的影响;如何保证网络有序运行;如何实现有效的越区切换和进行位置管理;如何共享无线资源等。本章将详细分析这些问题给蜂窝移动通信网带来的影响,建立起移动通信网的系统级概念。

4.2　移动通信网的区域覆盖

4.2.1　大区制移动通信网

大区制移动通信网是指使用安装在高塔上的单个大功率发射机,获得一个大面积覆盖范围的移动通信网络,如图 4 - 2 所示。

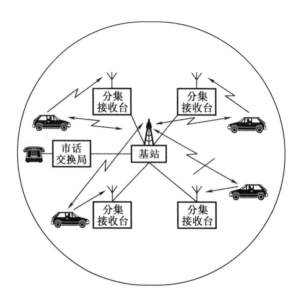

图 4 - 2　大区制移动通信网

大区制移动通信网尽可能地增大基站的覆盖范围,实现大区域内的移动通信。为了增大基站的覆盖区半径,在大区制的移动通信系统中,基站的天线架设得很高,可达几十米至几百米;将基站的收、发信设备与市话交换局连接起来,为一个大的服务区提供移动通信业务。基站的发射功率很大,一般为 50 ~ 200 W,实际覆盖半径达 30 ~ 50 km。

大区制的移动通信系统的优点是网络结构简单、所需频道数少、不需交换设备、投资少、见效快,适合用在用户数较少的区域。但是一个大区制的移动通信系统的基站频道数是有限的,容量不大,不能满足日益增长的用户数量,一般用户数只能达几十至几百个。另外区域覆盖受限,容易受到地形环境影响,如受山丘、建筑物等阻挡形成盲区。

4.2.2　小区制移动通信网的区域覆盖

任何一个基站覆盖的服务区的面积以及可以容纳的用户数都是有限的,无法满足大容量的要求。为了使服务区无缝覆盖整个区域,就需要采用多个基站来覆盖给定的区域。从频率复用的角度出发,可以将整个服务区划分成若干个半径为 1 ~ 20 km 的小区域,在每个小区域中设置基站,负责小区内移动用户的无线通信,这种方式称为小区制,如图 4 - 3 所示。

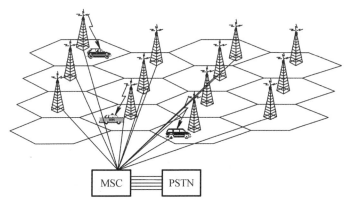

图4-3 小区制移动通信网

小区制移动通信网的特点如下：一是频率利用率高。这是因为在一个很大的服务区内，同一组频率可以多次重复使用，所以增加了单位面积上可供使用的频道数，提高了服务区的容量密度，有效地提高了频率利用率。二是组网灵活。随着用户数的不断增长，小区制移动通信网的每个覆盖区还可以继续划分为更小的区域，以不断满足用户数量增长的实际需要。由以上特点可以看出，采用小区制移动通信网能够有效地解决频道数有限和用户数量增大的矛盾。

下面针对不同的服务区来讨论小区的结构和频率的分配方案。

1. 带状网

带状网主要用于覆盖公路、铁路和海岸等，如图4-4所示。

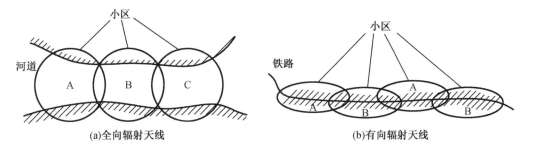

(a)全向辐射天线　　　　　　　　　(b)有向辐射天线

图4-4 带状网

基站天线若用全向辐射，则覆盖区形状是圆形的[图4-4(a)]。带状网宜采用有向辐射天线，使每个小区呈扁圆形[图4-4(b)]。

带状网可进行频率复用。若以采用不同信道(频道)的两个小区组成一个区群(在一个区群内，各小区使用不同的频率，不同的区群可使用相同的频率)，如图4-4(b)所示，则称这种方式为双频制。若以采用不同信道(频道)的3个小区组成一个区群，如图4-4(a)所示，则称这种方式为三频制(若为多个小区则为多频制)。从造价和频率资源利用的角度而言，双频制最好；但从抗同频干扰的角度而言，双频制最差，还应考虑多频制。实际应用中往往采用多频制，如日本新干线列车无线电话系统采用三频制，我国及德国列车无线电话系统则采用四频制等。

设 n 频制带状网如图 4 - 5 所示。每一个小区的半径为 r，与相邻小区的交叠宽度为 a，第 $n+1$ 区与第 1 区为同频小区。

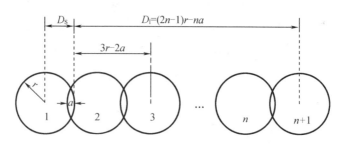

图 4 - 5　n 频制带状网

据此，可算出信号传输距离 D_S 和同频干扰传输距离 D_I 之比。若认为传播损耗近似与传播距离的 4 次方成正比，则在最不利的情况下可得到相应的干扰信号比（I/S）（表 4 - 1）。可见，双频制最多只能获得 19 dB 的同频干扰信号比，这通常是不够的。

表 4 - 1　带状网的同频干扰

D_S/D_I		双频制	三频制	n 频制
		$\dfrac{r}{3r-2a}$	$\dfrac{r}{5r-3a}$	$\dfrac{r}{(2n-1)r-na}$
I/S	$a=0$	-19 dB	-28 dB	$40\lg\dfrac{r}{2n-1}$
	$a=r$	0 dB	-12 dB	$40\lg\dfrac{r}{n-1}$

2. 蜂窝网

在平面区域内划分小区，通常组成蜂窝式的网络。在带状网中，小区呈线状排列，区群的组成和同频小区距离的计算比较方便，而在平面分布的蜂窝网中，这是比较复杂的问题。

（1）小区的形状

全向辐射天线的覆盖区域是一个圆形，不留空隙地覆盖整个平面的服务区，一个个圆形辐射区之间一定有很多的交叠。在考虑交叠之后，实际上每个辐射区的有效覆盖区是一个多边形。根据交叠情况不同，有效覆盖区可为正三角形、正方形或正六边形。小区的形状如图 4 - 6 所示。

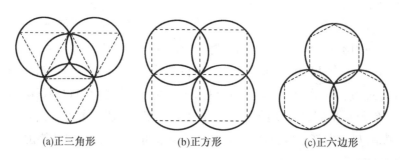

(a)正三角形　　　　　　(b)正方形　　　　　　(c)正六边形

图 4 - 6　小区的形状

在辐射半径 r 相同的条件下,可以计算出 3 种形状小区的邻区距离、小区面积、交叠区宽度和交叠区面积(表 4 - 2)。

表 4 - 2   3 种形状小区的比较

小区形状	正三角形	正方形	正六边形
邻区距离	r	$\sqrt{2}r$	$\sqrt{3}r$
小区面积	$1.3r^2$	$2r^2$	$2.6r^2$
交叠区宽度	r	$0.59r$	$0.27r$
交叠区面积	$1.3\pi r^2$	$0.73\pi r^2$	$0.35\pi r^2$

由表 4 - 2 可见,在服务区面积一定的情况下,正六边形小区的形状最接近理想的圆形,用它覆盖整个服务区所需的基站数最少,也就最经济。正六边形构成的网络形同蜂窝,因此将小区形状为正六边形的小区制移动通信网称为蜂窝网。

(2)区群的组成

相邻小区显然不能用相同的信道。为了保证同信道(即频道)小区之间有足够的距离,附近的若干小区都不能用相同的信道。这些使用不同信道的小区组成一个区群,只有不同区群内的小区才能进行信道复用。

区群的组成应满足两个条件:一是区群之间可以邻接,且无空隙、无重叠地进行覆盖;二是邻接之后的区群应保证各个相邻同信道小区之间的距离相等。满足上述条件的区群形状和区群内的小区数不是任意的。可以证明,区群内的小区数应满足式(4 - 1)。

$$N = i^2 + ij + j^2 \qquad\qquad (4-1)$$

式中,i,j 是不能同时为零的自然数。由式(4 - 1)算出 N 的可能取值(表 4 - 3),相应的区群形状如图 4 - 7 所示。

表 4 - 3   区群内的小区数 N 的取值

j	i				
	0	1	2	3	4
1	1	3	7	13	21
2	4	7	12	19	28
3	9	13	19	27	37
4	16	21	28	37	48

(3)同频小区的距离

区群内小区数不同的情况下,可用下面的方法来确定同频(同道)小区的位置和距离。如图 4 - 8 所示,自某一小区 A 出发,先沿边的垂线方向跨 j 个小区,再逆时针转 60°,再跨沿边的垂线 i 个小区,这样就到达相同小区 A。在正六边形的 6 个方向上,可以找到 6 个相邻的同频小区,所有小区 A 之间的距离都相等。

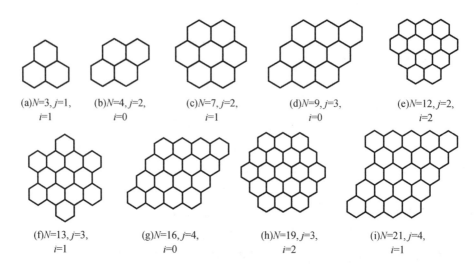

(a)$N=3$, $j=1$, $i=1$　　(b)$N=4$, $j=2$, $i=0$　　(c)$N=7$, $j=2$, $i=1$　　(d)$N=9$, $j=3$, $i=0$　　(e)$N=12$, $j=2$, $i=2$

(f)$N=13$, $j=3$, $i=1$　　(g)$N=16$, $j=4$, $i=0$　　(h)$N=19$, $j=3$, $i=2$　　(i)$N=21$, $j=4$, $i=1$

图 4 - 7　区群内不同小区数 N 对应的形状

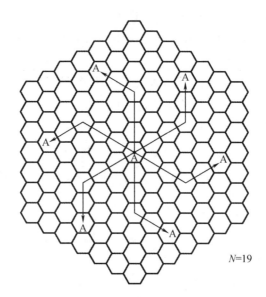

$N=19$

图 4 - 8　同频小区的确定

设小区的辐射半径(即正六边形外接圆的半径)为 r,则从式(4 - 2)可以算出同频小区中心之间的距离为

$$D = \sqrt{3}r\sqrt{\left(j + \frac{i}{2}\right)^2 + \left(\frac{\sqrt{3}i}{2}\right)^2}$$
$$= \sqrt{3(i^2 + ij + j^2)}\,r$$
$$= \sqrt{3N}r \tag{4 - 2}$$

可见,区群内小区数 N 越大,同频小区的距离就越远,抗同频干扰的性能就越好。例

如，$N=3$，$D/r=3$；$N=7$，$D/r=4.6$；$N=19$，$D/r=7.55$。

（4）中心激励和顶点激励

在每个小区中，可以将基站设置在小区的中央，用全向辐射天线形成圆形覆盖区，这就是所谓的"中心激励"方式，如图 4-9（a）所示。也可以将基站设置在每个小区六边形的 3 个顶点上，每个基站采用 3 副 120°扇形辐射的定向天线，分别覆盖 3 个相邻小区的各 1/3 区域，每个小区由 3 副 120°扇形天线共同覆盖，这就是所谓的"顶点激励"方式，如图 4-9（b）所示。采用 120°的定向天线（即有向辐射天线）后，所接收的同频干扰功率仅为采用全向辐射天线系统的 1/3，因而可以减少系统的同频干扰。另外，在不同地点采用多副定向天线可消除小区内障碍物的阴影区。

以上讨论的整个服务区中的每个小区的大小是相同的，只适用于用户密度均匀的情况。

（5）小区的分裂

事实上，在整个服务区中，服务区内的用户密度是不均匀的，如图 4-10 所示。为了适应这种情况，在用户密度高的地区可以使小区的面积小一些，在用户密度低的地区可以使小区的面积大一些。另外，随着城市建设的发展，用户数随着时间的增加而不断增长，对于已经设置好的蜂窝通信网，当原有无线区域的容量密度高到出现话务阻塞时，可以将原有的无线小区再细分为更小的无线小区，以增大系统的容量和容量密度。这种解决问题的方法即为小区分裂。

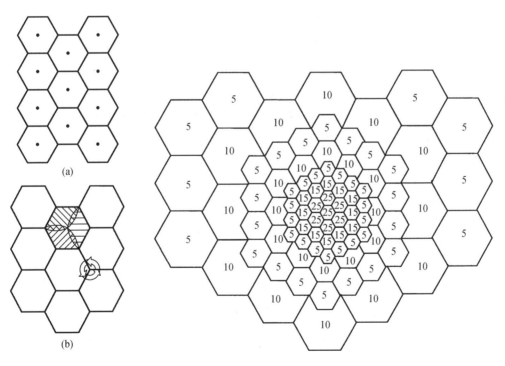

图 4-9　两种激励方式　　　　图 4-10　用户密度不均匀时的小区结构

以 120°扇形辐射的顶点激励为例，在原小区内分设 3 个发射功率更小一些的新基站，就可以形成几个面积更小些的正六边形小区，如图 4-11 所示。

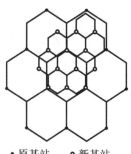

• 原基站 ○ 新基站

图 4 – 11　小区的分裂

4.3　移动通信网的信道分配

信道(频率)分配是频率复用的前提。信道分配有两个基本含义:一是信道分组,即根据移动通信网的需要将全部信道分成若干组;二是具体的信道分配,即以固定或动态的分配方法将信道分配给蜂窝网的用户使用。

4.3.1　信道分组的原则及分配时需注意的问题

1. 信道分组的原则

(1)根据国家或行业标准(规范)确定双工方式、载频中心频率值、信道间隔和收发间隔等。

(2)确定无互调干扰或尽量减小互调干扰的分组方法。

(3)考虑有效利用频率、减小基站天线高度和发射功率,在满足业务质量射频防护比的前提下,尽量减小同频复用的距离,从而确定信道分组数。

2. 信道分配时需注意的问题

(1)在同一信道组中不能有相邻序号的信道。

(2)相邻序号的信道不能分配给相邻小区或相邻扇区。

(3)应根据移动通信设备抗邻道干扰的能力来设定相邻信道的最小频率和空间间隔。

(4)由规定的射频防护比建立频率复用的信道分配图案。

(5)频率规划、远期规划、新网和重叠网频率分配应协调一致。

4.3.2　以固定信道分配为例进行讨论

固定信道分配应解决如下 3 个问题:信道组数、每组的信道数及信道的频率分配。

1. 带状网的固定信道分配

当同频复用系数 D/r_0 确定后,就能相应地确定信道组数。例如,若 $D/r_0 = 6$(或 8),至少应有 3(或 4)个信道组,如图 4 – 12 所示。当采用定向天线时(如铁路、公路上),根据通信线路的实际情况(如不是直线)确定使用的信道组数。若能利用天线的方向性隔离度,还可以适当地减少使用的信道组数。

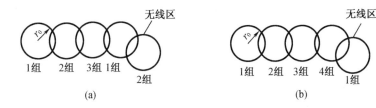

图4-12 信道的地区复用图

2. 蜂窝网的固定信道分配

由蜂窝网的组成可知,根据同频复用系数 D/r_0 确定单位无线区群,若单位无线区群由 N 个无线区(即小区)组成,则需要 N 个信道组。每个信道组的信道数可由无线区的话务量确定。

3. 固定信道分配方法

固定信道分配方法有两种:一是分区分组分配法;二是等频距分配法。

(1)分区分组分配法

分区分组分配法按以下要求进行信道分配:尽量减少占用的总频段,即尽量提高频段的利用率,为避免同频干扰,在单位无线区群中不能使用相同的信道。为避免三阶互调干扰,在每个无线区应采用无三阶互调的信道组。现举例说明如下:

设将给定的频段以等间隔划分为信道,按顺序分别标明各信道的号码为 1,2,3,…

若每个区群有 7 个小区,每个小区需 6 个信道,按上述原则进行分配,可得到:

第 1 组:1,5,14,20,34,36;

第 2 组:2,9,13,18,21,31;

第 3 组:3,8,19,25,33,40;

第 4 组:4,12,16,22,37,39;

第 5 组:6,10,27,30,32,41;

第 6 组:7,11,24,26,29,35;

第 7 组:15,17,23,28,38,42。

将每一组信道分配给区群内的一个小区。这里使用 42 个信道就占用了 42 个信道的频段,是最佳的分配方案。

采用以上方案的主要出发点是避免三阶互调,但未考虑同一信道组中的频率间隔,可能会出现较大的邻道干扰,这是这种配置方法的一个缺陷。

(2)等频距分配法

等频距分配法是按等频率间隔来配置信道的,只要频距选得足够大,就可以有效地避免邻道干扰。这样的频率配置可能正好满足产生互调的频率关系,但正因为频距大,干扰易于被接收机输入滤波器滤除而不易作用到非线性器件上,也就避免了互调的产生。

等频距配置时可根据群内的小区数 N 来确定同一信道组内各信道之间的频率间隔,例如,第一组用 $(1,1+N,1+2N,1+3N,…)$,第二组用 $(2,2+N,2+2N,2+3N,…)$ 等。若

$N=7$,则信道的配置如下。

第 1 组:1,8,15,22,29,…

第 2 组:2,9,16,23,30,…

第 3 组:3,10,17,24,31,…

第 4 组:4,11,18,25,32,…

第 5 组:5,12,19,26,33,…

第 6 组:6,13,20,27,34,…

第 7 组:7,14,21,28,35,…

这样,同一信道组内的信道间最小频率间隔为 7 个信道间隔,若信道间隔为 25 kHz,则其最小频率间隔可达 175 kHz,接收机的输入滤波器便可有效地抑制邻道干扰和互调干扰。

如果是用定向天线进行顶点激励的小区制,每个基站应配置 3 组信道,向 3 个方向辐射,如 $N=7$,每个区群就需有 21 个信道组。整个区群内各基站信道组的分布如图 4 - 13 所示,给出了三顶点激励的信道配置。

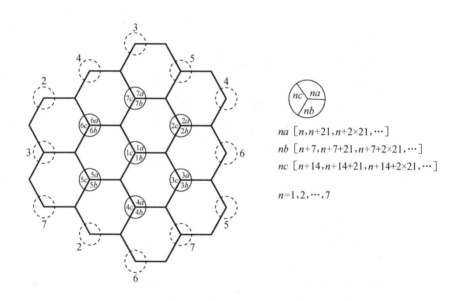

图 4 - 13 整个区群内各基站信道组的分布

以上讨论的信道配置方法都是将某一组信道固定配置给某一基站,只适用于移动台业务分布相对固定的情况。事实上,移动台业务的地理分布是经常发生变化的,如早上从住宅向商业区移动,傍晚又反向移动,发生交通事故或集会时又向某处集中。此时,某一小区业务量增大,原来配置的信道可能不够用了,而相邻小区业务量小,原来配置的信道可能有空闲,由于小区之间的信道无法相互调剂,因此频率的利用率不高,这就是固定配置信道的缺陷。为了进一步提高频率利用率,使信道的配置能随移动通信业务量地理分布的变化而变化,有两种办法:一是动态配置法,即随业务量的变化重新配置全部信道;二是柔性配置法,即准备若干个信道,在需要时提供给某个小区使用。前者如能理想地实现,频率利用率可提高 20% ~50%,但要及时算出新的配置方案,且能避免各类干扰,电台及天线共用器等装备也要能适应,这是十分困难的;后者的实现比较简单,只要预留部分信道使基站都能共用,可应对局部业务量变化的情况,是一种比较实用的方法。

4.4　同频干扰对系统容量的影响

随着用户需求的增加,系统分配给每个小区的信道数最终不足以支持所要达到的用户数。为了解决这一问题,要弄清蜂窝系统容量的制约因素,以便更好地解决实际问题。对于系统容量有多种度量方法,如每平方千米的用户数、每个小区的信道数、系统中的信道总数和系统所容纳的用户数等。就点对点的通信系统而言,系统容量可以用给定的可用频段中所能提供的信道数来度量。但对蜂窝系统而言,由于信道在蜂窝中的分配涉及频率复用和由此产生的同频干扰问题,因此本节采用系统中的信道总数来表征系统容量。

蜂窝系统能够提高系统容量的核心是频率复用。考虑一个共有 L 个可用双向信道的蜂窝系统,如果每个小区都分配 k 个信道($k < L$),并且 L 个信道在 N 个小区中分为各不相同、各自独立的信道组,每个信道组有相同的信道数目,那么可用无线信道的总数表示为

$$L = kN \tag{4-3}$$

如果区群在系统中共复制了 β 次,则在仅考虑频率复用因素的情况下,系统容量 C_T 为

$$C_T = \beta k N = \beta L \tag{4-4}$$

从式(4-4)中可以看出,蜂窝系统容量直接与区群在某一固定服务范围内复制的次数成正比。例如,对于中国移动通信集团江苏有限公司南京分公司而言,若频率资源是 19 MHz 带宽,采用 GSM 体制,则可以算出可用无线信道总数为 760 个。假设南京市区的区群复制了 250 次,则在南京市区可以同时接通的移动通信用户数为 19 万;而若不采用频率复用,则南京市区能同时接通的移动通信用户数仅为 760 个。由此可以看出,频率复用大大提高了系统容量。

显然,如果没有同频干扰,所有可用频率在系统覆盖区域内可以无限复制,系统容量也可以无限增加,但实际上受同频干扰的制约,所有可用频率不能无限复制。所以,同频干扰是限制系统容量的主要因素。因此,很有必要探讨一下系统容量与同频干扰之间的关系,以便知道如何在抑制同频干扰的基础上,通过系统设计来提高系统容量。

蜂窝手机在任何地方进行通信时,会收到两种信号:一种是所在小区基站发来的有用信号,另一种是同频小区基站发来的同频干扰信号。很明显,在仅考虑同频干扰的情况下,这个有用信号功率与同频干扰信号功率之间的比值(即信干比)决定了蜂窝手机的信号接收质量。而要达到规定的信号接收质量,同频小区必须在物理上隔开一个最小的距离,以便为电波传播提供充分的隔离。

如果每个小区的大小都差不多,基站也都发射相同功率的信号,则同频干扰比与发射功率无关,而变为小区半径(r)和相距最近的同频小区的中心之间距离(D)的函数。增加 D/r 的值,就会使同频小区间的空间隔离增加,从而使来自同频小区的射频能量减小,进而使干扰减小。对于正六边形系统来说,同频复用系数 Q 可表示为

$$Q = D/r = \sqrt{3N} \tag{4-5}$$

由式(4-5)可知,Q值越小,一个区群内的小区数越小,进而通过复制可达到系统容量越大的目的;但Q值大,同频干扰小,信干比大,移动台的信号接收质量就越好。在实际的蜂窝系统设计中,需要对这两个目标进行协调和折中。

若设i_s为同频小区数,则移动台从基站接收到的信干比(S/I)可以表示为

$$\frac{S}{I} = \frac{S}{\sum_{i=1}^{i_s} I_i} \tag{4-6}$$

式中,S是从期望基站接收的信号功率;I_i是第i个同频小区所在基站引起的干扰功率。如果已知同频小区的信号强度,S/I值就可以通过式(4-6)来估算。

无线电波的传播测量表明,在任一点接收到的平均信号功率随发射机和接收机之间距离的增加呈幂指数下降。在距离发射天线d处接收到的平均信号功率P_r可以由式(4-7)估算。

$$P_r = P_0 \left(\frac{d}{d_0} \right)^{-n} \tag{4-7}$$

式中,P_0为参考点的接收功率,该点与发射天线之间有一个较小的距离d_0;n是路径衰减因子。

假定想要获得的信号来自当前服务的基站,干扰来自同频基站,每个基站的发射功率相等,整个覆盖区域内的路径衰减因子也相同,则移动台接收到的S/I可近似表示为

$$\frac{S}{I} = \frac{r^{-n}}{\sum_{i=1}^{i_s} (D_i)^{-n}} \tag{4-8}$$

同频干扰小区分为许多层,分布在以某小区中心为圆心、逐层往外的圆周上:第一层有6个,第二层有6个,第三层有6个,……显然来自第一层同频干扰小区的干扰最强,起主要作用。如果仅考虑第一层同频干扰小区(其数目为i_0),且假定所有干扰基站与期望基站间是等距的,小区中心间的距离都是D,则式(4-8)可以简化为

$$\frac{S}{I} = \frac{(D/r)^n}{i_0} = \frac{(\sqrt{3N})^n}{i_0} \tag{4-9}$$

式(4-9)建立了信干比与区群大小N之间的关系,结合式(4-4)可得

$$C_T = \frac{3N_s}{\left(i_0 \frac{S}{I} \right)^{\frac{2}{n}}} L \tag{4-10}$$

式中,N_s表示系统中小区的总数;L为无线信道总数。

式(4-10)等号右边包括5个参数,在频率资源和传播环境确定的情况下,参数L与n确定,这样只有第一层同频干扰小区数i_0、小区的总数N_s和信干比S/I这3个参数可变。我们知道,不同系统对于接收信号的最低信干比的要求是不同的,如AMPS蜂窝系统要求的最低信干比为18 dB,而GSM要求的最低信干比为9 dB。很明显,选择最低信干比要求低的系统可以使区群变小,进而增加区群的复制次数,最终达到增加系统容量的目的。

4.5 多信道共用技术

多信道共用是指网络内的大量用户共享若干个无线信道,其原理是利用信道被占用的间断性,使许多用户能够合理地选择信道,以提高信道的使用效率。这种占用信道的方式相对于独立信道方式而言,可以明显提高信道利用率。

例如,一个无线区有 n 个信道,为用户分别指定一个信道,不同信道内的用户不能互换信道,这就是独立信道方式。当某一个信道被某一个用户占用时,在他通话结束前,属于该信道的其他用户都处于阻塞状态,无法通话。但是,与此同时,一些其他信道却处于空闲状态,而又得不到使用。这样一来,就造成有些信道在紧张排队,而另一些信道却处于空闲状态,从而导致信道得不到充分利用。如果采用多信道共用方式,即一个无线小区内的 n 个信道被该区内所有用户共用,则当 $k(k < n)$ 个信道被占用时,其他需要通话的用户可以选择剩下的任一空闲信道通话。因为任何一个移动用户选取空闲信道和占用信道的时间都是随机的,所以所有信道同时被占用的概率远小于单个信道被占用的概率。因此,多信道共用可明显提高信道的利用率。

在用户和信道同样多的情况下,多信道共用的结果是使用户通话的阻塞概率明显下降。当然,在信道和阻塞概率同样多的情况下,多信道共用可使用户数目明显增加,但这种增加也不是无止境的,否则将使阻塞概率增加,进而影响通信质量。那么,在保持一定通信质量的情况下,采用多信道共用技术时,给一个信道究竟平均分配多少用户才合理,就是下面要讨论的话务量和呼损问题。

4.5.1 话务量与呼损

1. 呼叫话务量

话务量是度量通信系统业务量或繁忙程度的指标。其性质如同客流量,具有随机性,只能用统计方法获取。所谓"呼叫话务量 A",是指单位时间内(1 h)进行的平均电话交换量,可用式(4−11)来表示。

$$A = Ct_0 \qquad\qquad (4-11)$$

式中,C 为每小时平均呼叫次数(包括呼叫成功和呼叫失败的次数);t_0 为每次呼叫平均占用信道的时间(包括通话时间)。

如果 t_0 以小时为单位,则话务量 A 的单位是爱尔兰(Erl,占线小时)。如果在 1 h 内不断地占用一个信道,则其呼叫话务量为 1 Erl。这是一个信道所能完成的最大话务量。

例如,设在 100 个信道上,平均每小时有 1 800 次呼叫,平均每次呼叫时间为 2 min,则这些信道上的呼叫话务量为

$$A = \frac{1\ 800 \times 2}{60} = 60(\text{Erl})$$

2. 呼损率

当多个用户共用信道时,通常总是用户数大于信道数。因此,会出现许多用户同时要

求通话而信道数不能满足要求的情况。这时只能先让一部分用户通话，而让另一部分用户等待，直到有空闲信道时再通话。后一部分用户虽然发出呼叫，但因无信道而不能通话，这称为呼叫失败。在一个通信系统中，造成呼叫失败的概率称为呼叫失败概率，简称"呼损率"，用 B 表示。

设 A' 为因呼叫成功而接通电话的话务量（简称"完成话务量"），C 为 1 h 内的总呼叫次数，C_0 为 1 h 内因呼叫成功而通话的次数，则完成话务量 A' 为

$$A' = C_0 t_0 \tag{4-12}$$

呼损率 B 为

$$B = \frac{A - A'}{A} \times 100\% = \frac{C - C_0}{C} \times 100\% \tag{4-13}$$

式中，$A - A'$ 为损失话务量。

所以呼损率的物理意义是损失话务量与呼叫话务量之比的百分数。

显然，呼损率 B 越小，成功呼叫的概率越大，用户就越满意。因此，呼损率也称为系统的服务等级（grade of service，GoS）。例如，某系统的呼损率为 5%，即说明该系统内的用户平均每呼叫 100 次，其中有 5 次因信道被占用而打不通电话，其余 95 次则能找到空闲信道实现通话。但是，对于一个通信网来说，要想使呼损率减小，只有让呼叫流入的话务量减少，即容纳的用户数少一些，这是移动通信运营商不希望出现的情况。可见呼损率和话务量是矛盾的，即服务等级和信道利用率是矛盾的。

如果呼叫有以下性质：

（1）每次呼叫相互独立，互不相关（呼叫具有随机性）。

（2）每次呼叫在时间上都有相同的概率，并假定移动电话通信服务系统的信道数为 n，则呼损率 B 如下：

$$B = \frac{\dfrac{A^n}{n!}}{1 + \left(\dfrac{A}{1!}\right) + \left(\dfrac{A^2}{2!}\right) + \left(\dfrac{A^3}{3!}\right) + \cdots + \left(\dfrac{A^n}{n!}\right)} \times 100\% = \frac{\dfrac{A^n}{n!}}{\displaystyle\sum_{i=0}^{n} \dfrac{A^i}{i!}} \times 100\% \tag{4-14}$$

式（4-14）就是电话工程中的爱尔兰公式。如已知呼损率 B，则可根据式（4-14）计算出 A 和 n 的对应数量关系，爱尔兰呼损表（工程上称为爱尔兰 B 表）如表 4-4 所示。

表 4-4　爱尔兰呼损表　　　　　　　　　　　　　　　　　　　　　　单位：Erl

信道数	B						
	1%	2%	3%	5%	7%	10%	20%
n	A	A	A	A	A	A	A
1	0.010	0.020	0.031	0.053	0.075	0.111	0.250
2	0.153	0.223	0.282	0.381	0.470	0.595	1.000
3	0.455	0.602	0.725	0.899	1.057	1.271	1.980

表 4 - 4(续)

信道数	B						
	1%	2%	3%	5%	7%	10%	20%
n	A	A	A	A	A	A	A
4	0.869	1.092	1.219	1.525	1.748	2.045	2.945
5	1.361	1.657	1.875	2.218	2.054	2.881	4.010
6	1.909	2.276	2.543	2.960	3.305	3.758	5.109
7	2.051	2.935	3.250	3.738	4.139	4.666	6.230
8	3.128	3.627	3.987	4.543	4.999	5.597	7.369
9	3.783	4.345	4.748	5.370	5.879	6.546	8.552
10	4.461	5.048	5.529	6.216	6.776	7.551	9.685
11	5.160	5.842	6.328	7.076	7.687	8.437	10.857
12	5.876	6.615	7.141	7.950	8.610	9.474	12.036
13	6.607	7.402	7.967	8.835	9.543	10.470	13.222
14	7.352	8.200	8.803	9.730	10.485	11.473	14.413
15	8.108	9.010	9.650	10.660	11.434	12.484	15.608
16	8.875	9.828	10.505	11.544	12.390	13.500	16.608
17	9.652	10.656	11.368	12.461	13.353	14.522	18.010
18	10.437	11.491	12.238	13.335	14.321	15.548	19.216
19	11.230	12.333	13.115	14.315	15.294	16.579	20.424
20	12.031	13.182	13.997	15.249	16.271	17.613	21.635
21	12.838	14.036	14.884	16.189	17.253	18.651	22.848
22	13.651	14.896	15.778	17.132	18.238	19.692	24.064
23	14.470	15.761	16.675	18.080	19.227	20.373	25.861

注:A 为呼叫话务量;n 为信道数;B 为呼损率。

在 24 h 中,每小时的话务量是不一样的,即总有一些时间打电话的人多,另外一些时间打电话的人少。因此对一个通信系统来说,可以区分忙时和非忙时。例如,我国早晨 8—9 点属于忙时,而一些欧美国家晚上 7 点属于忙时。所以在考虑通信系统的用户数和信道数时,应采用忙时平均话务量。因为只要在忙时信道能够满足用户需求,非忙时肯定也能够满足。

3. 每个用户忙时话务量(A_a)

用户忙时话务量是指一天中最忙的那 1 h(即忙时)内每个用户的平均话务量,用 A_a 表示。A_a 是一个统计平均值。

将忙时话务量与全日话务量之比称为忙时集中系数,用 K 表示。通常,K 为 7% ~ 15%。这样,我们便可以得到每个用户忙时话务量的表达式。

$$A_a = \frac{C_d T K}{3\ 600} \qquad (4-15)$$

式中，C_d 为每个用户每天平均呼叫次数；T 为每次呼叫平均占用信道的时间，单位为 s；K 为忙时集中系数。

例如，每个用户每天平均呼叫 3 次，每次呼叫平均占用时间为 120 s，忙时集中系数为 10%（$K=0.1$），则每个用户忙时话务量为 0.01 Erl。

一些移动电话通信网的统计数据表明，对于公用移动通信网，每个用户忙时话务量可按 $0.01\sim0.03$ Erl 计算；对于专用移动通信网，由于业务的不同，每个用户忙时话务量也不一样，一般可按 $0.03\sim0.06$ Erl 计算。当网内接有固定用户时，它的 A_a 高达 0.12 Erl。一般而言，车载台的忙时话务量最低，手机居中，固定台最高。

4.5.2 多信道共用的容量和信道利用率

在多信道共用时，容量有两种表示法。

1. 系统所能容纳的用户数（M）

$$M = \frac{A}{A_n} \tag{4-16}$$

2. 每个信道所能容纳的用户数（m）

$$m = \frac{M}{n} = \frac{\frac{A}{A_a}}{n} = \frac{\frac{A}{A_a}}{n} \tag{4-17}$$

在一定呼损条件下，每个信道所能容纳的用户数 m 与信道平均话务量成正比，而与每个用户忙时话务量成反比。多信道共用时，信道利用率是指每个信道平均完成的话务量，即

$$\eta = \frac{A'}{n} \times 100\% = \frac{A(1-B)}{n} \times 100\% \tag{4-18}$$

若已知 B、n，则根据式（4-14）或表 4-4 可算出 A 的值，然后可由式（4-18）求出 η。

【例 4-1】 某移动通信系统一个无线小区有 8 个信道（1 个控制信道和 7 个语音信道），每天每个用户平均呼叫 10 次，每次占用信道平均时间为 80 s，呼损率要求 10%，忙时集中系数为 0.125。那么，该无线小区能容纳多少用户？

解 （1）根据呼损的要求及信道数（$n=7$），求总话务量 A。可以利用公式，也可查表。求得 $A=4.666$ Erl。

（2）求每个用户的忙时话务量 A_a。

$$A_a = \frac{C_d T K}{3\ 600} = \frac{10 \times 80 \times 0.125}{3\ 600} = 0.027\ 8\ (\text{Erl})$$

（3）求每个信道所能容纳的用户数（m）。

$$m = \frac{\frac{A}{n}}{A_a} = \frac{\frac{4.666}{7}}{0.027\ 8} \approx 23$$

（4）求系统所能容纳的用户数。

$$M = mn = 23 \times 7 = 161$$

【例 4-2】 设每个用户的忙时话务量 $A_a=0.01$ Erl，呼损率 $B=10\%$，现有 8 个无线信

道,采用两种不同技术,即多信道共用和单信道共用组成的两个系统,试分别计算它们的容量和利用率。

解 (1)对于多信道共用系统:已知 $n = 8$,$B = 10\%$,求 m、M。

由表 4 - 4 可得

$$A = 5.597(\text{Erl})$$

因为

$$m = \frac{\dfrac{A}{n}}{A_a} = \frac{5.597}{0.01 \times 8} \approx 69$$

所以

$$M = mn = 69 \times 8 = 552$$

由式(4 - 18)得

$$\eta = \frac{5.597 \times (1 - 0.1)}{8} \times 100\% = 63\%$$

(2)对于单信道共用系统:已知 $n_0 = 1$,$B = 10\%$,求 m、M。

由表 4 - 4 可得

$$A = 0.111(\text{Erl})$$

因为

$$m = \frac{\dfrac{A}{n_0}}{A_a} = \frac{0.111}{0.01 \times 1} = 11$$

所以

$$M = mn = 11 \times 8 = 88$$

由式(4 - 18)得

$$\eta = 0.111 \times (1 - 0.1) \times 100\% = 10\%$$

通过例 4 - 2 的计算得知,在信道数、呼损率相同的条件下,多信道共用与单信道共用相比,信道利用率明显提高,例 4 - 2 中从 10% 提高到 63%。因此,多信道共用技术是提高信道利用率即频率利用率的一种重要手段。

4.6 网 络 结 构

4.6.1 基本网络结构

移动通信的基本网络结构如图 4 - 14 所示。基站通过传输链路和交换机相连,交换机再与固定的电信网络相连,这样就可形成移动用户↔基站↔交换机↔固定网络↔固定用户或移动用户等不同情况的通信链路。

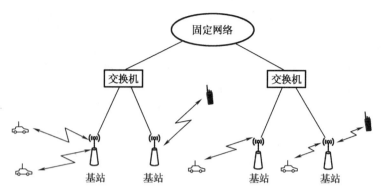

图 4-14　移动通信的基本网络结构

　　基站与交换机之间、交换机与固定网络之间的连接可以采用有线链路（如光纤、同轴电缆、双绞线等），也可以采用无线链路（如微波链路、毫米波链路等）。这些链路上常用的数字信号（digital signal，DS）形式有两类标准：一类是北美地区和日本的标准系列，即 T-1、T-1C、T-2、T-3、T-4，分别可同时支持 24 路、48 路、96 路、672 路、4 032 路数字语音（每路 64.0 kbit/s）的传输，其比特率分别为 1.544 Mbit/s、3.152 Mbit/s、6.312 Mbit/s、44.736 Mbit/s、274.176 Mbit/s；另一类是欧洲及其他大部分地区的标准系列，即 E-1、E-1C、E-2、E-3、E-4，分别可同时支持 30 路、120 路、480 路、1 920 路、7 680 路数字语音的传输，其比特率分别为 2.048 Mbit/s、8.448 Mbit/s、34.368 Mbit/s、139.264 Mbit/s、565.148 Mbit/s。

　　典型 2G 网络的每个基站可同时支持 50 路语音呼叫，每个交换机可以支持近 100 个基站，交换机到固定网络之间需要 5 000 个话路的传输容量。

　　在蜂窝移动通信网中，为便于组织网络，将一个移动通信网分为若干个服务区，将每个服务区分为若干个 MCS 业务区（简称"MSC 区"），又将每个 MSC 区分为若干个位置区，每个位置区由若干个基站小区组成。一个移动通信网由多少个服务区或多少个 MSC 区组成，取决于移动通信网覆盖地域的用户密度和地形地貌等。多个服务区的网络结构如图 4-15 所示。每个 MSC（包括移动电话端局和移动汇接局）要与当地的市话汇接局、当地长途电话交换中心相连。MSC 之间需互联互通才可以构成一个功能完善的网络。

　　有线通信网上的两个终端间每次成功的通信都包括 3 个阶段，即呼叫建立、消息传输和释放，蜂窝移动通信的交换技术也包括这 3 个过程。但是，移动通信网中使用的交换机与常规交换机的主要不同是除了要完成常规交换机的所有功能外，还负责移动性管理和无线资源管理（包括越区切换、漫游、用户位置登记管理等）。存在这种不同的原因在于以下两点：一是移动用户没有固定位置，所以蜂窝系统在呼叫建立过程中首先要确定用户所在位置，其次在每次通话过程中，还必须一直跟踪每个移动用户位置的变化；二是蜂窝系统采用了频率复用和小区覆盖技术，所以在跟踪用户移动过程中，必然会从一个无线小区越过多个无线小区，从而发生多次越区信道切换问题，以及不同网络间切换或不同系统间切换的问题，这些问题也就是移动性管理和无线资源管理问题。所以说，蜂窝移动通信系统的交换技术要比有线电话系统的交换技术复杂。

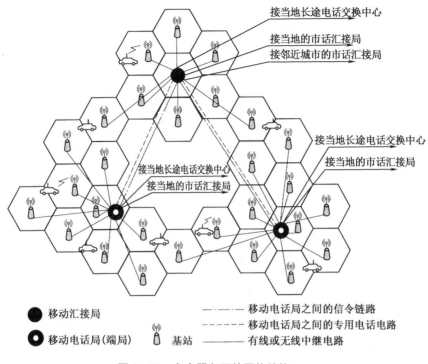

图4-15 多个服务区的网络结构

4.6.2 移动通信网的典型网络结构

在模拟蜂窝移动通信系统中,移动性管理和用户鉴权及认证都包括在 MSC 中。在 2G 移动通信系统中,将移动性管理、用户鉴权及认证从 MSC 中分离出来,设置归属位置寄存器 (home location register,HLR)和漫游位置寄存器(visitor location register,VLR)来进行移动性管理,2G 数字蜂窝移动通信网络结构如图 4-16 所示。每个移动用户必须在 HLR 中注册。HLR 中存储的用户信息分为两类:一类是有关用户的参数信息,如用户类别、向用户提供的服务、用户的各种号码、识别码,以及用户的保密参数等;另一类是关于用户当前位置的信息(如移动台漫游号码、VLR 地址等),以及建立至移动台的呼叫路由。

VLR 是存储用户位置信息的动态数据库。当漫游用户进入某个 MSC 区域时,必须在与该 MSC 相关的 VLR 中登记,并被分配一个移动台漫游号(mobile station roaming number,MSRN),在 VLR 中建立该用户的有关信息,包括移动用户识别码、移动台漫游号、所在位置区的标志以及向用户提供的服务等参数,这些信息是从相应的 HLR 中传递过来的。MSC 在处理入网和出网呼叫时需要查询 VLR 中的有关信息。一个 VLR 可以负责一个或若干个 MSC 区域。可在网络中设置鉴权中心(authentication center,AUC)进行用户鉴权和认证。

鉴权中心是认证移动用户的身份以及产生相应鉴权参数的功能实体。这些参数包括随机号码(RAND)、符号响应(signed response,SRES)和密钥(Kc)等。鉴权中心对任何试图入网的用户进行身份认证,只有合法用户才能接入网中并得到服务。

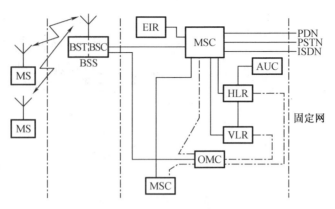

图 4-16 2G 数字蜂窝移动通信网络结构

在构成实际网络时,根据网络规模、所在地域以及其他因素,上述功能实体可有各种配置方式。通常将 MSC 和 VLR 设置在一起,而将 HLR、设备识别寄存器(equipment indentification register,EIR)和 AUC 合设于另一个物理实体中。在某些情况下,MSC、VLR、HLR、AUC 和 EIR 也可合设于一个物理实体中。

为了适应移动数据业务和多媒体业务的发展,3G 移动通信网络结构发生了变化。从业务角度看,在电路域业务方面,3G 除了提供 2G 的所有业务之外,还要提供 2G 网络难以提供的业务,如多媒体可视电话业务;在分组域业务方面,3G 网络提供了更加丰富的业务,如网上冲浪、视频点播、移动办公和信息娱乐等。图 4-17 给出了 R99(第三代移动通信标准化组织 3GPP 制定标准的版本号)的 3G 网络结构示意图,图中,NodeB 对应于 2G 系统的基站收发信机(base station transceiver,BST),RNC(无线网络控制器,全称为 radio network controller)对应于 2G 系统的基站控制器(base station controller,BSC),RNS(无线网络子系统,全称为 radio network subsystem)对应于 2G 系统的基站子系统(BSS)。

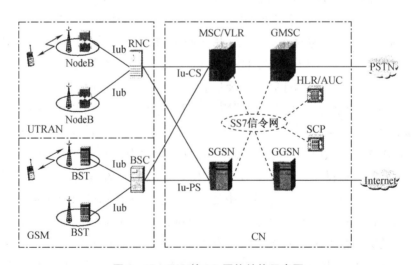

图 4-17 R99 的 3G 网络结构示意图

R99 采用核心网(core network,CN)和无线电接入网(radio access network,RAN)结构,

其中核心网是基于 GSM/GPRS[①]的核心网络,分为电路(circuit switching,CS)域和分组(packet switching,PS)域;无线接入网则引入 WCDMA 接入网[即通用电信无线接入网(universal telecommunication radio access network,UTRAN)]。在无线接入部分,R99 除了支持新引入的 UTRAN 的 RNS 之外,也支持 GSM/GPRS 的 BSS。

在 R99 的核心网中,CS 域和 PS 域是并列的。CS 域的功能实体包括 MSC、VLR、关口移动交换中心(gateway MSC,GMSC)和互通功能(interworking function,IWF)等;PS 域特有的功能实体主要包括 GPRS 服务支持节点(serving GPRS support node,SGSN)、GPRS 网关支持节点(gateway GPRS support node,GGSN)等;而 HLR、AUC、智能网业务控制点(service control point,SCP)和 EIR 等为 CS 域和 PS 域共用设备。R99 的 CS 域是基于时分复用(time-division multiplexing,TDM)技术的,并仍采用分级组网模式,通过 GMSC 和外部网络相连;PS 域是基于 IP 技术的,通过 GGSN 和分组网络相连。核心网与接入网(access network,AN)之间的 Iu 接口采用异步转移模式(asynchronous transfer mode,ATM)技术来传输。核心网可以和智能网(intelligent network,IN)相连,以增强对智能业务的支持。

3G 网络结构是向后兼容的,与 2G 网络结构相比,只是在无线接入网和核心网的控制上发生了较大的改变和演进。

当前,移动通信网络结构正在继续演变,例如,3GPP 的 LTE 网络结构采用了扁平式的 RAN 结构,基站之间可直接相连,呈现出网格网络的特征。

移动通信网的网络结构是随着技术的发展不断改进的。在模拟移动通信网中,没有专门的智能节点。在第二代的数字移动通信网中,引入了 HLR、VLR、业务控制点、充值中心等智能节点,提供灵活计费类、卡类、呼叫控制类、移动梦网等业务。随着智能网技术的发展,第三代移动通信网建立在更高级的智能平台上,提供位置类、流媒体类、IP 多媒体类等业务。随着移动通信的日益普及,人们不仅需要语音业务,还需要音频、图像和视频等通信业务。也就是说,人们希望现在的固定电信网和因特网(Internet)的各种业务都能有效地延伸到移动通信中,这就需要一个频带较宽的信息传输网络来承载这些信息,同时要求移动通信网能对各个用户的业务进行管理。因此,未来的移动通信网的网络结构应分为 3 个层次:最底层为通用信息接入网络,能使人们利用各种空中接口标准,在不同的环境下(如室内、室外、卫星等)都能接入网络;中间层是宽带信息传输网络(也称为核心交换网络),既能有效地承载大量用户的多种类型、多种速率的业务和高效地处理高密度、高移动的用户呼叫,同时还能承载大量的用户移动性管理负荷,处理大量用户移动性管理控制问题;最高层为业务管理(控制)网络,不仅具有为用户提供现有的网络业务管理的能力,还具有为用户提供生成自行设计的新业务的能力和在网络中迅速引入这些新业务的能力。此外,业务管理(控制)网络还有两个支持网络:一个是智能信令控制网络,提供用户和网络之间的虚电路/信道的连接和同步、智能路由和特殊的网络业务功能;另一个是统一的管理网络,提供全网的运行、维护和管理,它对保证服务质量和无线资源的最佳监测和使用是必需的。

本节叙述的网络结构属于集中式控制网络,其中的交换网络可以是电路交换网络,也

---

① GPRS 为通用分组无线服务,全称为 general packet radio service。

可以是分组交换网络。

4.7 信　　令

信令是与通信有关的一系列控制信号,用于确保终端、交换系统及传输系统的协同运行,在指定的终端之间建立临时通信信道,并维护网络本身正常运行。在移动通信网中采取何种信令方式,与交换局采用的控制技术密切相关。

在移动通信网中,除了传输用户信息之外,为使全网有秩序地工作,还必须在正常通话的前后和过程中传输很多其他的控制信息,如一般电话网中必不可少的摘机、挂机、空闲音、忙音、拨号、振铃、回铃及无线通信网中所需的信道分配、用户登记与管理、呼叫与应答、越区切换和发射机功率控制等信号。这些和通信有关的控制信号统称为信令。

信令不同于用户信息,用户信息是直接通过通信网络由发信者传输到收信者的,而信令通常需要在通信网络的不同环节(基站、移动台和移动控制交换中心等)之间传输,由各环节进行分析处理并通过交互作用形成一系列的操作和控制,其作用是保证用户信息有效且可靠地传输。因此,信令可看作整个通信网络的神经中枢,其性能在很大程度上决定了一个通信网络为用户提供服务的能力和质量。

有了信令,在程控交换、网络数据库以及网络中的其他智能节点才可变换下列有关信息,即呼叫建立(setup)、监控(supervision)、拆除(teardown)、分布式应用进程所需的信息(进程之间的询问、响应或用户到用户的数据)及网络管理信息。

信令分为两种:一种是用户到网络节点间的信令(称为接入信令);另一种是网络节点之间的信令(称为网络信令)。应用最为广泛的网络信令是7号信令。

4.7.1　接入信令

在移动通信中,接入信令是指移动台与基站之间的信令。按信号形式的不同,接入信令又可分为数字信令和音频信令两类。数字信令由于具有速度快、容量大、可靠性高等明显的优点,已成为目前公用移动通信网中采用的主要形式。

1. 数字信令

随着移动通信网络容量的扩大及微电子技术的发展,从需求和可能性两方面促进了数字信令的发展,并使其逐步取代模拟音频信令。特别是在大容量的移动通信网中,目前已广泛使用数字信令。数字信令传输速度快,组码数量大,电路便于集成化可以促进设备小型化且降低成本。需要注意的是,在移动通信信道中传输数字信令,除需要窄带调制和同步之外,还必须解决可靠传输的问题。因为数字信令在信道中遇到干扰之后会发生错码,所以必须采用各种差错控制技术,如检错和纠错等,才能保证可靠的传输。

在传输数字信令时,为便于接收端解码,要求数字信令按一定的格式编排。信令格式是多种多样的,不同通信系统的信令格式也各不相同。典型的数字信令格式如图4−18所示,包括前置码(P)、字同步码(SW)、地址或数据(A或D)、纠错码(SP)4部分。

| P | SW | A或D | SP |

图4－18 典型的数字信令格式

（1）前置码（P）

前置码提供位同步信息，以确定每一码的起始和终止时刻，以便接收端进行积分和判决。为便于提取位同步信息，前置码一般采用 1010…的交替码。接收端用锁相环路即可提取出位同步信息。

（2）字同步码（SW）

字同步码用于确定信息（报文）的开始位，相当于时分制多路通信中的帧同步，因此也称为帧同步。适合用于字同步的特殊码组很多，它们具有尖锐的自相关特性，便于与随机的数字信息相区别。在接收数字信令时，可以在数字信令序列中识别出这些特殊码组的位置来实现字同步。最常用的是著名的巴克码。

（3）地址或数据（A 或 D）

地址或数据通常包括控制、选呼、拨号等信令，各种系统都有其独特的规定。

（4）纠错码（SP）

纠错码有时也称作监督码。不同的纠错码有不同的检错和纠错能力。一般来说，监督位码元所占的比例越大，检（纠）错的能力就越强，但编码效率就越低。可见，纠错码是以降低信息传输速率为代价来提高传输可靠性的。移动通信中常用的纠错码有奇偶校验码、汉明码、BCH 码和卷积码等。

一种用于 TACS 系统反向信道的信令格式如图4－19 所示，图中由若干个字组成一条消息，每个字采用 BCH(48,36,5)进行纠错编码，然后重复 5 次，以提高消息传输的可靠性。

图4－19 TACS 系统反向信道的信令格式

2. 音频信令

音频信令是由不同的音频信号组成的。目前常用的有单音频信令、双音频信令和多音频信令 3 种。下面以双音频拨号信令为例来介绍音频信令。

拨号信令是移动台主叫时发往基站的信号，它应考虑与市话机有兼容性且适宜在无线信道中传输。常用的信令传输方式有单音频脉冲、双音频脉冲、10 中取 1、5 中取 2 及 4×3 方式。

其中，单音频脉冲方式是用拨号盘使 2.3 kHz 的单音按脉冲形式发送，虽然简单，但受干扰时易误动。双音频脉冲方式应用广泛，已比较成熟。10 中取 1 是用话带内的 10 个单音，每一个单音代表一个十进制数。5 中取 2 是用话带内的 5 个单音，每次同时选发两个单音，共有 $C_5^2 = 10$ 种组合，代表 0～9 共 10 个数。

4.7.2 网络信令

常用的网络信令就是 7 号信令,主要用于协调交换机之间和交换机与数据库(如 HLR、VLR、AUC)之间的信息交换。

7 号信令系统的协议结构如图 4 - 20 所示。它包括消息传输部分(message transfer pant,MTP),信令连接控制部分(signaling connection control part,SCCP),事物处理能力应用部分(transaction capabilities application part,TCAP),移动应用部分(mobile application part,MAP),操作、维护和管理部分(operation,maintenance and administration part,OMAP)和 ISDN 用户部分(ISDN user part,ISDN - UP 或 ISUP)等。

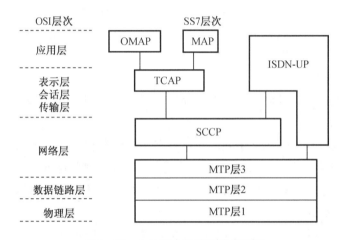

图 4 - 20 7 号信令系统的协议结构

MTP 提供一个无连接的消息传输系统,可以使信令信息跨越网络到达目的地。MTP 可消除网络中系统发生的故障对信令传输产生的不利影响。

MTP 分为 3 层:第一层为信令数据层,定义了信号链路的物理和电气特性;第二层是信令链路层,提供数据链路的控制,负责提供信令数据链路上的可靠数据传输;第三层是信令网络层,提供公共的消息传送功能。

SCCP 提供用于无连接业务和面向连接业务所需的对 MTP 的附加功能。SCCP 提供地址的扩展能力和 4 类业务。这 4 类业务是:0 类——基本的无连接型业务;1 类——有序的无连接型业务;2 类——基本的面向连接型业务;3 类——具有流量控制的面向连接型业务。

ISDN - UP 支持的业务包括基本的承载业务和许多 ISDN 补充业务。ISDN - UP 既可以使用 MTP 业务在交换机之间可靠地按顺序传输信令消息,也使用 SCCP 业务作为点对点信令方式。ISDN - UP 支持的基本承载业务就是建立、监视和撤除发送端交换机和接收端交换机之间 64 kbit/s 的电路连接。

TCAP 提供与电路无关的信令应用之间交换信息的能力,并提供 OMAP 和 MAP 等应用。

7 号信令的网络结构如图 4 – 21 所示。

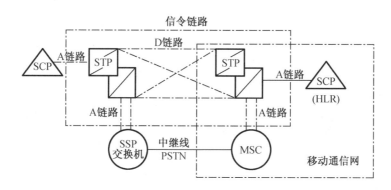

图 4 – 21 7 号信令的网络结构

7 号信令网络是与现行 PSTN 平行的一个独立网络。它由 3 个部分组成:信令点(signaling point,SP)、信令链路和信令转接点(signaling transfer point,STP)。SP 是发出信令和接收信令的设备,包括业务交换点(service-switching point,SSP)和业务控制点(service control point,SCP)。

SSP 是一个电话交换机,由 SS7 链路互连,完成在其交换机上发起、转移或到达的呼叫处理。移动通信网中的 SSP 称为移动交换中心。

SCP 包括提供增强型业务的数据库,接收 SSP 的查询,并返回所需的信息给 SSP。在移动通信中,SCP 可包括一个 HLR 或一个 VLR。

STP 是在网络交换机和数据库之间中转 SS7 消息的交换机。STP 根据 SS7 消息的地址域,将消息送到正确的输出链路上。为满足苛刻的可靠性要求,STP 都是成对提供的。

在 SS7 信令网中共有 6 种类型的信令链路,图 4 – 21 中仅给出 A 链路(access link)和 D 链路(diagonal link)。

4.7.3 信令应用

为了说明信令的作用和工作过程,下面以固定用户呼叫移动用户为例进行说明。呼叫过程如图 4 – 22 所示。

图 4 – 22 由信令网络和电话交换网络组成。电话交换网络由 3 个交换机(端局交换机、汇接局交换机和移动交换机)、2 个终端(电话终端、移动台)及中继线(交换机之间的链路)、ISDN 线路(固定电话机与端局交换机之间的链路)和无线接入链路(MSC 至移动台之间的等效链路)组成。固定电话机到端局交换机采用接入信令,移动链路也采用接入信令。交换机之间采用网络信令(7 号信令)。

假定固定电话用户呼叫移动用户。用户摘机拨号后,固定电话机发出建立(SETUP)消息请求建立连接,端局交换机根据收到的移动台号码,确定移动台的临时本地号码(temporary local directory number,TLDN)。

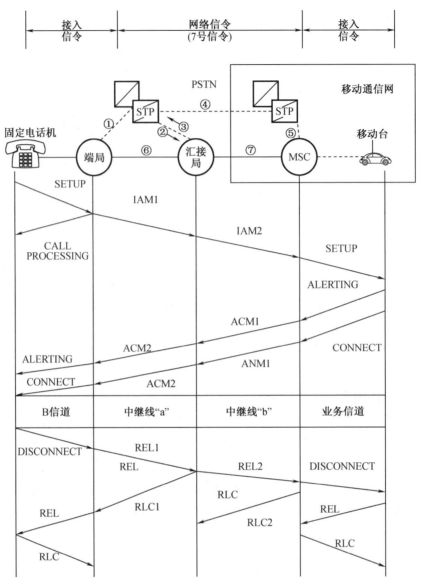

图 4-22　信令应用举例(呼叫过程)

　　在得知移动用户的 TLDN 后,端局交换机通过信令链路(①→②→③→④→⑤)向 MSC
发送初始地址消息(initial address message,IAM),进行中继链路的建立,并向固定电话机回
送呼叫正在处理(CALL PROCESSING)消息,指示呼叫正在处理。

　　当 IAM 到达 MSC 后,MSC 寻呼移动用户。寻呼成功后,向移动台发送 SETUP 消息。如
果该移动用户是空闲的,则向 MSC 发送警示(ALERTING),接着向移动台振铃。通过信令
链路(⑤→④→③→②→①)向端局交换机发送地址完成(收全)消息(address complete
message,ACM)。该消息表明 MSC 已收到完成该呼叫所需的路由信息,并把有关移动用户
的信息、收费指示、端到端协议要求通知端局交换机。ACM 到达端局交换机后,该交换机向
固定电话端发送警示消息。固定电话机向用户送回铃声。

当移动用户摘机应答这次呼叫时,移动台向 MSC 发送连接(CONNECT)消息,将无线业务信道接通;MSC 收到后,发给端局交换机一个应答消息(answer message,ANM),指示呼叫已经应答,并将选定的中继线⑥和⑦接通。ANM 到达后,端局交换机向固定电话机发送 CONNECT 消息,将选定的 B 信道接通。至此,固定用户通过 B 信道、中继链路⑥和⑦及无线业务信道进行通话。

通话结束后,假定固定电话用户先挂机,它向网络发送拆线(DISCONNECT)消息,请求拆除链路,端局交换机通过信令链路发送释放(release,REL)消息,指明使用的中继线将要从连接中释放出来。MSC 收到 REL 消息后,向移动用户发送 DISCONNECT 消息;移动台拆除业务信道后,向 MSC 发送 REL 消息;MSC 以释放完成(release complete,RLC)消息应答。

当汇接交换机和 MSC 收到 REL 后,以 RLC 应答,以确信指定的中继线已在空闲状态。端局交换机和汇接交换机收到 RLC 后,将指定的中继线置为空闲状态。端局交换机拆除连接后向固定电话机发出 REL 消息,固定电话机以 RLC 消息应答。

4.8 移动性管理

在所有电话网络中建立两个用户——始呼和被呼之间的连接是通信的最基本任务。为了完成这一任务,网络必须完成一系列的操作,如识别被呼用户、定位用户所在的位置、建立网络到用户的路由连接并维持所建立的连接直至两用户通话结束。最后当用户通话结束时,网络要拆除所建立的连接。

由于固定网用户所在的位置是固定的,因此在固定网中建立和管理两用户间的呼叫连接是相对容易的。而对于移动通信网,由于它的用户是移动的,因此建立一个呼叫连接是较为复杂的。通常在移动通信网中,为了建立一个呼叫连接需要解决 3 个问题:用户所在的位置、用户识别、用户所需提供的业务。

下面将从这 3 个问题出发讨论移动性管理过程。

当一个移动用户在随机接入信道上发起对另一个移动用户或固定用户的呼叫时,或者某个固定用户呼叫移动用户时,移动通信网就会开始一系列的操作。这些操作涉及网络的各个功能单元,包括基站、移动台、移动交换中心、各种数据库,以及网络的各个接口。这些操作将建立或释放控制信道和业务信道,进行设备和用户的识别,完成无线链路、地面链路的交换和连接,最终在主叫和被叫之间建立点到点的通信链路,提供通信服务。这个过程就是呼叫接续过程。

当移动用户从一个位置区域漫游到另一个位置区域时,同样会引起网络的各个功能单元的一系列操作。这些操作将引起各种位置寄存器中移动台位置信息的登记、修改或删除,若移动台正在通话,则将引起越区转接过程。这些都是支持蜂窝系统移动性管理的过程。

4.8.1 系统的位置更新过程

以 GSM 为例,其位置更新包括 3 个方面的内容:第一,移动台的位置登记;第二,当移动台从一个位置区域进入一个新的位置区域时,移动通信系统所进行的通常意义下的位置更新;第三,在一个特定时间内,网络与移动台没有发生联系时,移动台自动地、周期地(以网络在广播信道发给移动台的特定时间为周期)与网络取得联系,核对数据。

移动通信系统中,位置更新的目的是使移动台总与网络保持联系,以便移动台在网络覆盖范围内的任何一个地方都能接入网络,或者说,网络能随时知道移动台所在的位置,以使网络可随时寻呼到移动台。GSM 是用各类数据库维持移动台与网络联系的。

在用户侧,一个最重要的数据库就是用户识别模块[即 SIM(subscriber identify module)卡]。SIM 卡中存有用于用户身份认证所需的信息,并能处理一些与安全保密有关的信息,以防止非法用户入网。另外,SIM 卡还存有与网络和用户有关的管理数据。SIM 卡是一个独立于用户移动设备的用户识别和数据存储设备,移动设备只有插入 SIM 卡后才能进网使用。在网络侧,从网络运营商的角度看,SIM 卡就代表了用户,就好像移动用户的"身份证"。每次通话中,网络对用户的鉴权实际上是对 SIM 卡的鉴权。

网络运营部门向用户提供 SIM 卡时需要用户管理的有关信息,其中包括:用户的国际移动用户标志即国际移动用户识别码(international mobile subscriber identity,IMSI)、鉴权密钥(Ki)、用户接入等级控制及用户注册的业务种类和相关的网络信息等内容。

当网络端允许一个新用户接入网络时,网络要对新移动用户的国际移动用户识别码的数据做"附着"标记,表明此用户是一个被激活的用户,可以入网通信了。移动用户关机时,移动设备要向网络发送最后一次消息,其中包括分离处理请求,"移动交换中心/访问位置寄存器"收到"分离"消息后,就在该用户对应的 IMSI 上进行"分离"标记,去掉"附着"。

当网络在特定时间内没有收到来自移动台的任何信息时,就启动周期性位置更新措施。比如在某些特定条件下,由于无线链路质量很差,网络无法接收移动台的正确消息,而此时移动台还处于开机状态并接收网络发来的消息,此时的网络无法知道移动台所处的状态。为了解决这一问题,系统采取了强制登记措施,如系统要求移动用户在特定时间内如一个小时登记一次。这种位置登记过程就叫作周期性位置更新。

4.8.2 越区切换

越区切换(handover 或 handoff)是指将当前正在进行的移动台与基站之间的通信链路从当前基站转移到另一个基站的过程,如图 4－23 所示。该过程也称为自动链路转移(automatic link transfer,ALT)。

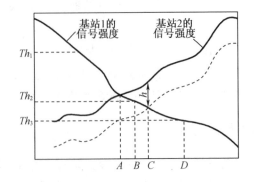

图 4－23 越区切换示意图

越区切换通常发生在移动台从一个基站覆盖小区进入另一个基站覆盖小区的情况下。为了保持通信的连续性,将移动台与当前基站的链路转移到移动台与新基站之间。

对于越区切换的研究包括3个方面:一是越区切换的准则,也就是何时需要进行越区切换;二是越区切换如何控制,包括同一类型小区之间的切换如何控制和不同类型小区之间的切换如何控制;三是越区切换时的信道分配。

越区切换算法研究所关心的主要性能指标包括:越区切换的失败概率、因越区失败而使通信中断的概率、越区切换的速率、越区切换引起的通信中断的时间间隔以及越区切换发生的时延等。

越区切换分为两大类:一类是硬切换;另一类是软切换。硬切换是指在建立新的连接以前,先中断旧的连接。而软切换是指既维持旧的连接,同时又建立新的连接,并利用新旧链路的分集合并来改善通信质量,当与新基站建立可靠连接之后再中断旧链路。

在越区切换时,可以仅以某个方向(上行或下行)的链路质量为准,也可以同时考虑双向链路的通信质量。

1. 越区切换的准则

在决定何时需要进行越区切换时,通常根据移动台处的接收平均信号强度,或者根据移动台处的信噪比(或信号干扰比)、误比特率等参数来确定。

假定移动台从基站1向基站2运动,其信号强度的变化如图4-23所示。

判断何时需要越区切换的准则如下。

(1)相对信号强度准则(准则1)

该准则要求在任何时间都选择具有最强接收信号的基站。如图4-23中的 A 处将要发生越区切换。这种准则的缺点是:在原基站的信号强度仍满足要求的情况下,会引发太多不必要的越区切换。

(2)具有门限规定的相对信号强度准则(准则2)

该准则仅允许移动用户在当时基站的信号足够弱(低于某一门限),且新基站的信号强于本基站信号的情况下,才可以进行越区切换。如图4-23所示,在门限为 Th_2 时,在 B 处将会发生越区切换。

在该准则中,门限选择具有重要作用。例如在图4-23中,如果门限太高,取为 Th_1,则该准则与准则1相同。如果门限太低,则会引起较大的越区时延。此时,一方面,可能会因链路质量较差而导致通信中断;另一方面,会引起对同道用户的额外干扰。

(3)具有滞后余量的相对信号强度准则(准则3)

该准则仅允许移动用户在新基站的信号强度比原基站信号强度强很多[即大于滞后余量(hysteresis margin)]的情况下进行越区切换,如图4-23中的 C 处。该准则可以防止移动台由于信号波动而在两个基站之间来回重复切换(即"乒乓效应")。

(4)具有滞后余量和门限规定的相对信号强度准则(准则4)

该准则仅允许移动用户在当前基站的信号电平低于规定门限且新基站的信号强度高于当前基站的一个给定滞后余量时进行越区切换,如图4-23中的 D 处所示。

也有其他类型的准则,如通过预测技术(即预测未来信号电平的强弱)来决定是否需要越区。还可以考虑人或车辆的运动方向和路线等。另外,在上述准则中还可以引入一个定时器(即在定时器到时间后才允许越区切换),采用滞后余量和定时相结合的方法。

2. 越区切换的控制策略

越区切换控制包括两个方面:一方面是越区切换的参数控制;另一方面是越区切换的过程控制。参数控制在上面已经提到,这里主要讨论过程控制。

在移动通信系统中,过程控制的方式主要有3种。

(1) 移动台控制的越区切换

在该方式中,移动台连续监测当前基站和几个越区时的候选基站的信号强度和质量。当满足某种越区切换准则后,移动台选择具有可用业务信道的最佳候选基站,并发送越区切换请求。

(2) 网络控制的越区切换

在该方式中,基站监测来自移动台的信号强度和质量,当信号低于某个门限后,网络开始安排移动台向另一个基站的越区切换。网络要求移动台周围的所有基站都监测该移动台的信号,并把监测结果报告给网络。网络从这些基站中选择一个基站作为越区切换的新基站,并将结果通过旧基站通知移动台和新基站。

(3) 移动台辅助的越区切换

在该方式中,网络要求移动台测量其周围基站的信号并把结果报告给旧基站,网络根据测量结果决定何时进行越区切换,以及切换到哪一个基站。

在现有的系统中,PACS 和 DECT 采用移动台控制的越区切换,IS – 95CDMA 和 GSM 采用移动台辅助的越区切换。

3. 越区切换时的信道分配

越区切换时的信道分配是用来解决呼叫转换到新小区时的链路问题的。新小区分配信道的目标是使越区切换失败的概率尽量小。常用的做法是在每个小区预留部分信道专门用于越区切换。这种做法的特点是:新呼叫时可用信道数的减少,增加了呼损率,但降低了通话被中断的概率,迎合了人们的使用习惯。

第5章 移动通信关键技术

为提高移动通信的用户数量与通信系统中信号传输的质量,本章着重介绍一些移动通信关键技术,即可提高移动通信系统有效性和可靠性的各项措施,包括数字调制技术、抗衰落技术和多址接入技术。

5.1 数字调制技术

移动通信数字调制是使在信道上传送的信号的特性与信道特性相匹配的一种技术。如果通信系统的信源信息为模拟信号,经过语音信号编码技术得到的数字信号必须经过调制才能传输。由于移动通信系统信道带宽有限、干扰和噪声比较大、信道存在多径衰落的特殊性,因此数字调制技术应具备的特点是:抗干扰性能强;可有效提高频率利用率;误码性能良好;传输速率较高。基本的数字调制技术有:幅移键控(amplitude shift keying,ASK)、相移键控(phase shift keying,PSK)、频移键控(frequency shift keying,FSK)、差分相移键控(differential phase shift keying,DPSK)。高性能的数字调制技术:四相移相键控(quaternary PSK,QPSK)、高斯最小频移键控(Gaussian minimum frequency shift keying,GMSK)、正交振幅调制(quadrature amplitude modulation,QAM)、正交频分复用(orthogonal frequency division multiplexing,OFDM)。

5.1.1 基本数字调制技术

1. 幅移键控

幅移键控利用载波幅度随数字信号的变化传递信息,而载波的频率和初始相位保持不变。在 2ASK 中,载波的幅度只有两种变化状态,分别对应二进制信息的"0"或"1"。一种常用的,也是最简单的二进制幅移键控方式称为通断键控(on‑off keying,OOK),其表达式为

$$e_{OOK}(t) = \begin{cases} A\cos \omega_c t, \text{以概率 } P \text{ 发送"1"码时} \\ 0, \text{以概率 } 1-P \text{ 发送"0"码时} \end{cases} \tag{5-1}$$

2ASK 信号时间波形如图 5‑1 所示。载波在二进制信号控制下形成已调信号 2ASK。

2ASK 信号的一般表达式为

$$e_{2ASK}(t) = s(t)\cos \omega_c t \tag{5-2}$$

$$s(t) = \sum_n a_n g(t - nT_B) \tag{5-3}$$

式中,T_B 为码元持续时间;$g(t)$ 为持续时间为 T_B 的基带脉冲波形;a_n 是第 n 个符号的电平值。若取

$$a_n = \begin{cases} 1, \text{概率为 } P \\ 0, \text{概率为 } 1-P \end{cases} \tag{5-4}$$

则 2ASK 信号就是 OOK 信号。

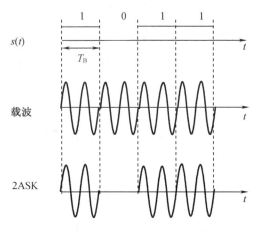

图 5 - 1   2ASK 信号时间波形

幅移键控信号的产生方法通常包括模拟调制法[图 5 - 2(a)]和键控法[图 5 - 2(b)]。

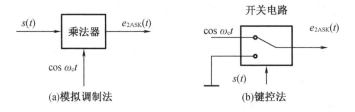

图 5 - 2   2ASK 信号调制框图

解调是调制的逆过程,其作用是从接收的已调信号中恢复原信号。幅移键控的解调方法也有两种:非相干解调和相干解调,2ASK 信号解调框图如图 5 - 3 所示。带通滤波器的作用是滤除已调信号频带外的噪声。图 5 - 3(a)中,全波整流器将已调信号负半轴的信号全部翻转到正半轴,与低通滤波器构成包络检波,然后通过抽样判决器进行判决,再生出原始信号。判决规则与调制规则相对应,将高于判决门限的判决为"1"码,低于判决门限的判决为"0"码。图 5 - 3(b)中,相干解调的关键是在接收端必须提供一个与接收的已调载波严格同步的本地载波,相乘器将滤除已调信号频带外的噪声的信号与本地载波相乘,经低通滤波器取出低频分量,然后通过判决电路再生原始信号。2ASK 是 20 世纪初最早运用于无线电报中的数字调制方式之一。但是,ASK 传输技术受噪声影响很大。噪声电压和信号一起改变了振幅。在这种情况下,"0"可能变为"1","1"可能变为"0"。由于 2ASK 调制受噪声影响较大,现已较少使用,但是 2ASK 常常作为研究其他数字调制的基础,因此有必要了解它。

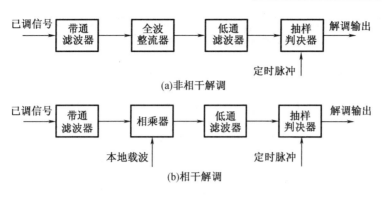

图 5-3　2ASK 信号解调框图

2. 频移键控

频移键控利用载波频率随数字信号的变化传递信息。2FSK 信号的一般表达式为

$$e_{2FSK}(t) = \begin{cases} A\cos\omega_1, & \text{发送"1"码时} \\ A\cos\omega_2 t, & \text{发送"0"码时} \end{cases} \tag{5-5}$$

2FSK 信号时间波形如图 5-4 所示。载波 ω_1 和 ω_2 在二进制信号的控制下形成已调信号 2FSK。频移键控信号的产生方法主要有两种:调频法和键控法。调频法产生的 2FSK 信号在相邻码元之间的相位是连续变化的。键控法产生的 2FSK 信号是由电子开关在两个独立的频率源之间的转换形成的,相位不一定连续。

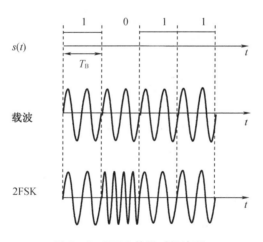

图 5-4　2FSK 信号时间波形

2FSK 信号的解调同样可以采用非相干解调和相干解调。由于可以将 2FSK 信号理解为两路 2ASK 信号的合成,因此 2FSK 的解调过程与 2ASK 类似。2FSK 信号解调框图如图 5-5 所示。图 5-5 中,带通滤波器 1 的频率对应调制过程中的 ω_1,带通滤波器 2 的频率对应调制过程中的 ω_2。图 5-5(b)中,本地载波 1 的频率对应调制过程中的 ω_1,本地载波 2 的频率对应调制过程中的 ω_2。

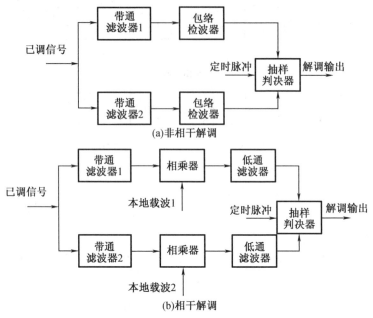

图 5 – 5   2FSK 信号解调框图

3. 相移键控

相移键控利用载波相位随数字信号的变化传递信息,而振幅和频率保持不变。在 2PSK 信号中,通常用初始相位 0 和 π 分别表示二进制"0"和"1",2PSK 的一般表达式为

$$e_{2PSK}(t) = A\cos(\omega_c t + \varphi_n) \tag{5-6}$$

式中,φ_n 表示第 n 个符号的绝对相位,即

$$\varphi_n = \begin{cases} 0, \text{发送"0"码时} \\ \pi, \text{发送"1"码时} \end{cases} \tag{5-7}$$

由式(5 – 6)和式(5 – 7)可得式(5 – 8):

$$e_{2PSK}(t) = \begin{cases} A\cos \omega_c t, \text{概率为 } P \\ -A\cos \omega_c t, \text{概率为 } 1-P \end{cases} \tag{5-8}$$

2PSK 信号时间波形如图 5 – 6 所示。相移键控信号的产生方法主要有两种:模拟调制法和键控法。2PSK 信号的解调通常采用相干解调。相干解调中,需要得到与接收的 2PSK 信号同频同相的相干载波。2PSK 信号相干解调框图如图 5 – 7 所示。图 5 – 7 中,本地载波的频率对应调制过程中的载波频率,$a \sim e$ 各点波形如图 5 – 8 所示。2PSK 信号的载波恢复过程中存在着 180°的相位模糊,相位的不确定会导致解调出的信号出错,这种现象称为"倒π"现象或反相工作。因此 2PSK 使用较少,通常采用 DPSK 调制。

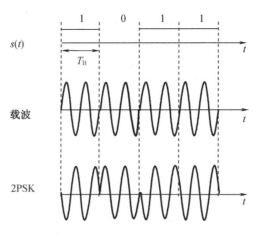

图 5 – 6 2PSK 信号时间波形

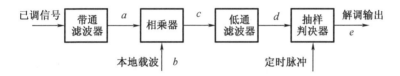

图 5 – 7 2PSK 信号相干解调框图

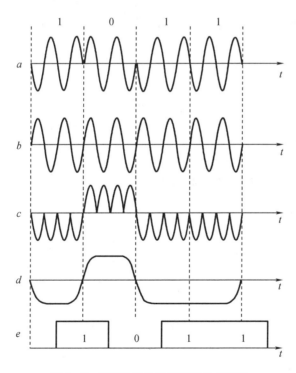

图 5 – 8 2PSK 信号相干解调各点波形

4. 差分相移键控

2PSK 利用载波相位的绝对数值表示数字信息,称为绝对相移键控。为了克服 2PSK 的
"倒 π"现象,2DPSK 利用前后相邻码元的载波相对相位变化传递数字信息,所以又称为相

对相移键控。假设 $\Delta\varphi$ 为当前码元与前一个码元的载波相位差,定义数字信息与 $\Delta\varphi$ 之间的关系如下:

$$\Delta\varphi = \begin{cases} 0,\text{表示数字信息 “0”} \\ \pi,\text{表示数字信息 “1”} \end{cases} \qquad (5-9)$$

二进制数字信息与其对应的 2DPSK 信号的载波相位关系的举例如下:

二进制数字信息:　　1　1　0　1　0　0　1　1　0

2DPSK 信号相位:　(0)　π　0　0　π　π　π　0　π　π

　　　　　　　或　　(π)　0　π　π　0　0　0　π　0　0

相应的 2DPSK 信号调制过程波形如图 5-9 所示。由图 5-9 可以看出,对于相同的数字信息序列,如果序列的初始码元的参考相位不同,2DPSK 信号的相位也不相同。也就是说,2DPSK 信号的相位并不直接代表基带信号,而前后码元相对相位的差才唯一决定信息符号。

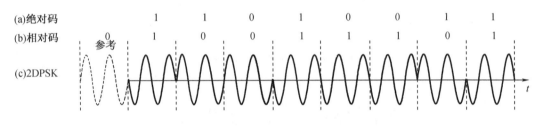

图 5-9　2DPSK 信号调制过程波形

2DPSK 信号调制框图如图 5-10 所示。调制过程中,先对二进制数字基带信号进行差分编码,如图 5-9 中将绝对码变换成相对码,然后再根据相对码进行相位调制。

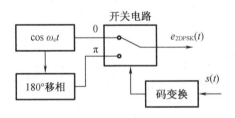

图 5-10　2DPSK 信号调制框图

观察图 5-9 中的绝对码和相对码,若将绝对码序列记为 a_n,将相对码序列记为 b_n,则码变换过程可以表示为

$$b_n = a_n \oplus b_{n-1}$$

式中,$\oplus$ 为模 2 加;b_{n-1} 表示 b_n 的前一码元。

码反变换过程可以表示为

$$a_n = b_n \oplus b_{n-1}$$

2DPSK 信号的解调可以采用相干解调,抽样判决后进行码反变换。2DPSK 信号解调框图如图 5 – 11 所示,图中 $a \sim f$ 各点波形如图 5 – 12 所示。在解调过程中,由于载波相位模糊性的影响,解调的相对码即 e 点波形可能是"1"和"0"倒置,但经码反变换得到的绝对码不会发生任何倒置的现象,从而解决了 2PSK 中载波相位模糊导致的"倒 π"问题。2DPSK 系统是一种实用的数字调相系统,但其抗加性白噪声性能比 2PSK 系统差。

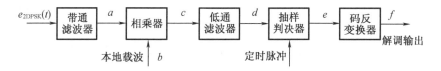

图 5 – 11　2DPSK 信号解调框图

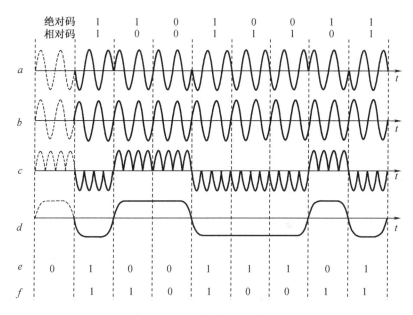

图 5 – 12　2DPSK 信号相干解调各点波形

对于基本数字调制技术,在系统的性能方面,采用相干解调的误码率低于采用非相干解调的误码率。误码性能比较如表 5 – 1 所示。

表 5 – 1　误码性能比较

调制方式	误码率	
	相干解调	非相干解调
2ASK	$\frac{1}{2}\mathrm{erfc}\sqrt{\dfrac{r}{4}}$	$\frac{1}{2}\mathrm{e}^{-\frac{r}{4}}$
2FSK	$\frac{1}{2}\mathrm{erfc}\sqrt{\dfrac{r}{2}}$	$\frac{1}{2}\mathrm{e}^{-\frac{r}{2}}$

表 5 –1(续)

调制方式	误码率	
	相干解调	非相干解调
2PSK	$\frac{1}{2}\mathrm{erfc}\sqrt{r}$	
2DPSK	$\mathrm{erfc}\sqrt{r}$	$\frac{1}{2}e^{-r}$

不同数字调制技术占用带宽也不相同,当信号码元宽度为 T_B 时,2ASK 系统和 2PSK (2DPSK)系统的频带宽度近似为 $\frac{2}{T_B}$,2FSK 系统的频带宽度近似为 $\Delta f + \frac{2}{T_B}$,$\Delta f = |f_1 - f_2|$,f_1 和 f_2 分别为频移键控中的载波频率。可见,2FSK 的频带利用率最低。2FSK 系统对信道的变化不敏感。目前使用较多的调制技术为相干 2DPSK 和非相干 2FSK,相干 2DPSK 适用于高速数据传输,而非相干 2FSK 适用于中、低速数据传输,在衰落信道中广泛使用。

对相移键控技术进行改进,还有相应的多进制相移键控,如 QPSK。QPSK 的基本思想是将两个输入数据比特组成一个符号,形成两个序列:一个为奇数比特序列,另一个为偶数比特序列。对每个序列进行 2PSK 调制,两个载波相互正交的 2PSK 信号之和形成 QPSK。载波相位根据符号信息改变:(0,0)为 0°,(0,1)为 90°,(1,1)为 180°,(1,0)为 270°。

5.1.2 新型数字调制技术

为了提高调制技术的性能,人们不断改进和研究新的数字调制技术,提出了多种新的调制解调方案,它们在性能方面各有所长,下面介绍正交振幅调制、高斯最小频移键控、正交频分复用。

1. 正交振幅调制

正交振幅调制是一种结合振幅和相位的调制技术。QAM 的提出改善了多进制相移键控的噪声容限。QAM 信号的一个码元可以表示为

$$e_k(t) = A_k\cos(\omega_c t + \theta_k), kT_B \leq t \leq (k+1)T_B \tag{5-10}$$

式中,k 为整数;A_k 和 θ_k 分别取多个离散值。

式(5-10)可以展开为

$$e_k(t) = A_k\cos\theta_k\cos\omega_c t - A_k\sin\theta_k\sin\omega_c t \tag{5-11}$$

令 $Y_k = -A_k\sin\theta_k$,式(5-11)变为

$$e_k(t) = X_k\cos\theta_k + Y_k\sin\omega_c t \tag{5-12}$$

X_k 和 Y_k 可以取多个离散值的变量,因此式(5-12)可以看作两个正交的幅移键控信号的和。下面以 16QAM 信号为例,说明 16QAM 如何改善 16PSK 噪声容限。图 5-13 是按照最大振幅相同的情况下绘制的 16QAM 信号和 16PSK 信号的矢量图,假设最大振幅为 A_M,16QAM 信号相邻点之间的欧氏距离为

$$d_1 = \frac{\sqrt{2}}{3}A_M = 0.471A_M$$

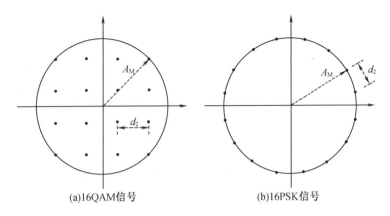

(a)16QAM信号　　　　　　(b)16PSK信号

图 5 – 13　16QAM 信号和 16PSK 信号的矢量图

16PSK 信号相邻点之间的欧氏距离为

$$d_2 \approx \frac{\pi}{8}A_M = 0.393A_M$$

通过欧氏距离可以分析噪声容限的大小,距离越大,噪声容限越大。因此,16QAM 系统较 16PSK 系统具有更好的噪声容限。

2. 高斯最小频移键控

在介绍高斯最小频移键控调制技术之前,我们要先了解一下最小相位频移键控(minimum frequency – shift keying,MSK) 调制技术。最小相位频移键控是一种特殊的连续相位的频移键控。MSK 信号可表示为

$$e_k(t) = \cos\left(\omega_c t + \frac{a_k \pi}{2T_B}t + \varphi_k\right), kT_B \leqslant t \leqslant (k+1)T_B \tag{5-13}$$

式中,$\omega_c = 2\pi f_c$,为角频率;$a_k = \pm 1$,分别对应输入码元为“1”和“0”时的取值;T_B 为码元宽度;φ_k 是第 k 个码元的初始相位,它在一个码元宽度中保持不变。当 a_k 取不同值时,将式(5 – 13)改写为

$$e_k(t) = \begin{cases} \cos(2\pi f_1 t + \varphi_k), & a_k = +1 \\ \cos(2\pi f_0 t + \varphi_k), & a_k = -1 \end{cases}, kT_B \leqslant t \leqslant (k+1)T_B \tag{5-14}$$

式中,$f_1 = f_c + \dfrac{1}{4T_B}$;$f_0 = f_c - \dfrac{1}{4T_B}$。由于 MSK 信号的每个码元的持续时间 T_B 内包含的波形周期必须是 $\dfrac{1}{4}$ 载波周期的整数倍,即 f_c 表示为

$$f_c = \frac{n}{4T_B} = \left(N + \frac{m}{4}\right)\frac{1}{T_B} \tag{5-15}$$

式中,N 为正整数;$m = 0,1,2,3$。

$$\begin{cases} f_1 = f_c + \dfrac{1}{4T_B} = \left(N + \dfrac{m+1}{4} \right)\dfrac{1}{T_B} \\ f_0 = f_c - \dfrac{1}{4T_B} = \left(N + \dfrac{m-1}{4} \right)\dfrac{1}{T_B} \end{cases} \qquad (5-16)$$

利用 $T_1 = 1/f_1$，$T_0 = 1/f_0$，将式（5-16）变换为

$$T_B = \left(N + \dfrac{m+1}{4} \right)T_1 = \left(N + \dfrac{m-1}{4} \right)T_0 \qquad (5-17)$$

由式（5-17）可知，在一个码元持续时间内，"1"码对应的波形周期数比"0"码对应的波形周期数多 0.5。

MSK 信号具有相位连续性，其具体含义是：前一个码元末尾的相位等于后一个码元开始时的相位。因此，要求式（5-13）中的码元相位满足

$$\dfrac{a_{k-1}\pi}{2T_B} \cdot kT_B + \varphi_{k-1} = \dfrac{a_k\pi}{2T_B} \cdot kT_B + \varphi_k \qquad (5-18)$$

由式（5-18）可得如下递推关系：

$$\varphi_k = \varphi_{k-1} + \dfrac{k\pi}{2}(a_{k-1} - a_k) = \begin{cases} \varphi_{k-1}, & a_{k-1} = a_k \\ \varphi_{k-1} \pm k\pi, & a_{k-1} \neq a_k \end{cases} \quad (\mathrm{mod}^{①}\, 2\pi) \qquad (5-19)$$

从式（5-19）可以看出，第 k 个码元的相位 φ_k 不仅和当前的输入 a_k 有关，而且和前一个码元的相位 φ_{k-1} 及前一个码元的 a_{k-1} 有关，这体现了 MSK 信号前后码元的相关性。假设 φ_{k-1} 为 0，由式（5-19）得 $\varphi_k = 0$ 或 π。

将式（5-13）改写为

$$e_k(t) = \cos\left[\omega_c t + \theta_k(t) \right], kT_B \leq t \leq (k+1)T_B \qquad (5-20)$$

式中

$$\theta_k(t) = \dfrac{a_k\pi}{2T_B}t + \varphi_k \qquad (5-21)$$

下面讨论 $\theta_k(t)$。$\theta_k(t)$ 为第 k 个码元的附加相位，$\theta_k(t)$ 与 t 之间的关系为线性关系，在一个码元周期 T_B 内，$a_k = \pm 1$ 时，相位的改变为 $\pm\dfrac{\pi}{2}$。图 5-14 为附加相位网格图，由图可以看出附加相位在码元间是连续的。

对于 MSK 信号的产生方法，需要进一步分析式（5-13）。通过函数展开，可以得到式（5-22）。

$$\begin{aligned} e_k(t) &= \cos\left(\dfrac{a_k\pi}{2T_B}t + \varphi_k \right)\cos\omega_c t - \sin\left(\dfrac{a_k\pi}{2T_B}t + \varphi_k \right)\sin\omega_c t \\ &= \left(\cos\dfrac{a_k\pi t}{2T_B}\cos\varphi_k - \sin\dfrac{a_k\pi t}{2T_B}\sin\varphi_k \right)\cos\omega_c t - \\ &\quad \left(\sin\dfrac{a_k\pi t}{2T_B}\cos\varphi_k + \cos\dfrac{a_k\pi t}{2T_B}\sin\varphi_k \right)\sin\omega_c t \end{aligned} \qquad (5-22)$$

---

① mod 表示模运算。

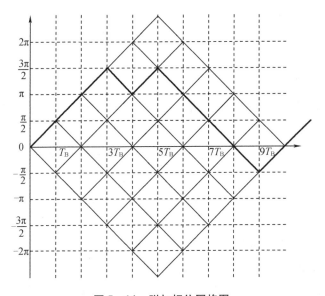

图 5 - 14 附加相位网格图

由于 $\varphi_k = 0$ 或 π，$a_k = \pm 1$ 可得 $\sin\varphi_k = 0$，$\cos\varphi_k = \pm 1$，$\cos\dfrac{a_k\pi t}{2T_B} = \cos\dfrac{\pi t}{2T_B}$，$\sin\dfrac{a_k\pi t}{2T_B} = a_k\sin\dfrac{\pi t}{2T_B}$，代入式(5 - 22)并利用 $p_k = \cos\varphi_k = \pm 1$ 和 $q_k = a_k\cos\varphi_k = a_k p_k = \pm 1$，得到式 (5 - 23)。

$$e_k(t) = p_k\cos\frac{\pi t}{2T_B}\cos\omega_c t - q_k\sin\frac{\pi t}{2T_B}\sin\omega_c t \qquad (5-23)$$

MSK 信号产生原理框图如图 5 - 15 所示。

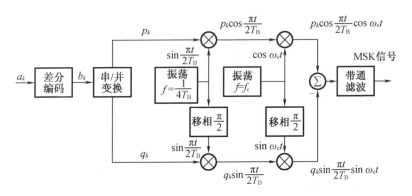

图 5 - 15 MSK 信号产生原理框图

MSK 信号的解调通常采用延时判决相干解调方法。其基本思想是：在接收端利用 $\cos\left(\omega_c t + \dfrac{\pi}{2}\right)$ 与 MSK 已调信号相乘，得到

$$\cos\left[\omega_c t + \theta_k(t)\right]\cos\left(\omega_c t + \frac{\pi}{2}\right) = \frac{1}{2}\cos\left[\theta_k(t) - \frac{\pi}{2}\right] + \frac{1}{2}\cos\left[2\omega_c t + \theta_k(t) + \frac{\pi}{2}\right]$$

$$(5-24)$$

通过低通滤波可以得到

$$\cos\left[\theta_k(t) - \frac{\pi}{2}\right] = \sin\theta_k(t) \qquad (5-25)$$

输入数字序列a_k，取值为"$+1,+1$"或者"$+1,-1$"，附加相位$\theta_k(t)$值在两个码元周期中始终为正。若a_k取值为"$-1,+1$"或者"$-1,-1$"，附加相位$\theta_k(t)$值在两个码元周期中始终为负。因此对式（5-25）积分，当结果为正时，表明第一个码元为"$+1$"；当结果为负时，表明第一个码元为"-1"。利用前后码元的关系进行解调，能够提高数据接收的可靠性。

在了解 MSK 的信号产生和解调之后，下面介绍 GMSK 调制技术。GMSK 是对 MSK 调制方式的改进，它在 MSK 调制器之前加入一个基带信号预处理滤波器，即高斯低通滤波器。基带的高斯低通滤波平滑了 MSK 信号的相位曲线，稳定了信号的频率变化，将基带信号变换成高斯脉冲信号，滤除高频分量，其包络无陡峭边沿和拐点，使得发射频谱上的旁瓣水平大大降低，功率谱更加紧凑，大大改善了 MSK 信号的频谱特性，并很好地抑制了移动通信环境中的邻道干扰。欧洲的 GSM 采用的就是 GMSK 调制方式。要实现 GMSK 信号的调制，关键是设计一个性能良好的高斯低通滤波器。

高斯低通滤波器的输出脉冲经 MSK 调制得到 GMSK 信号，其相位轨迹由脉冲的形状决定。高斯滤波后的脉冲既无陡峭沿也无拐点，因此在码元转换时刻，GMSK 信号和相位不仅是连续的，而且是平滑的，这使得 GMSK 信号比 MSK 信号具有更优的频谱特性。GMSK 信号与 MSK 信号的附加相位对比如图 5-16 所示。GMSK 信号功率谱密度如图 5-17 所示。图 5-17 中，B 为高斯滤波器的 3 dB 带宽，BT_b 为高斯滤波器的 3 dB 归一化带宽。可见，BT_b 值越小，频谱越集中，可以缩小信号带宽，减少带外辐射。

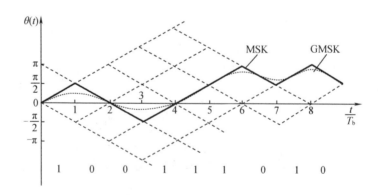

图 5-16　GMSK 信号与 MSK 信号的附加相位对比

3. 正交频分复用

正交频分复用是一种特殊的多载波传输方案，其基本原理是把高速数据流串并变换为多个低速率数据流，在多个子载波上并行传输，这样并行子载波上的符号周期变长，从而多径时延扩展相对变小，减少了码间干扰的影响。快速傅里叶变换（fast Fourier transform, FFT）技术的使用，使得 OFDM 信号的产生和处理变得非常容易，较窄的子载波带宽使得均衡非常容易。

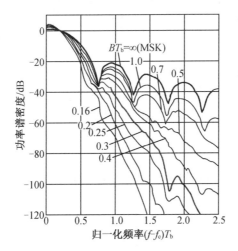

图 5 – 17　GMSK 信号功率谱密度

通过采用循环前缀作为保护间隔,无线 OFDM 系统中可以完全消除码间干扰和子载波间干扰(inter-carrier interference,ICI)。与普通多载波方式不同的是,OFDM 的各子载波相互正交,调制后的信号频谱可以相互重叠,提高了频率利用率,而且它可以利用 IDFT/DFT[①]实现调制和解调,易用 DSP 实现。OFDM 信号的频谱结构如图 5 – 18 所示。基于 FFT/IFFT[②] 的 OFDM 系统原理图如图 5 – 19 所示[③]。

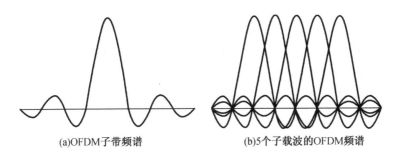

(a)OFDM子带频谱　　　　　(b)5个子载波的OFDM频谱

图 5 – 18　OFDM 信号的频谱结构

————————————

①　DFT 为离散傅里叶变换,全称为 discrete Fourier transform。IDFT 为离散傅里叶逆变换,全称为 inverse DFT。

②　IFFT 为快速傅里叶逆变换,全称为 inverse FFT。

③　图 5 – 19 中,A/D 为模数转换,全称为 analog-to-digital conversion。D/A 为数模转换,全称为 digital-to-analog conversion。

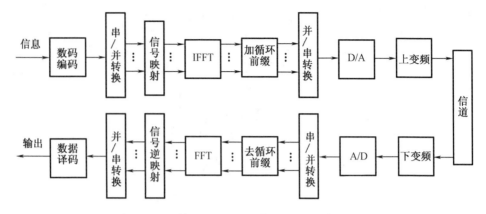

图 5-19 基于 FFT/IFFT 的 OFDM 系统原理图

（1）OFDM 的优点

①可有效解决多径问题,适用于多径环境和衰落信道中的高速数据传输。

②基于 FFT/IFFT 的 OFDM 系统的实现难度远低于均衡器的单载波系统。

③可以很好地抵抗窄带干扰,有较强的抗频率选择性衰落能力。

④信道利用率很高,这一点在频率资源有限的无线环境中尤为重要。

⑤在相对低时变信号中,根据特定子载波的信噪比来调整每个子载波的数据传输速率,可以有效地增加容量。

⑥支持动态比特分配及动态子信道分配方法。

⑦融合能力强,易于与其他多址接入方式结合使用

（2）OFDM 的缺点

①OFDM 对相位噪声和载波频偏十分敏感。

②由于多载波信号是多个单载波信号的叠加,因此其峰值功率与平均功率的比值较大,对非线性放大更为敏感,对前端放大器的线性要求较高。

③OFDM 系统对同步系统的精度要求更高,大的同步误差不仅会造成输出信噪比的下降,还会破坏子载波间的正交性,造成载波间干扰,从而大大影响系统的性能,甚至使系统无法正常工作。

5.2 抗衰落技术

典型的抗衰落技术包括分集技术和信道编码技术。

分集技术可有意识地分离多径信号并恰当合并对其进行以提高接收信号的信噪比,从而抗衰落。常用的分集技术包括空间分集、频率分集和时间分集。CDMA 系统常使用 RAKE 接收机来改善链路性能。

信道编码技术通过增加信息的冗余度来纠正衰落引起的误码。常用的信道编码技术有分组编码、卷积编码和交织技术。

5.2.1 分集接收技术

陆地移动信道、短波电离层反射信道等随参信道引起的多径时散、多径衰落、频率选择性衰落、频率弥散等,会严重影响接收信号的质量,使通信系统性能大大降低。为了提高随参信道中的信号传输质量,必须采用有效的抗衰落措施。常采用的技术措施有抗衰落性能好的调制解调技术、扩频技术、功率控制技术、与交织技术相结合的差错控制技术、分集接收技术等。其中,分集接收技术是一种有效的抗衰落技术,已在短波通信、移动通信系统中得到广泛应用。

1. 分集技术

分集是指接收端按照某种方式使收到的携带同一信息的多个信号的衰落特性相互独立,并对多个信号进行特定的处理,以降低合成信号的电平起伏,减小各种衰落对接收信号的影响。分集技术是研究如何充分利用传输中的多径信号能量,以改善传输的可靠性的技术。它也是一项研究利用信号的基本参量在时域、频域、空域中如何分散又如何收集起来的技术。

分集的含义:一是分散传输,使接收端能获得多个统计独立的、携带同一信息的衰落信号;二是集中处理,即把收到的多个统计独立的衰落信号进行恰当合并以降低衰落的影响。

(1)空间分集

空间分集是指接收端在不同的位置上接收同一个信号,只要各位置间的距离大到一定程度,则其所收到信号的衰落是相互独立的。因此,空间分集的接收端至少需要两副间隔一定距离的天线。发送端用一副天线发射,接收端用 N 副天线接收。

为了使接收到的多个信号满足相互独立的条件,接收端各接收天线之间的间距应满足 $d \geq 3\lambda$, d 为接收端各接收天线之间的间距,λ 为工作频率的波长。通常,分集天线数(分集重数)越多,性能改善越好。但当分集重数多到一定值时,其继续增多,性能改善量将逐步减小。因此,分集重数为 2~4 比较合适。

(2)频率分集

频率分集是指将待发送的信息分别调制到不同的载波频率上发送,只要载波频率间隔大到一定程度,则接收端所接收到信号的衰落是相互独立的。在实际中,当载波频率间隔大于相关带宽时,则可认为接收端接收到信号的衰落是相互独立的。因此,载波频率间隔应满足

$$\Delta f \geq B_c = \frac{1}{\Delta \tau_m}$$

式中,Δf 为载波频率间隔;B_c 为相关带宽;$\Delta \tau_m$ 为最大多径时延差。

在移动通信中,当工作频率在 900 MHz 频段,典型的最大多径时延差为 5 μs,此时有

$$\Delta f \geq B_c = \frac{1}{\Delta \tau_m} = \frac{1}{5 \times 10^6} = 200(\text{kHz})$$

(3)时间分集

时间分集是指将同一信号在不同的时间区间多次重发,只要各次发送的时间间隔足够

大,则各次发送信号所出现的衰落将是相互独立的。时间分集主要用于在衰落信道中传输数字信号。

在移动通信中,多普勒频移的扩散区间与移动台的运动速度及工作频率有关。因此,为了保证重复发送的数字信号具有独立的衰落特性,重复发送的时间间隔应满足

$$\Delta t \geqslant \frac{1}{2f_{m}} = \frac{1}{2(v/\lambda)}$$

式中,f_m 为衰落频率;v 为移动台运动速度;λ 为工作波长。

若移动台是静止的,则移动速度 $v = 0$,此时要求重复发送的时间间隔 Δt 为无穷大。这表明时间分集对于静止状态的移动台是无效果的。

(4)角度分集

由于地形地貌和建筑物等环境因素不同,由不同路径到达接收端的信号可能来自不同方向。采用方向性天线并将其分别指向不同的信号达到角度,则每个方向上的多径信号是不相关的,从而得到分集的信号。可采用智能天线实现这一操作。智能天线属于空间角度分集,而多天线阵属于空间位置分集。

CDMA 系统还采用 RAKE 接收机形式的隐分集方式。另外,在实际应用中还可以将多种分集结合使用。例如,在 CDMA 系统中,通常将空间分集与 RAKE 接收相结合,改善传输条件,提高系统性能。

采用分集方式在接收端可以得到 n 个衰落特性相互独立的信号,所谓"合并"就是根据某种方式把得到的各独立衰落的信号相加后合并输出,从而获得分集增益。合并可以在中频上进行,也可以在基带上进行,通常是采用加权相加方式合并。假设 n 个独立衰落的信号分别为 $r_1(t), r_2(t), \cdots, r_n(t)$,则合并器输出为

$$r(t) = a_1 r_1(t) + a_2 r_2(t) + \cdots + a_n r_n(t) = \sum_{i=1}^{n} a_i r_i(t)$$

式中,a_i 为第 i 个信号的加权系数。选择不同的加权系数,可构成不同的合并方式。

2.合并方式

常用的 3 种合并方式是:选择式合并、等增益合并和最大比值合并。表征合并性能的参数有平均输出信噪比、合并增益等。

(1)选择式合并

选择式合并是所有合并方式中最简单的一种,其原理是检测所有接收机输出信号的信噪比,选择其中信噪比最大的那一路信号作为合并器的输出。选择式合并的平均输出信噪比为

$$\bar{r}_{M} = \bar{r}_0 \sum_{k=1}^{n} \frac{1}{k}$$

合并增益为

$$G_{M} = \frac{\bar{r}_{M}}{\bar{r}_0} = \sum_{k=1}^{n} \frac{1}{k} \tag{5-26}$$

(2)等增益合并

等增益合并是指将几个分散信号以相同的支路增益进行直接相加,并将相加后的信号

作为接收信号。当加权系数 $k_1 = k_2 = \cdots = k_N$ 时,即为等增益合并。假设每条支路的平均噪声功率是相等的,则等增益合并的平均输出信噪比为

$$\bar{r}_M = \bar{r}\left[1 + (n-1)\frac{\pi}{4}\right]$$

合并增益为

$$G_M = \frac{\bar{r}_M}{\bar{r}} = 1 + (n-1)\frac{\pi}{4} \qquad (5-27)$$

(3)最大比值合并

最大比值合并方法最早是由 Kahn 提出的,其原理是各条支路的加权系数与该支路的信噪比成正比。信噪比越大,加权系数越大,对合并后信号的贡献也越大。若每条支路的平均噪声功率是相等的,可以证明:当各支路加权系数 a_k 为

$$a_k = \frac{A_k}{\sigma^2}$$

分集合并后的平均输出信噪比最大。式中,A_k 为第 k 条支路信号幅度;σ^2 为每条支路的平均噪声功率。

最大比值合并后的平均输出信噪比为

$$\bar{r}_M = n\,\bar{r}$$

合并增益为

$$G_M = \frac{\bar{r}_M}{\bar{r}} = n \qquad (5-28)$$

可见,合并增益与分集支路数 n 成正比。

在这 3 种合并方式中,最大比值合并的性能最好,选择式合并的性能最差。比较式 (5-26)~式(5-28)可以看出,当 n 较大时,等增益合并的合并增益接近于最大比值合并的合并增益。

3. 多输入多输出技术

多输入多输出(multiple-input multiple-output,MIMO)技术指在发射机和接收机分别使用多个发射天线和接收天线,使信号通过发送端与接收端的多个天线传送和接收,从而改善通信质量。多天线技术就是移动通信系统可以在接收端或发送端分别使用多天线,也可以在接收端和发送端同时使用多天线的技术。根据接收端和发送端的天线数量,移动通信系统可以分为普通的单输入单输出(single-input single-output,SISO)系统和 MIMO 系统。MIMO 技术能充分利用空间资源,通过多个天线实现多发多收,在不增加频率资源和天线发射功率的情况下,可以成倍地提高系统信道容量,显示出明显的优势,被视为下一代移动通信的核心技术。

典型的 MIMO 系统示意图如图 5-20 所示,包含 n 个发射天线和 m 个接收天线。根据无线信道的特性,每个接收天线都会接收到不同发射天线的内容,因此不同收发天线间的信道冲激响应均有不同的表现形式。

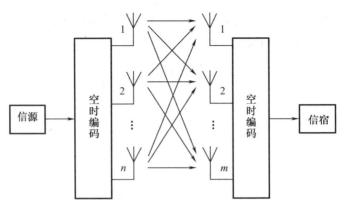

图 5 – 20　MIMO 系统示意图

如果定义发射天线 1 与接收天线 1 之间的信道为 h_{11}，发射天线 1 和接收天线 2 之间的信道为 h_{21}。这样可以得到 $m \times n$ 的传输矩阵，也就是传输信道矩阵形式，如下：

$$H = \begin{bmatrix} h_{11} & h_{12} & \cdots & h_{1n} \\ h_{21} & h_{22} & \cdots & h_{2n} \\ \vdots & \vdots & & \vdots \\ h_{m1} & h_{m2} & \cdots & h_{mn} \end{bmatrix}$$

当收发天线间的信道为窄带时不变系统时，可以得到 MIMO 系统的接收信号的表现形式为

$$y = Hx + n_0$$

式中，x 为发射信号；y 为接收信号；n_0 为噪声。

在 MIMO 系统中，发射天线的数据被分成几个独立的数据流。数据流的数目一般小于或等于天线的数目。如果收发天线的数目并不相等，那么数据流的数目等于或小于收发端最小的天线数目。例如，4×4 的 MIMO 系统可用于传送 4 个或者更少的数据流，而 3×2 的 MIMO 系统可传送两个或者小于两个的数据流。理论上，传输信道的容量会根据数据流的数目线性增长。

大规模 MIMO 作为 5G 技术的一种实现方案，通过在基站收发信机上使用大量的天线（超过 64 根）实现了更大的无线数据流量和连接可靠性。这种方式从根本上改变了现有标准的基站收发信机架构，现有标准只使用了由最多 8 根天线组成的扇形拓扑。由于拥有数以百计的天线单元，大规模 MIMO 可以使用预编码技术集将能量集中到目标移动终端上，从而降低了辐射功率。通过把无限能量指向特定用户，可使辐射功率降低，同时也使对其他用户的干扰降低。这一特性对于目前受干扰限制的蜂窝网络来说是非常有吸引力的。如果关于大规模 MIMO 的想法可以实现，那么未来的 5G 网络一定会变得更快，能够容纳更多的用户且具有更高的可靠性和能效。

5.2.2　信道编码技术

信道编码就是指在所传送的数字信号流中增加一些冗余比特，进行纠错编码，以减小

传输过程中产生的比特差错率。通常用于信道编码的纠错编码方式有两种,即分组码和卷积码。按传统方式进行信道编码时一般不考虑所要采用的调制方式,即对信道编码与调制方式分开考虑,但新出现的网格编码调制(trellis-coded modulation,TCM)方法将信道编码与调制方式放在一起来考虑,可实现较大的编码增益。

1. 分组码

要使信道编码具有一定的检错或纠错能力,必须加入一定的多余码元。先按组对信息码元进行划分,然后在各信息组中按一定规则加入多余码元,这些附加监督码元仅与本组的信息码元有关,而与其他码组的信息无关,这种编码方法称为分组编码。分组码是一种前向纠错(forward error correction,FEC)编码,它是一种不需重复发送就可以检出并纠正有限个错误的编码。移动通信中,BCH 码与 RS 码是常用的分组码。

(1)BCH 码

BCH 码是一种能够纠正多个错码的循环码,以 3 位发明人的名字(Bose-Chaudhuri-Hocquenghem)命名。由于 BCH 码具有多种码比率,可获得很大的编码增益,并能够在高速方式下实现,因此它是最重要的分组码之一。BCH 码有严密的代数理论,是目前被研究得最透彻的一类码。BCH 码包括本原 BCH 码和非本原 BCH 码,二者的主要区别在于:本原 BCH 码的生成多项式 $g(x)$ 中含有最高次数为 m 的本原多项式,且码长是 $n = 2^m - 1$,其中 m 为正整数且 $m \geqslant 3$,而非本原 BCH 码的生成多项式中不含有这种本原多项式,且码长 n 是 $2^m - 1$ 的一个引子,即码长 n 一定能除得尽 $2^m - 1$。BCH 码的码长 n 与监督位、纠错个数 t 之间的关系如下:对于正整数 $m \geqslant 3$ 和正整数 $t < m/2$,必定存在一个码长 $n = 2^m - 1$,监督位为 $n - k \leqslant mt$,能纠正所有不多于 t 个随机错误的 BCH 码。

(2)RS 码

RS 码是一种多进制 BCH 码。由于在多进制调制中是用 M 重元来调制的,因此采用多进制信道编码还是比较合适的。它能够纠正突发错误,通常在连续编码系统中采用。在 (n,k) RS 码中,每组输入信号为 k 个符号,每个符号由 m bit 组成,一个纠 t 个符号错误的 RS 码的码长 $n = 2^m - 1$ 个符号,信息码为 k 个符号,监督码为 $n - k = 2t$ 个符号,最小码距 $d_{\min} = 2e + 1$ 个符号。RS 码是所有线性码中 $d_{\min}$ 值最大的码。

RS 码的纠错能力如下:

①可纠 t 个符号随机错误。

②可纠总长度 $b_1 = (t-1)m + 1$ bit 的 1 个突发错误。

③可纠总长度 $b_2 = (t-1)m + 3$ bit 的 2 个突发错误。

④可纠总长度 $b_i = (t-2i+1)m + 2i - 1$ bit 的 i 个突发错误。

2. 卷积码

卷积码是由 P. Elias 发明的一种非分组码,通常用于前向纠错,性能优于分组码,而且运算较简单。

在分组码中,编码器产生的有 n 个码元的一个码组,完全取决于这段时间中 k bit 输入信息,码组中的监督位仅监督本码组中 k 个信息位。卷积码在编码过程中,虽然也是把 k bit 的信息段编成 n bit 的码组,但是监督码元不仅和当前的 k bit 的信息段有关,而且还同前面

$m=N-1$ 个信息段有关。所以一个码组中的监督码元监督着全部 N 个信息段。通常将 N 称为编码约束度,并将 nN 称为编码约束长度。卷积码通常记作 (n,k,N),其中 n 和 k 都是比较小的整数。

卷积码编码器的一般原理如图 5－21 所示。编码器由 3 种主要元件构成,包括 Nk 级移存器、n 个模 2 加法器和一个旋转开关。每个模 2 加法器的输入端数目可以不同,它连接到一些移存器的输出端。将模 2 加法器的输出端接到旋转开关上。将时间分成等间隔的时隙,在每个时隙中有 k bit 从左端进入移存器,并且移存器各级暂存的信息向右移动 k 位。旋转开关每时隙旋转一周,输出 n bit($n>k$)。

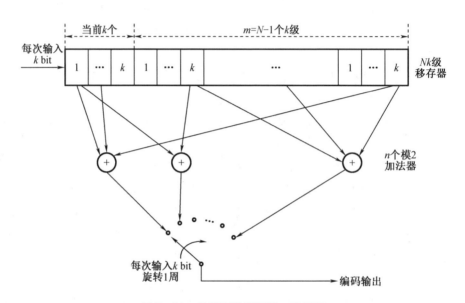

图 5－21　卷积码编码器的一般原理

3. Turbo 码

Turbo 码是 1993 年才发明的一种特殊的链接码,性能接近于信息理论上能够达到的最好性能,其发明在编码理论上具有革命性的进步,但是其解码运算非常复杂。

由于分组码和卷积码的复杂度随码组长度或约束度的增大按指数规律增长,因此为了提高纠错能力,人们大多不是单纯增大一种码的长度,而是将两种或多种简单的编码组合成复合编码。Turbo 码的编码器是在两个并联或串联的分量码编码器之间增加一个交织器,使之具有很大的码组长度,能在低信噪比的条件下得到接近理想的性能。Turbo 码的译码器有两个分量码译码器,译码在两个分量码译码器之间进行迭代译码,整个译码过程类似于涡轮工作,因此形象地称这类码为 Turbo 码。Turbo 码编码器的基本结构如图 5－22 所示。它由一对递归系统卷积码(recursive systematic convolution code,RSCC)编码器和一个交织器组成。RSCC 编码器与卷积码编码器之间的主要区别是从移存器输出端到信息位输入端之间有反馈路径。原来的卷积码编码器没有这样的反馈路径,所以像是一个有限冲激响应(finite impulse response,FIR)数字滤波器。增加了反馈路径后,它就变成了一个无限冲激响应(infinite impulse response,IIR)滤波器(或称递归滤波器),这一点和 Turbo 码的特征有关。交织器的作用是将集中出现的突发错码分散开,使其变成随机错码。交织器的基本形式有矩阵交织器和卷积交织器。在性能方面,卷积交织法较矩阵交织法延迟时间短,需要的存储容量小。卷积交织法端到端的总延迟时间和两端所需的总存储容量是矩阵交织法的一半。图 5 – 22 中的两个 RSCC 编码器通常是相同的,它们的输入是经过一个交织器并联的。Turbo 码的输入信息位是 b_i,输出是 b_i、c_{1i}、c_{2i},码率等于 1/3。

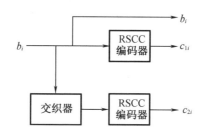

图 5 – 22　Turbo 码编码器的基本结构

Turbo 码不仅在信噪比较低的高噪声环境下性能卓越,而且具有很强的抗衰落、抗干扰能力,其纠错性能接近于香农极限。这使得 Turbo 码在信道条件较差的移动通信系统中有很大的应用潜力。Turbo 码实现了随机编码的思想,同时用软输出来逼近最大似然译码,就能得到接近于香农极限的纠错能力。但其解码复杂度高,译码时延大,适用于时延要求不高、误码率为 $10^{-6} \sim 10^{-3}$ 级别的业务。Turbo 码已应用在 3G 高速数据业务中。

4. 网格编码调制

网格编码调制是指通过把有限状态编码器和有冗余度的多进制调制器结合起来,可在不扩展占用带宽的前提下获得可观的编码增益。它一般都是利用卷积编码中产生的冗余度和维特比解码的记忆效应,使编码器和调制器级联后产生的编码信号序列具有最大的欧氏自由距离,而它的理想解码方式应采用维特比算法实现。在接收机处,信号通过软判决最大似然序列解码器进行解码,不用扩展带宽,也不用降低信息传输速率,只用网格编码调制就可以获得 6 dB 的增益。网格编码调制的编码和调制方法是建立在 Ungerboeck 提出的集划分方法的基础上的。划分的基本原则是将信号星座图划分成若干个子集,使子集中信号点间的距离比原来的大。每划分一次,新子集中的信号点间的距离就增大一次。图 5 – 23 为 8PSK 信号星座图划分的实例,图中 A_0 是 8PSK 信号的星座图,其中任意两个信号点间的距离 $d_0 = 0.765$。将星座图继续划分为 B_0 和 B_1 两个子集,在子集中,相邻信号点间的距离 $d_1 = 1.414$。将星座图再次划分为子集 C_0、C_1、C_2、C_3,在子集中,相邻信号点间的距离 $d_2 = 2$。从图 5 – 23 中可以看出,$d_2 > d_1 > d_0$。图 5 – 23 中,c_1、c_2、c_3 表示已编码的 3 个码元,最后一行注明了 $(c_1 c_2 c_3)$ 的值。若 $c_1 = 0$,则从 A_0 向左分支走向 B_0;若 $c_2 = 0$,则从 B_0 向左分支走向 C_0;若 $c_3 = 0$,则从 C_0 向左选择信号点,最终得到 3 个码元组成的 8 进制编码结果。

根据"集合分割"的思想,设计简单有效的网格编码调制方案:设输入码字有 k bit,一部分(k_1 bit)进行卷积编码,用于选定信号星座图中的划分;另一部分(k_2 bit)用于选定星座图中的信号点。

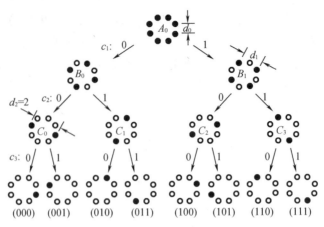

图 5 – 23　8PSK 信号星座图划分

5.2.3　扩频通信技术

扩展频谱通信(spread spectrum communication)简称扩频通信,特点是传输信息所用的带宽远大于信息本身带宽。

扩频通信的可行性是从信息论和抗干扰理论的相关公式中引申而来的。信息论中关于信息容量的香农公式为

$$C = B \mathrm{lb} \left(1 + \frac{S}{N} \right) \tag{5 - 29}$$

式中,C 为信道容量(用传输速率度量);B 为信号频带宽度;S 为信号功率;N 为白噪声功率。

香农公式表明,在给定信号功率和白噪声功率的情况下,只要采用某种编码系统,就能以任意小的差错概率,以接近于信道容量 C 的传输速率来传送信息。式(5 – 29)还说明,在给定的传输速率(C)不变的条件下,信号频带宽度 B 和信噪比 S/N 是可以互换的。也就是说,可通过增加频带宽度的方法,在较低的信噪比 S/N 的情况下,传输可靠的信息。若减小传输带宽,则必须发送较大的信号功率(以较大的信噪比传送);若有较大的传输带宽,则同样的信道容量能够发送较小的信号功率(以较小的信噪比传送)。甚至在信号被噪声淹没的情况下(即 $S/N < 1$ 时),只要相应地增加信号带宽,也能进行可靠的通信。

扩频通信技术在发送端处以扩频编码进行扩频调制,在接收端处以相关解调技术收信息,这一过程使其具有诸多优良特性。扩频通信技术是一种信息传输方式,其信号所占有的频带宽度远大于所传信息必需的最小带宽;频带的扩展是通过一个独立的码序列来完成,用编码及调制的方法来实现的,与所传信息数据无关;在接收端则用同样的码进行相关同步接收、解扩及恢复所传信息数据。扩频通信技术在发送端以扩频编码方式进行扩频调制,在接收端以相关解调技术收信。由于扩频通信要用扩频编码进行扩频调制发送,而信号接收需要用相同的扩频编码之间的相关解扩才能得到,因此这就给频率复用和多址通信提供了基础。充分利用不同码型的扩频编码之间的相关特性,给不同用户分配不同的扩频编码,可以区别不同的用户的信号,并且不受其他用户的干扰,实现频率复用。扩频调制工

作方式有 3 种:直接序列(direct squence, DS) 扩频、跳频(frequency hopping, FH) 扩频、跳时(time hopping, TH) 扩频。实际中多组合利用上述几种方式进行扩频。

1. 直接序列扩频

直接序列扩频(direct squence spread spectrum, DS – SS) 系统也称直接序列调制系统, 或称伪噪声系统, 记作 DS 系统。直接序列扩频的实质是用一组编码序列调制载波, 其调制过程可以简化为将信号通过速率很高的伪随机序列[也称伪随机码、伪噪声码(pseudo-noise code, PN 码)]进行调制, 将其频谱展宽, 再进行射频调制(通常多采用 PSK 调制), 其输出就是扩展频谱的射频信号, 最后经天线辐射出去。而在接收端, 射频信号经过混频后变为中频信号, 将它与发送端相同的本地编码序列反扩展, 使得宽带信号恢复成窄带信号, 这个过程就是解扩。二进制调制 DS – SS 发射机和接收机框图如图 5 – 24 所示。

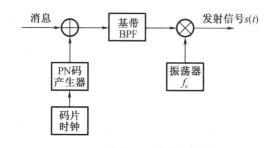

(a)二进制DS-SS发射机框图

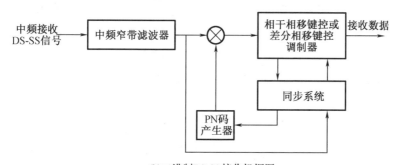

(b)二进制DS-SS接收机框图

图 5 – 24　二进制调制 DS – SS 发射机和接收机框图

简言之, 直接序列扩频就是指直接用具有高码率的扩频码序列在发送端扩展基带信号的频谱, 而在接收端, 用相同的扩频码序列进行解扩, 把展宽的扩频信号还原成原始的信息。在 DS – SS 系统中, 常用调制方式有 2PSK、QPSK 和 MSK 等。

2. 跳频扩频

跳频扩频(frequency hopping spread spectrum, FH – SS) 技术通过看似随机的载波跳频达到传输数据的目的, 而这只有相应的接收机知道。跳频伴随射频的一个周期的改变。一个跳频可以看作一列序列调制数据突发, 是具有时变、伪随机的载频。

在接收端必须以同样的伪码设置本地频率合成器, 使其与发送端的频率做相同的改变, 即收发跳频必须同步, 只有这样才能保证通信的建立。所以对于同步和定时问题的解决是实际跳频系统的关键之一。单信道调制 FH 系统发射接收框图如图 5 - 25 所示。

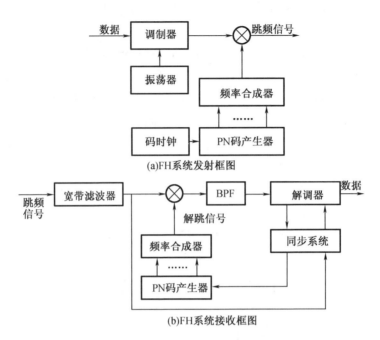

(a)FH系统发射框图

(b)FH系统接收框图

图 5 - 25　单信道调制 FH 系统发射接收框图

跳频扩频是指用扩频码序列进行移频键控调制,使载波频率不断地跳变。简单的移频键控如 2FSK 只有两个频率,而跳频系统的载波频率则有几个、几十个甚至上千个,并由所传信息与扩频码的组合进行选择控制而不断地发生跳变。跳频的模式由扩频码决定,所有可能的载波频率的集合称为跳频集。跳频扩频系统频率跳变示意图如图 5 - 26 所示。

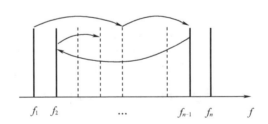

图 5 - 26　跳频扩频系统频率跳变示意图

跳频技术可以分为慢跳频和快跳频两种。慢跳频速率低于信息比特速率,即连续几个信息比特跳频一次;快跳频速率高于信息比特速率,即每个信息比特跳频一次以上。跳频速率应根据使用要求来决定。一般来说,跳频速率越高,跳频系统的抗干扰性能越好,但相应的设备复杂性与成本也越高。FH - SS 系统的跳频速率取决于接收机合成器的频率捷变的灵敏性、发射信号的类型、用于防碰撞编码的冗余度和最近的潜在干扰的距离等。

移动通信中采用 FH - SS 系统虽然不能完全避免"远 - 近"效应带来的干扰,但是能大大减弱它的影响,这是因为 FH - SS 系统的载波频率是随机改变的。

例如,跳频带宽为 10 MHz,若每个信道占 30 kHz 的带宽,则有 333 个信道。当采用 FH – SS系统时,333 个信道可同时供 333 个用户使用。若用户的跳变规律相互正交,则可减小网内用户载波频率重叠在一起的概率,从而减弱"远 – 近"效应的干扰影响。

3. 跳时扩频

跳时扩频(time hopping spread spectrum,TH – SS)是通过时间跳变实现扩展频谱的通信方式。跳时是指使发射信号在时间轴上离散地跳变。在 TH – SS 系统中,通常先将时间轴分成帧,将每个帧分成许多时隙,使数字信号在时隙上使用快速突发脉冲传输,一帧内哪个时隙发射信号由扩频码序列控制。TH – SS 系统原理图如图 5 – 27 所示。TH – SS 信号时间 – 频率图如图 5 – 28 所示。

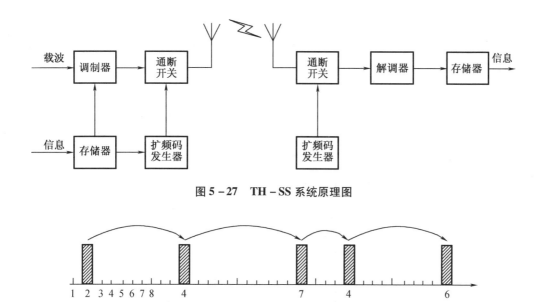

图 5 – 27　TH – SS 系统原理图

图 5 – 28　TH – SS 信号时间 – 频率图

5.3　多址接入技术

在无线通信环境中的电波覆盖区内,如何建立用户之间的无线信道的连接便是多址连接问,也称多址接入问题。网内用户必须具有从接收到的无线信号中识别出本用户地址信号的能力。解决多址连接问题的方法称为多址接入技术。基站的多路工作和移动台的单路工作是移动通信的一大特点。在移动通信业务区内,移动台之间或移动台与市话用户之间是通过基站(包括移动交换局和局间联网)同时建立各自的信道,从而实现多址连接的。多址接入方式的数学基础是信号的正交分割原理,原理上与固定通信中的信号多路复用相似,但有所不同。多路复用的目的是区分多个通路,通常在基带和中频上实现。多址划分是指区分不同的用户地址,往往需要利用射频频段辐射的电磁波来寻找动态的用户地址,同时为了实现多址信号之间互不干扰,无线电信号之间必须满足正交特性。早期的蜂窝系统建立在频分多址的基础上。后来发展的数字蜂窝移动通信,综合利用频分和时分的优点形成基于时分多址的系统;而码分多址系统则是将频分与码分相结合,形成基于码分多址的系统。

5.3.1 频分多址

频分多址(FDMA)为每一个用户指定了特定信道,并将这些信道按要求分配给请求服务的用户。在呼叫的整个过程中,其他用户不能共享这一频段。

在频分双工系统中,分配给用户 2 个信道,即 1 对频道。其中,一个频道用作前向(下行)信道,即基站向移动台方向的信道;另一个则用作反向(上行)信道,即移动台向基站方向的信道。这种通信系统的基站必须同时发射和接收多个不同频率的信号;任意两个移动用户之间进行通信都必须经过基站的中转,因而必须同时占用 2 个信道(1 对频道)才能实现双工通信。FDMA 系统的工作示意图如图 5 − 29 所示。

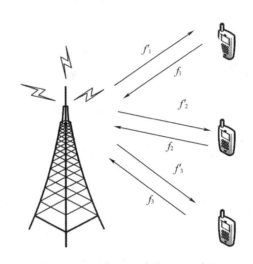

图 5 − 29　FDMA 系统的工作示意图

FDMA 系统的特点如下:

(1)每信道占用一个载频,相邻载频之间的间隔应满足传输信号带宽的要求。

(2)符号时间远大于平均延迟扩展。

(3)基站复杂庞大,重复设置收发信设备。

(4)FDMA 系统每载波单个信道的设计,使得在接收设备中必须使用带通滤波器,允许指定信道里的信号通过,滤除其他频率的信号,从而限制邻近信道间的相互干扰。

(5)越区切换较为复杂和困难。

5.3.2 时分多址

时分多址(TDMA)是指在一个宽带的无线载波上,把时间分成周期性的帧,再将每一帧分割成若干时隙(无论帧或时隙都是互不重叠的),则每个时隙就是一个通信信道,可分配给一个用户。

系统根据一定的时隙分配原则,使各移动台在每帧内只能按指定的时隙向基站发射信号[突发信号(burst)]。在满足定时和同步的条件下,基站可以在各时隙中接收到各移动台的信号而互不干扰。同时,基站发向各移动台的信号都按顺序安排在预定的时隙中传输,各移动台只要在指定的时隙内接收就能在合路的信号(TDM 信号)中把发给它的信号区分出来。

TDMA 帧是 TDMA 系统的基本单元,由时隙组成。在时隙内传送的信号叫作突发信号,各个用户的发射相互连成 1 个 TDMA 帧。1 个 TDMA 帧是由若干时隙组成的,不同通信系统的帧长度和帧结构是不一样的。典型的帧长在几毫秒到几十毫秒之间。在 TDMA 系统中,对每帧中的时隙结构的设计通常要考虑 3 个主要问题:一是控制和信令信息的传输;二是多径衰落信道的影响;三是系统的同步。TDMA 系统的工作示意图如图 5-30 所示。

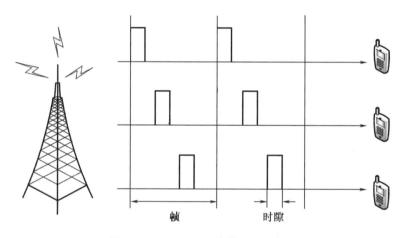

图 5-30　TDMA 系统的工作示意图

TDMA 系统的特点如下:

(1)突发传输的速率高,远高于语音编码速率。

(2)发射信号速率随 N 的增大而提高,如果达到 100 kbit/s 以上,码间干扰就将加大,必须采用自适应均衡,以补偿传输失真。

(3)由于用不同的时隙来发射和接收,因此不需要双工器。

(4)基站复杂性小。

(5)抗干扰能力强,频率利用率高,系统容量较大。

(6)越区切换简单。

5.3.3　码分多址

码分多址(CDMA)系统为每个用户分配了各自特定的地址码,利用公共信道来传输信息。CDMA 系统的地址码相互正交,用于区别不同地址,而在频率、时间和空间上都可能重叠。CDMA 系统的接收端必须有完全一致的本地地址码,用来对接收的信号进行相关检测。其他使用不同码型的信号因为和接收端本地产生的码型不同而不能被解调。它们的存在类似于在信道中引入了噪声或干扰,通常称为多址干扰。由于地址码的设计直接影响 CDMA 系统的性能,因此为提高抗干扰能力,地址码要用伪随机码。CDMA 系统的工作示意图如图 5 – 31 所示。

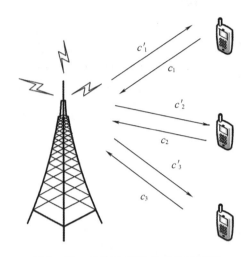

图 5 – 31　CDMA 系统的工作示意图

CDMA 系统的特点如下。

(1)许多用户共享同一频率。

(2)通信容量大。

(3)具有软容量特性。

(4)由于信号被扩展在一较宽频谱上,因此可减小多径衰落。

(5)信道数据速率很高。采用分集接收最大比合并技术,可获得最佳的抗多径衰落效果。

(6)具有软切换和有效的宏分集。

(7)具有低信号功率谱密度。

第6章 2G移动通信技术

6.1 GSM 概 述

随着数字通信技术的发展,业务终端数字化以及网络的数字化对移动通信提出了更高的要求,全面推动了移动通信数字化的发展进程。在第二代蜂窝系统中,最典型、最成功、应用最广的是 GSM(全球移动通信系统)。1982 年,欧洲邮电主管部门大会(Conference of European Posts and Telecommunications,CEPT)成立移动特别小组(group special mobile),开发全欧洲的公共陆地移动电话系统。1990 年,GSM 第一版标准被开发出来;1991 年开始商用化;1993 年,22 个国家建设了 36 个 GSM 网络。由于 GSM 的迅速发展,其英文名字由"group special mobile"改为"global system for mobile communication"。

6.1.1 GSM 网络结构

GSM 系统由基站子系统(BSS)、网络交换子系统(network and switching subsystem,NSS)、操作支持子系统(也称运行支撑子系统,operational support subsystem,OSS)组成。GSM 的组成如图 6-1 所示。

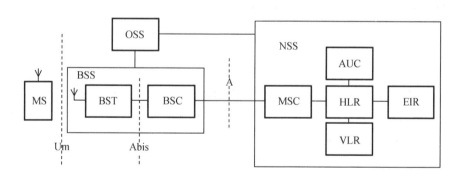

图 6-1 GSM 的组成

1. BSS

BSS 是 GSM 中与无线蜂窝方面关系最直接的基本组成部分,由 BST 和 BSC 组成。BST 在其覆盖的小区内建立并保持与 MS 之间的连接,MS 和 BST 之间的接口为 Um 接口(空中接口)。BSS 与 NSS 中的 MSC 相连,实现移动用户之间或移动用户与固定网络用户之间的通信连接、传送系统信号和用户信息等。当然,要对 BSS 部分进行操作维护和管理还要建立 BSS 与 OSS 之间的通信连接。

一个 BSC 根据话务量需要可以控制数十个 BST。BST 可以直接与 BSC 相连接,也可以通过基站接口设备(base interface equipment,BIE)采用远端控制的连接方式与 BSC 相连接。BSC 保留无线电频率,在 BSS 中管理移动台由一个蜂窝小区到另一个小区之间的越区切换。

MS 是 GSM 网络的服务对象,在一些教材中也被包括在 BSS 中。MS 是移动用户设备部分,由移动终端和用户识别卡(即 SIM 卡)组成。移动终端可完成话音编码、信道编码、信息加密、信息的调制和解调、信息的发射和接收等功能。SIM 卡存有认证用户所需的所有信息,并能处理一些与安全保密有关的重要信息,以防非法用户进入网络。SIM 卡还存储与网络和用户有关的管理数据,只有插入 SIM 卡后,移动终端才能进入 GSM 网络。

2. NSS

NSS 主要提供交换功能以及用于进行用户数据和移动管理、安全管理所需的数据库功能,由一系列功能实体组成。

(1) MSC

MSC 是蜂窝通信网络的核心,主要功能是对其控制区域内的移动用户进行通信控制、话音交换和管理,同时也为本系统连接其他 MSC 和公用通信网[如电路交换公用数据网、分组交换公用数据网、综合业务数字网、公用电话交换网和公共陆地移动网(public land mobile network,PLMN)]提供链路接口,完成交换功能、计费功能、网络接口功能、无线资源管理和移动性能管理功能等,具体包括信道的管理和分配、呼叫的处理和控制、越区切换和漫游的控制、用户位置信息的登记与管理、用户号码和移动设备号码的登记和管理、服务类型的控制、对用户实施鉴权、保证为用户在转移和漫游的过程中提供无间隙的服务等。

(2) HLR

HLR 是一个数据库,存储管理部门用于移动用户管理的数据。每个移动用户都应在其 HLR 上注册登记。HLR 主要存储的信息包括用户注册信息的相关参数和用户目前所处的位置信息。

(3) VLR

VLR 是一个数据库,存储 MSC 处理辖区中 MS 的来话、去话呼叫所需的信息,如用户的号码、所处位置区域等信息。当用户离开所处的 VLR 服务区而在另一个 VLR 重新登记时,该移动用户的相关信息将被删除。

(4) AUC

AUC 是确定用户身份和对呼叫进行保密、鉴权处理时,提供所需参数的实体,具体参数包括随机号码(RAND)、符号响应(SRES)和密钥(Kc)。

(5) EIR

EIR 是一个数据库,存储有关被盗或者不正常使用的移动设备的集中信息,完成对移动设备的识别、监视、闭锁等功能,防止对非法移动台的使用。

3. OSS

OSS 负责网络的组织和运行维护。例如,系统的自检、报警与备用设备的激活,系统的故障诊断与处理,话务量的统计和计费数据的记录与传递,以及与网络参数有关的各种参数的收集、分析与显示等。

6.1.2 GSM 网络接口

为了保证网络运营部门能在充满竞争的市场条件下灵活地选择不同供应商提供的数字蜂窝移动通信设备,GSM 在制定技术规范时就对其子系统之间及各功能实体之间的接口和协议做了比较具体的定义,使不同供应商提供的 GSM 基础设备能够符合统一的 GSM 技术规范而达到互通、组网的目的。GSM 的主要接口是指 Um 接口、Abis 接口和 A 接口。这3 种主要接口的定义和标准化可保证不同厂家生产的移动台、基站子系统和网络子系统设备能够被纳入同一个 GSM 移动通信网中运行和使用。NSS 内部接口包括 B、C、D、E、F、G接口。GSM 接口的具体位置图如图 6 - 2 所示。

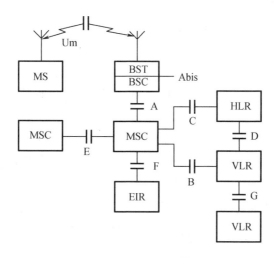

图 6 - 2 GSM 接口的具体位置图

1. Um 接口

Um 接口的定义为 MS 与 BST 之间的无线通信接口,是 GSM 中最重要、最复杂的接口。

2. Abis 接口

Abis 接口的定义为基站子系统的 BSC 与 BST 两个功能实体之间的通信接口,用于 BST(不与 BSC 放在一处) 与 BSC 之间的远端互连方式,是通过采用标准的 2.048 Mbit/s 或64 kbit/s 的脉冲编码调制(pulse code modulation,PCM)数字传输链路实现的。此接口支持所有向用户提供的服务,并支持对 BST 无线设备的控制和无线频率的分配。

3. A 接口

A 接口的定义为 NSS 与 BSS 之间的通信接口。从系统的功能实体而言,就是 MSC 与BSC 之间的互连接口,其物理连接是通过采用标准的 2.048 Mbit/s 的 PCM 数字传输链路实现的。此接口传送的信息包括对移动台及基站管理、移动性及呼叫接续管理等相关信息。

4. B 接口

B 接口的定义为 MSC 与 VLR 之间的内部接口,用于 MSC 向 VLR 询问有关 MS 当前位置信息或者通知 VLR 有关 MS 的位置更新信息等。

5. C 接口

C 接口的定义为 MSC 与 HLR 之间的接口,用于传递路由选择和管理信息。两者之间是采用标准的2.048 Mbit/s 的 PCM 数字传输链路实现的。

6. D 接口

D 接口的定义为 HLR 与 VLR 之间的接口,用于交换 MS 位置和用户管理的信息,保证 MS 在整个服务区内能建立和接受呼叫。由于 VLR 综合于 MSC 中,因此 D 接口的物理链路与 C 接口相同。

7. E 接口

E 接口为相邻区域的不同 MSC 之间的接口。用于 MS 从一个 MSC 控制区到另一个 MSC 控制区时交换有关信息,以完成越区切换。此接口的物理链接方式是采用标准的 2.048 Mbit/s 的 PCM 数字传输链路实现的。

8. F 接口

F 接口的定义为 MSC 与 EIR 之间的接口,用于交换相关的管理信息。此接口的物理链接方式也是采用标准的 2.048 Mbit/s 的 PCM 数字传输链路实现的。

9. G 接口

G 接口的定义为两个 VLR 之间的接口。当采用临时移动用户识别码(temporary mobile subscriber identity,TMSI)时,此接口用于向分配 TMSI 的 VLR 询问此移动用户的 IMSI 的信息。G 接口的物理链接方式与 E 接口相同。

除上述接口外,GSM 通过 MSC 与公用电信网等其他公用电话网接口互连。一般采用 7 号信令系统接口。其物理链接方式是 MSC 与 PSTN 或 ISDN 交换机之间采用 2.048 Mbit/s 的 PCM 数字传输链路实现的。

6.1.3 区域、号码与识别

1. 区域定义

GSM 属于小区制大容量移动通信网,在它的服务区中设有很多基站,MS 只要在服务区内,移动通信网就必须具有控制、交换功能,以实现位置更新、呼叫接续、过区切换及漫游服务等功能。在由 GSM 组成的移动通信网络结构中,其相应的区域定义如图 6-3 所示。从地理位置范围来看,GSM 分为 GSM 服务区、PLMN 业务区、移动交换控制区(MSC 业务区)、位置区(location area,LA)、基站区和小区。

(1)GSM 服务区

由联网的 GSM 全部成员国组成,移动用户只要在服务区内,就能得到系统的各种服务,包括完成国际漫游。

(2)PLMN 业务区

由 GSM 构成的 PLMN 处于国际或国内汇接交换机的级别上,该区域为 PLMN 业务区,可以与 PSTN、ISDN 和 PDN 互连。该区域内有共同的编号方法及路由规划。一个 PLMN 业务区包括多个 MSC 业务区(简称"MSC 区"),甚至可扩展全国。

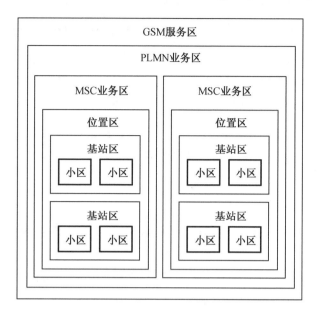

图 6 - 3　GSM 网络区域定义

（3）MSC 业务区

由一个移动交换中心控制的区域称为 MSC 业务区。该区域内有共同的编号方法及路由规划。一个 MSC 业务区可以由一个或多个位置区组成。

（4）位置区

每一个 MSC 业务区可分成若干位置区,位置区由若干基站区组成,与一个或若干个 BSC 有关。MS 在位置区内移动时,不需要进行位置更新。当寻呼移动用户时,位置区内全部基站可以同时发寻呼信号。系统中,位置区域以位置区识别码（location area identity, LAI）来区分 MSC 业务区的不同位置区。

（5）基站区

基站区一般指一个 BSC 所控制的若干个小区的区域。

（6）小区

小区也叫蜂窝区,理想形状是正六边形。一个小区包含一个基站,每个基站包含若干套收发信机,其有效覆盖范围决定于发射功率、天线高度等因素,一般为方圆几千米。

基站可位于正六边形中心,采用全向天线,称为中心激励;也可位于正六边形顶点（相隔设置）,采用120°或60°定向天线,称为顶点激励。

当小区内业务量激增时,小区可以缩小,新的小区可称为小小区,这一过程在蜂窝网中称为小区分裂。

2. 号码与识别

移动用户识别码是指在 GSM 中,每个用户均被分配一个唯一的 IMSI。此码在所有位置（包括在漫游区）都是有效的。通常在呼叫建立和位置更新时需要使用 IMSI。IMSI 的总长不超过15 位数字,每位数字仅使用 0 ~ 9。IMSI 的格式如图 6 - 4 所示。

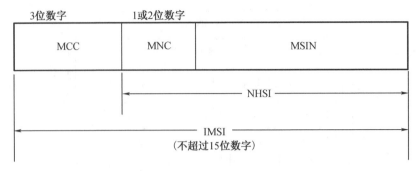

图 6 – 4　IMSI 的格式

MCC(mobile country code)为移动用户所属国家代码,占 3 位数字,规定中国的 MCC 为 460。

MNC(mobile network code)为移动网号码,最多由两位数字组成,用以识别移动用户归属的移动通信网。

MSIN(mobile subscriber identification number)为移动用户识别码,用以识别某一 PLMN 中的移动用户。

由 MNC 和 MSIN 两部分组成国内移动用户识别码(national mobile subscriber identification,NMSI)。

考虑到移动用户识别码的安全性,GSM 能提供安全保密措施,即空中接口无线传输的识别码采用 TMSI 代替 IMSI。两者之间可按一定的算法互相转换。VLR 可给来访的移动用户分配一个 TMSI(只限于在该访问服务区使用)。总之,只在起始入网登记时使用 IMSI,后续的呼叫使用 TMSI 以避免通过无线信道发送其 IMSI,从而防止窃听者监测用户的通信内容,或者非法盗用合法用户的 IMSI。TMSI 的总长不超过 4 个字节,其格式可由各运营部门决定。

国际移动设备标志即国际移动设备识别码(international mobile equipment identity,IMEI)是区别移动设备的标志,可用于监控被窃或无效的移动设备。IMEI = TAC + FAC + SNR + SP(15 位数字)[①]。TAC(6 位数字)由欧洲型号批准中心分配,前 2 位为国家码。不同型号的移动设备的型号批准码不尽相同,但只要型号相同则 IMEI 的前 6 码一定相同。FAC(2 位数字)表示生产厂或最后装配地,由厂家编码。SNR(6 位数字)可独立地、唯一地识别每个移动设备的 TAC 和 FAC,所以同一个品牌、同一型号移动设备的 SNR 是不可能一样的。SP(1 位数字)通常是 0。

移动台的号码有两类,移动台国际 ISDN 号码(MSISDN)和移动台漫游号码(mobile station roaming number,MSRN)。MSISDN 用于 PSTN 或 ISDN 拨向 GSM 的号码,MSISDN = CC + NDC + SN(总长不超过 15 位数字)[②]。CC 为国家代码(如中国为 86),NDC 为国内地

---

① TAC 为型号批准码,全称为 type approval code。FAC 为最后装配码,全称为 final assembly code。SNR 为序号码,全称为 serial number。SP 为备用码,全称为 spare。

② CC 为国家代码,全称为 country code。NDC 为国内地区码,全称为 national destination code。SN 为用户号码,全称为 subscriber number。

区码,SN 为用户号码。当移动台漫游到一个新的服务区时,由 VLR 给它分配一个临时性的漫游号码,并通知该移动台的 HLR,用于建立通信路由。一旦该移动台离开该服务区,此漫游号码即被收回,并可分配给其他来访的移动台使用。漫游号码的组成格式与移动国际(或国内)ISDN 号码相同。

LAI 用于移动用户的位置更新。LAI = MCC + MNC + LAC[①]。MCC 为移动用户所属国家代码,用于识别国家,与 IMSI 中的三位数字相同。MNC 为移动网号码,用于识别不同的GSMPLMN 网,与 IMSI 中的 MNC 相同。LAC 为位置区号码,用于识别一个 GSMP LMN 网中的位置区。LAC 的最大长度为 16 bit,一个 GSM PLMN 中可以定义 65 536 个不同的位置区。

基站识别码(base station identity code,BSIC)用于移动台识别不同的相邻基站,采用6 bit 编码。

6.1.4　GSM 业务

GSM 可提供的业务分为基本业务和补充业务。

1. 基本业务

基本业务分为电信业务和承载业务。

电信业务包括一般电话业务、紧急呼叫和短消息业务(包括点对点的移动台终端短消息以及点对点移动台起始短消息业务、小区广播短消息业务等)。

电信业务可提供移动用户与固定网电话用户之间实时双向会话,也可提供任两个移动用户之间的实时双向会话。

在紧急情况下,移动用户通过一种简单的拨号方式可即时拨通紧急服务中心。这种简单的拨号可以是拨打紧急服务中心号码(如我国火警特殊号码 119)。有些 GSM 移动台具有"SOS"键,一按此键就可接通紧急服务中心。紧急呼叫业务优先于其他业务,移动台在没有插入用户识别卡的情况下,也可通过按键接通紧急服务中心。

短消息业务包括移动台之间点对点短消息业务,以及小区广播式短消息业务。点对点短消息业务是由短消息业务中心完成存储和转发功能的。短消息业务中心是与 GSM 分离的独立实体,不仅可服务于 GSM 用户,也可服务于具备接收短消息业务功能的固定网用户。点对点短消息的发送或接收应在呼叫状态或空闲状态下进行,由控制信道传送短消息业务,消息量限制为 160 个字符。小区广播式短消息业务是 GSM 移动通信网以有规则的间隔向移动台广播具有通用意义的短消息,如道路交通信息等。移动台连续不断地监视广播消息,并能在显示器上显示广播消息。此短消息也是在控制信道上传送的。移动台只有在空闲状态下才可接收广播消息,消息量限制为 93 个字符。

其他业务还有接入先进信息处理系统(message handling system,MHS),传输可视图文以及图文电视,多媒体业务,以及智能用户电报、话音、三类传真等。

承载业务主要包括受限话音及数据业务。其中,数据业务主要包括所有的异步或同步数据,同步双工、异步双工,分组装拆(packet assembly and disassembly,PAD)以及分组同步

---

① LAC 为位置区号码,全称为 location area code。

双工等业务。可视图文接入是一种通过网络完成文本、图形信息检索和电子函件功能的业务。智能用户电报传送能够提供智能用户电报终端间的文本通信业务。此类终端具有文本信息的编辑、存储处理等能力。此外还包括话音和三类传真交替传送的业务。自动三类传真是指能使用户经 PLMN 以传真编码信息文件的形式自动交换各种函件的业务。

2. 补充业务

补充业务又称为附加业务,可向用户提供许多高级服务,从而给用户带来极大方便,如主叫号码显示识别、免费电话、移动接入跟踪、呼叫转换、闭锁等功能业务。

6.2　GSM 的无线接口

GSM 的无线接口是指 BST 至 MS 间连接的一般概念。移动通信中的空中信道部分是其特有的,本节介绍 GSM 的无线传输特征和信道类型及其组合。

6.2.1　GSM 的无线传输特征

1. GSM 的主要特点

(1) GSM 由 3 个子系统组成,可与各种公用通信网如 PSTN、ISDN 和 PDN 等互联互通,各子系统之间或各子系统与各种公用通信网之间都明确和详细定义了标准化接口规范,保证任何厂商提供的 GSM 或其子系统能互联。

(2) GSM 能提供国际自动漫游功能。全部 GSM 移动用户都可进入 GSM 而与国别无关。

(3) 除了可以开放话音业务,GSM 还可以开放各种承载业务、补充业务和与 ISDN 相关的业务。

(4) GSM 系统具有加密和鉴权功能,能确保用户保密和网络安全。

(5) GSM 具有灵活、方便的组网结构,频率重复利用率高,移动业务交换机的话务承载能力较强,在话音和数据通信两方面都能满足用户对大容量、高密度业务的要求。

(6) GSM 抗干扰能力强,覆盖区域内的通信质量高。

(7) 用户终端设备如手持机和车载机,随着大规模集成电路技术的进一步发展能向更小型、轻巧和功能更强的趋势发展。

2. GSM 的工作参数

(1) GSM 使用的频段为 900 MHz 和 1.8 GHz。通信方式为全双工。双工通信时,收、发频率间隔 45 MHz。我国移动通信工作频段为 935 ~ 960 MHz(基站发、移动台收),890 ~ 915 MHz(移动台发、基站收)。

由于载频间隔是 0.2 MHz,因此 GSM 整个工作频段可分为 124 对载频,其频道序号用 n 表示,则上、下两频段中序号为 n 的载频可用式(6-1)和式(6-2)计算。

下频段: $\qquad f_1(n) = 890 + 0.2n \, (\text{MHz})$ $\qquad$ (6-1)

上频段: $\qquad f_h(n) = 935 + 0.2n \, (\text{MHz})$ $\qquad$ (6-2)

式中,$n = 1 \sim 124$。例如,$n = 1$ 时,$f_1(1) = 890.2$ MHz,$f_h(1) = 935.2$ MHz,其他序号的载频

依次类推。每个载频有 8 个时隙,因此 GSM 共有 $124 \times 8 = 992$ 个物理信道。

（2）信道数字结构为时分多址帧结构。

（3）调制方式为高斯最小移频键控。矩形脉冲在到达调制器之前先通过一个高斯滤波器。这一调制方案改善了频谱特性,从而能满足人们对于邻信道功率电平小于 $-60\ \text{dBW}$ 的要求。高斯滤波器的归一化带宽 $BT_b = 0.3$。基于 200 kHz 的载频间隔及 270.83 kbit/s 的信道传输速率,其频率利用率为 1.35 bit/$(s \cdot Hz)$。

（4）话音采用数字话音,编码规律为规则脉冲激励 – 长期预测编码,其速率为 13 kbit/s。

（5）数据速率为 9.6 kbit/s。

（6）信令系统采用公共控制信道信令——7 号信令。

（7）分集接收:采用慢跳频技术,跳频速率为每秒 217 跳。

（8）载频复用与区群结构:GSM 中,基站发射功率为每载波 500 W,每时隙平均为 $500/8 = 62.5$ W。移动台发射功率分为 0.8 W、2 W、5 W、8 W 和 20 W 5 种,供用户选择。小区覆盖半径最大为 35 km,最小为 500 m,前者适用于农村地区,后者适用于市区。

由于系统采取了多种抗干扰措施(如自适应均衡、跳频和纠错编码等),同频道射频防护比可降到 C/I(载干比,即载波信号强度/干扰信号强度)$= 9$ dB,因此在业务密集区可采用 3 小区 9 扇区的区群结构。

6.2.2　信道类型及其组合

1. GSM 帧结构

GSM 是 FDMA 和 TDMA 的混合,不但有时分,也有频分。GSM 移动用户开始呼叫时,GSM 网络为用户分配一个时隙,使用户与基站之间进行同步通信,并对时隙进行计数。当用户自己的时隙到来时,手机启动接收和解调电路,对基站发来的突发脉冲进行解码。同样,当用户需要发送信息时,要先对信息进行缓存,等待自己的时隙到来时将存储的信息发送出去,然后开始积累比特信息流等待下一次的突发脉冲的发送。GSM 在无线路径上传输,所涉及的最主要的基本概念是突发脉冲序列,简称突发序列。它是由 GMSK 调制的比特组成的脉冲串。突发脉冲序列有一个限定的持续时间,占有限定的无线频谱。它们在时间和频率窗上输出,这个窗被人们称为时隙。确切地说,在系统频段内,每 200 kHz 设置时隙的中心频率(以 FDMA 角度观察),而时隙在时间上循环地发生,每次占 15/26 ms,即近似为 0.577 ms(以 TDMA 角度观察)。

在 GSM 的 TDMA 中,每个载频被定义为一个 TDMA 帧,每个帧包含 8 个时隙(TS0 ~ TS7),帧长度为 $120/26 \approx 4.615$ ms。每个时隙含 156.25 个码元,占 $15/26 \approx 0.577$ ms。若干个 TDMA 帧构成复帧(multiframe),其结构有两种:一种是由 26 帧组成的复帧,长 120 ms,主要用于业务信息的传输,也称作业务复帧;另一种是由 51 帧组成的复帧,长 235.385 ms,专用于传输控制信息,也称作控制复帧。多个复帧又构成超帧(super frame),它是一个连贯的 51×26 TDMA 帧,即一个超帧可以包括 51 个 26 TDMA 复帧,也可以包括 26 个 51 TDMA 复帧,超帧的周期均为 1 326 个 TDMA 帧,长 $51 \times 26 \times 4.615 \times 10^{-3} \approx 6.12$ s。多个超帧构成超高帧(hyper frame)。由 2 048 个超帧组成的超高帧,周期为 2 048×1 326 = 2 715 648 个 TDMA 帧,即 12 533.76 s,也即 3 h 28 min 53 s 760 ms。用于加密的话音和数据,超高帧每一周期包含 2 715 648 个 TDMA 帧,对这些 TDMA 帧按序编号,从 0 至 2 715 647 帧号依次在同步信道中传送。图 6-5 给出了 GSM 帧结构示意图。

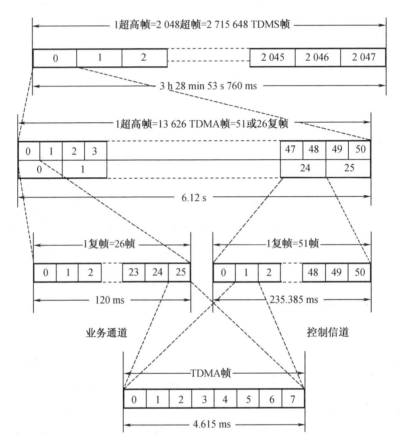

图 6-5　GSM 帧结构示意图

2. 信道类型

BSS 与 MS 构成 GSM 的无线子系统,无线信道包括物理信道和逻辑信道。物理信道是一个载频上的 TDMA 帧的一个时隙。逻辑信道可分为业务信道(traffic channel,TCH)和控制信道(control channel,CCH)两大类,后者也称为信令信道(signaling channel)。

(1)业务信道

业务信道主要传输数字话音或数据,其次还有少量的随路控制信令。业务信道有全速率业务信道(full rate TCH,TCH/F)和半速率业务信道(half rate TCH,TCH/H)之分。半速率业务信道所用时隙是全速率业务信道所用时隙的一半。

①话音业务信道

载有编码话音的业务信道分为全速率话音业务信道(full rate speech TCH,TCH/FS)和半速率话音业务信道(half rate speech TCH,TCH/HS),两者的总速率分别为 22.8 kbit/s 和

11.4 kbit/s。

对于全速率话音编码,话音帧长 20 ms,每帧含 260 bit 的话音信息,提供的净速率为 13 kbit/s。

②数据业务信道

在全速率或半速率信道上,通过不同的速率适配和信道编码,用户可使用下列各种不同的数据业务。

a. 速率为 9.6 kbit/s,全速率数据业务信道(TCH/F9.6)。

b. 速率为 4.8 kbit/s,全速率数据业务信道(TCH/F4.8)。

c. 速率为 4.8 kbit/s,半速率数据业务信道(TCH/H4.8)。

d. 速率≤2.4 kbit/s,全速率数据业务信道(TCH/F2.4)。

e. 速率≤2.4 kbit/s,半速率数据业务信道(TCH/H2.4)

(2)控制信道

控制信道用于传送信令和同步信号。

①广播信道(broadcast channel,BCH)

BCH 是一种一点对多点的单方向控制信道,用于基站向移动台广播公用的信息。传输的内容主要是移动台入网和呼叫建立所需要的有关信息,可分为下列 3 种。

a. 频率校正信道(frequency correction channel,FCCH)

FCCH 传输供移动台校正其工作频率的信息。

b. 同步信道(synchronization channel,SCH)

SCH 传输供移动台进行同步和对基站进行识别的信息。实际上,该信道包含两个编码参数:基站识别码占有 6 bit(信道编码之前),其中 3 bit 为 0~7 范围的 PLMN 色码,另 3 bit 为 0~7 范围的基站色码(base-station color code,BCC);简化的 TDMA 帧号占有 19 bit。

c. 广播控制信道(broadcast control channel,BCCH)

BCCH 传输系统公用控制信息,如公共控制信道(common control channel,CCCH)号码以及是否与独立专用控制信道(stand-alone dedicated control channel,SDCCH)相组合等信息。

②CCCH

CCCH 是一种双向控制信道,用于呼叫接续阶段传输链路连接所需的控制信令。分类如下:

a. 寻呼信道(paging channel,PCH)

PCH 传输基站寻呼移动台的信息。

b. 准许接入信道(access grant channel,AGCH)

AGCH 是一个下行信道,用于基站对移动台的入网申请作出应答,即分配一个独立专用控制信道。

c. 随机接入信道(random access channel,RACH)

RACH 是一个上行信道,用于移动台随机提出的入网申请,即请求分配一个 SDCCH。

（3）专用控制信道（dedicated control channel，DCCH）

DCCH是一种点对点的双向控制信道，其用途是在呼叫接续阶段以及在通信进行当中，在移动台和基站之间传输必需的控制信息。分类如下：

a. SDCCH

SDCCH用于在分配业务信道之前传送有关信令。例如，登记、鉴权等信令均在此信道上传输，经鉴权确认后，再分配TCH。

b. 慢速辅助控制信道（slow associated control channel，SACCH）

在移动台和基站之间，需要周期性地传输一些信息。例如，移动台要不断地报告正在服务的基站和邻近基站的信号强度，以实现移动台辅助切换功能。此外，基站对移动台的功率调整、时间调整的命令也在此信道上传输，因此SACCH是双向的点对点控制信道。SACCH可与一个TCH或一个SDCCH联用。SACCH安排在业务信道时，以SACCH/T表示；安排在控制信道时，以SACCH/C表示。

c. 快速辅助控制信道（fast associated control channel，FACCH）

FACCH传送与SDCCH相同的信息，只有在没有分配SDCCH的情况下才使用这种控制信道。使用FACCH时要中断业务信息，把FACCH插入TCH，每次占用的时间很短，约18.5 ms。

图6-6归纳了GSM的逻辑信道的分类。

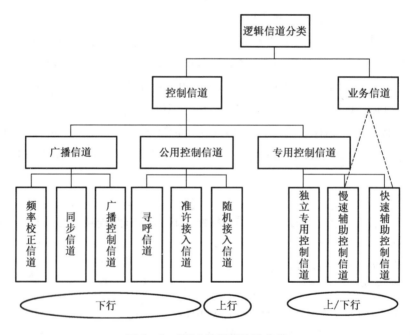

图6-6　GSM的逻辑信道分类

3. 信道的组合方式

（1）业务信道组合方式

业务信道的复帧含有26个TDMA帧，其组成的格式和物理信道（即业务信道）组合如

图 6 - 7 所示。

（2）控制信道的组合方式

控制信道的复帧含有 51 个 TDMA 帧,其组合方式类型较多,而且上行传输和下行传输的组合方式也是不相同的。

BCCH 和 CCCH 在 TS0 上的复用如图 6 - 8 所示。

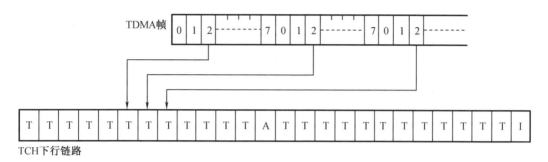

图 6 - 7　业务信道组合

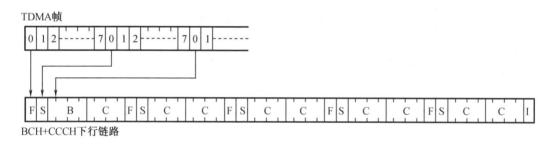

图 6 - 8　BCCH 和 CCCH 在 TS0 上的复用

RACH 在 TS0 上的复用如图 6 - 9 所示。

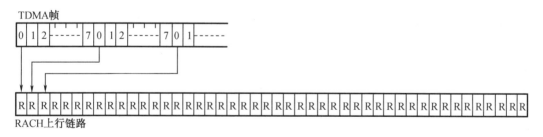

图 6 - 9　RACH 在 TS0 上的复用

SDCCH 和 SACCH 在 TS1 上的复用如图 6 - 10 所示。

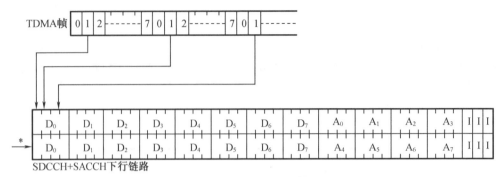

图 6 – 10　SDCCH 和 SACCH 在 TS1 上的复用

TS0 上控制信道的综合复用如图 6 – 11 所示。

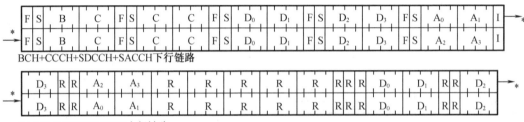

图 6 – 11　TS0 上控制信道的综合复用

6.3　GSM 的控制与管理

6.3.1　MS 开机后的工作

MS 开机后,先在 GSM 网络中进行初始化,并通过初始化获得自身的位置、所在小区的位置、网络情况。MS 必须确定 BCCH 的频率,以获得操作必要的系统参数。GSM900 中有124 个无线频率,DCS1800 中有近 375 个无线频率。要确定 BCCH,需要搜索并对所有这些频率进行解码,这将花费许多时间。为了帮助 MS 完成这一任务,GSM 运行在 SIM 卡中存储的一张频率表,这些频率是前一次小区登录上的 BCCH 频率,以及在该 BCCH 广播的邻近小区的频点。MS 上电后就开始搜索这些频率,查找出功率较大的频率,然后确定 FCCH。MS 通过解码使自身与系统的主频信号同步。一旦 MS 确定了 FCCH 并同步后,就可以正确地确定时隙和帧的边界。就在 FCCH 的第 8 个时隙对 SCH 解码以获得时间同步。

6.3.2　位置登记

所谓的“位置登记(或称注册)”是通信网为了跟踪 MS 的位置变化而对其位置信息进行登记、删除和更新的过程。由于数字蜂窝网的用户密度大于模拟蜂窝网,因此位置登记过程必须更快、更精确。位置信息存储在 HLR 和 VLR 中。GSM 的位置更新包括 3 个方面：第一,MS 的位置登记;第二,当 MS 从一个位置区进入另一个位置区时,所进行的通常意义的位置更新;第三,在一定的时间内,网络与 MS 无联系,MS 自动地、周期性地与网络联系,核对数据。

当新的移动用户在接受网络服务并去开机登记时,其登记信息通过空中接口送到网络的 VLR 中,并再次进行鉴权登记。同时 HLR 也要随时知道 MS 的位置,通过 D 接口向 VLR 索取该信息。当登记完成时,网络将对新移动用户的 IMSI 数据做"附着"标记,若用户关机,MSC/VLR 将对该用户的 IMSI 数据做"分离"标记,即去其"附着"。位置登记过程举例如图 6 - 12 所示。

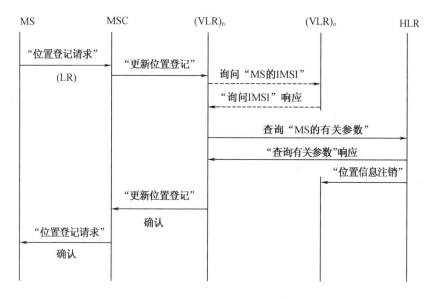

图 6 - 12 位置登记过程举例

MS 处于开机空闲状态时,将随时接收网络发来的当前小区的位置识别信息,并将它存储起来。若下一次接收的位置标志与原存储的位置标志不同,则表示其发生了位置移动,此时 MS 将发送位置更新请求信息,网络将更新(注册)到新的 VLR 区域,同时 HLR 也将随之更新。之后 HLR 将向旧的 VLR 发出"注销该用户有关数据"的消息。

若网络无法接收 MS 的正确消息,而 MS 正开机并可接收网络发来的消息,则此时网络无法知道 MS 的状态。为了解决此问题,系统采取了强制登记措施,如要求用户在一个特定时间内登记一次。这种位置登记过程就叫作周期性位置更新。

6.3.3 安全性管理

GSM 利用鉴权和加密实现安全性管理。

客户的鉴权与加密是通过系统提供的客户三参数组(RAND、Kc 和 SRES)来完成的。GSM 使用 3 种算法用于鉴权和加密,分别是 A3(也称鉴权算法)、A5 和 A8(也称加密算法)。其中,A3 用于鉴权,A8 用于产生加密密钥,A5 用于加密。算法 A3 和 A8 位于 SIM 卡模块和 AUC 中，A5 位于 MS 和 BST 中。

客户三参数组是在 GSM 的 AUC 中产生的，每个客户在签约(注册登记)时就被分配一个客户号码(客户电话号码)和 IMSI。IMSI 通过 SIM 写卡机被写入客户 SIM 卡中，同时在写卡机中又产生一个对应此 IMSI 的唯一的客户鉴权密钥 Ki，它被分别存储在客户 SIM 卡和 AUC 中。AUC 中还有个伪随机号码发生器，用于产生一个不可预测的 RAND。RAND 和 Ki 经 AUC 中的 A8 算法产生一个密钥 Kc，经 A3 算法产生一个 SRES。由产生 Kc 和 SRES 的 RAND 与 Kc、SRES 一起组成该客户的一个三参数组，并被传送给 HLR，存储在该客户的客户资料库中。一般情况下，AUC 一次产生 5 组三参数组，之后传送给 HLR，由 HLR 自动存储。HLR 可存储 10 组三参数组。当 MSC/VLR 向 HLR 请求传送三参数组时，HLR 又一次性地向 MSC/VLR 传 5 组三参数组。MSC/VLR 一组一组地使用三参数组，直到剩 2 组时再向 HLR 请求传送。AUC 产生三参数组的过程如图 6 - 13 所示。

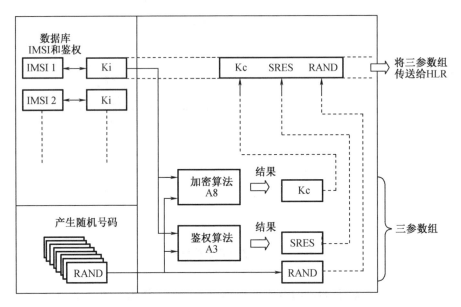

图 6 - 13　AUC 产生三参数组的过程

鉴权的作用是保护网络，防止非法盗用。同时通过拒绝假冒合法客户的入侵来保护 GSM 移动网络的客户。当移动客户开机请求接入网络时，MSC/VLR 通过控制信道将三参数组的一个参数 RAND 传送给客户。SIM 卡收到 RAND 后，用此 RAND 与 SIM 卡存储的客户鉴权密钥 Ki 经同样的 A3 算法得出一个 SRES，并传送给 MSC/VLR。MSC/VLR 将收到的 SRES 与三参数组中的 SRES 进行比较。由于 RAND、Ki 和 A3 算法都相同，因此 SRES 也应相同。若 MSC/VLR 比较的结果相同就允许该客户接入网络，否则将判定该客户为非法客户，网络拒绝为此客户服务。在每次登记、呼叫建立尝试、位置更新以及在补充业务的激活、去活、登记或删除之前均需要鉴权。

GSM 中的加密也只是指无线路径上的加密，即指 BST 和 MS 之间交换客户信息和客户参数时不被非法个人或团体所得或监听。在图 6 - 13 客户侧计算 SRES 三参数组时，同时用另一算法(A8算法)也计算出密钥Kc。根据MSC/VLR发送出的加密命令,BST侧和MS侧均开始使用Kc。在MS侧,由Kc、TDAM帧号和加密命令M一起经A5算法对客户信息数据流进行加密(也叫扰码),并将其在无线路径上传送。在BTS侧,把从无线信道上收到加密信息数据流、TDMA帧号和Kc,再经过A5算法解密后,传送BSC和MSC。所有的语音和数据均需加密,并且所有有关的客户参数也均需加密。

鉴权后分配TMSI。设置TMSI是为了防止非法个人或团体通过监听无线路径上的信令交换而窃得移动客户真实的IMSI或跟踪移动客户的位置。

在GSM中,客户签约等信息均被记录在一个SIM卡中,通话的计费账单也记录在SIM卡中。为防止账单上产生讹误计费,保证入局呼叫被正确传送,SIM卡上设置了用户的个人身份号(personal identification number,PIN)〔类似计算机上的口令(password)功能〕。PIN由4~8位数字组成,其位数由客户自己决定。如客户输入了一个错误的PIN,则会得到一个提示并可重新输入,若连续3次输入错误则SIM卡就被闭锁,即使将SIM卡拔出或关掉手机电源也无济于事。SIM卡闭锁后,可使用"个人解锁码"进行解锁。个人解锁码是由8位数字组成的,若连续10次输入错误,SIM卡将再一次闭锁,这时只有到SIM卡管理中心,由SIM卡业务激活器予以解锁。

为了防止非法监听进而盗用IMSI,需要在无线链路上传送IMSI时,均用TMSI代替IMSI,仅在位置更新失败或MS得不到TMSI时才使用IMSI。每次MS向系统请求一种程序如位置更新、呼叫尝试等时,MSC/VLR将给MS分配一个新的TMSI,并将之写入客户SIM卡。此后,MSC/VLR和MS之间的命令交换就使用TMIS,客户实际的IMSI便不再在无线路径上传送。

每一个移动设备均有一个唯一的IMEI。EIR中存储了所有MS的IMEI,每一个MS只存储本身的IMEI。设备识别的目的是确保系统中使用的设备不是盗用的或非法的设备。为此,EIR中使用3种设备清单:一是白名单,即合法的IMEI;二是黑名单,即禁止使用的IMEI;三是灰名单,即由运营者决定,如有故障的或未经型号认证的IMEI。

6.3.4　呼叫接续

1. MS的被呼过程

下面以固定电话呼叫MS(手机)为例,说明MS的被呼过程。呼叫处理过程实际上是一个复杂的接续过程,包括交换中心间一些命令的交换和操作处理、识别定位呼叫的用户、选择线路和建立信道的连接等。移动用户被呼时的接续过程如图6-14所示。

下面将详细地介绍这一过程。

(1)固定网的用户拨打移动用户的电话号码。

(2)固定网(程控交换网)交换机分析用户所拨打的移动用户的电话号码。

固定电话交换中心接到用户的呼叫后,根据用户所拨打的移动用户的电话号码分析出此用户是要接入移动用户网,这样就将接续转接到移动网的GMSC。

(3)GMSC分析用户所拨打的移动用户的电话号码。

因为GMSC没有被呼用户的位置信息,而用户的位置信息只存放在用户登记的HLR和

VLR 中,所以 GMSC 若要分析用户所拨打的移动用户的电话号码需要到被呼用户所在的 HLR 上取得被呼用户的位置信息,即得到被呼用户的所在地区,同时也得到与该用户建立话路的信息。这个过程称为归属寄存器查询。

(4)GMSC 找到当前为被呼移动用户服务的 MSC。

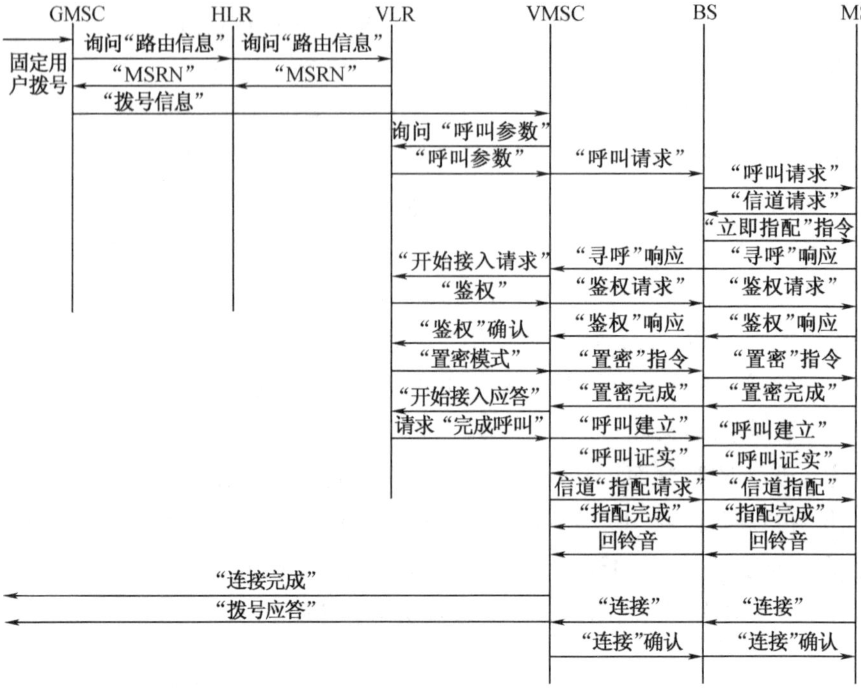

图 6-14 移动用户被呼时的接续过程

(5)由正在服务被呼用户的 MSC 得到呼叫的路由信息。

正在服务被呼用户的 MSC 是由其产生的一个 MSRN 得到呼叫路由信息的。这里由 VLR 分配的 MSRN 是一个临时移动用户号码,该号码在接续完成后即可以释放给其他用户使用。

(6)MSC 与被呼叫的用户所在基站连接,完成呼叫。

GMSC 接收包含 MSRN 的信息并分析它,得到被叫的话路信息。最后将向正在为被呼用户服务的 MSC 发送携有 MSRN 的呼叫建立请求消息。正在为被呼用户服务的 MSC 接到此消息后找到被叫用户,通过其所在基站完成呼叫。

2. 移动用户的主呼过程

一个移动用户要建立一个呼叫时,只需拨被呼用户的号码,再按"发送"键,即可开始启动程序。首先,移动用户通过 RACH 向系统发送接入请求消息。MSC 便分配给该信息一个专用信道,查看主呼用户的类别并标记此主叫用户示忙。若系统允许该主呼用户接入网络,则 MSC 发送证实接入请求消息。

主叫用户发起呼叫,如果被呼用户是固定用户,则系统直接将被呼用户号码送入固定网(PSTN),固定网将号码连接至目的地。这种连接方式与固定电话的区别仅仅在于发送端的移动性,就是说 MS 先接入 MSC,MSC 再与固定电话网相连,之后就和平时的电话接续没有什么差别了,由固定电话网接到被呼叫的用户端去。

如果被呼用户是同一网中的另一个 MS,则 MSC 以类似从固定网发起呼叫的处理方式,进行 HLR 的请求过程,转接被呼用户的移动交换机。一旦接通被呼用户的链路准备好,网络便向主呼用户发出呼叫建立证实,并给它分配专用 TCH。主呼用户等候被呼用户响应证实信号,这时完成移动用户主呼的过程。也就是说,MS 呼叫 MS 是 MS 呼叫固定用户及固定用户呼叫 MS 的结合,中间常常需要固定网(PSTN)在两者之间进行信息交换。但由于 MS 具有移动性,因此呼叫过程更复杂,要求也更高。其复杂之处在于 MS 与 MSC 之间的信息交换,包括 BS 与 MS 之间的连接以及 BS 与 MSC 之间的连接。移动用户主呼时的接续过程(呼叫固定用户)如图 6-15 所示。

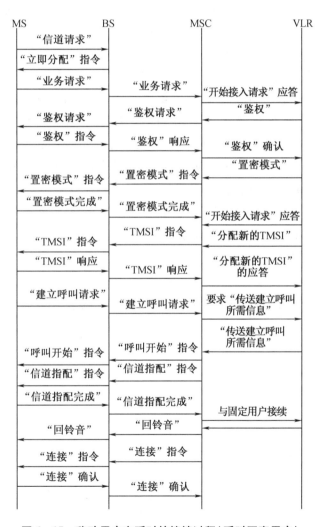

图 6-15 移动用户主呼时的接续过程(呼叫固定用户)

6.3.5 切换管理

在模拟蜂窝系统中,MS 在通信时的信号强度是由周围的 BS 进行测量的,该测量结果被传给 MSC,由 MSC 根据测量数据判断该 MS 是否需要进行越区切换和应该切换到哪个小区。一旦 MSC 认为此 MS 需要切换到新小区,即启动此次切换:一方面,通知新的 BS 启动指配空闲频道;另一方面,通过原来的 BS 通知 MS 把其工作频率切换到新的频道。可见,此种方法需要在 BS 和 MSC 之间频繁地传输测量信息和控制信令,增加了链路的负荷,同时要求 MSC 具有较强的处理能力。随着通信量的增加,上述模拟蜂窝系统的切换方法已经不能适应数字蜂窝通信系统的要求。因此在 GSM 中,要选择新的切换管理方法。

GSM 采用的越区切换办法称为 MS 辅助切换法,其基本思想是把越区切换的检测和处理等功能部分地分散到各个 MS,即由 MS 来测量本基站和周围基站的信号强度,把测得的结果传给 MSC 进行分析和处理,从而做出越区切换的决策。时分多址为 MS 辅助切换提供了条件。在 GSM 的一帧内的 8 个时隙中,MS 最多占用两个时隙分别进行发射和接收,在其他时隙内可以对周围基站的 BCCH 进行信号强度的测量。当 MS 发现接收信号变弱,达不到或已接近于信干比的最低门限值,同时发现周围某个基站的信号很强时,就可以发出越区切换的请求,由此启动越区切换过程。切换能否实现还应由 MSC 根据网中很多测量报告做出决定。如果不能进行切换,BS 会向 MS 发出拒绝切换的信令。在通话阶段中,MS 小区的改变引起的系统的相应操作叫作切换。切换的依据是由 MS 对周邻 BST 信号强度的测量报告和 BST 对 MS 发射信号的强度,以及通话质量决定的,统一由 BSC 评价后决定是否进行切换。下面将结合图解具体分析 3 种不同的切换。图 6 – 16 ~ 图 6 – 18 分别给出了不同情况下的切换过程图中①~⑩各序号的含义在下文进行详细介绍。

1. 由相同 BSC 控制的小区间的切换(图 6 – 16)

①BSC 预定新 BST,激活一个 TCH。

②BSC 通过旧 BST 发送一个包括频率、时隙及发射功率的参数的信息至 MS,此信息在 FACCH 上传送。

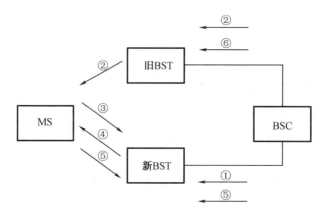

图 6 – 16 由相同 BSC 控制的小区间的切换

③MS 在规定新频率上发送一个切换接入突发脉冲,通过 FACCH 发送。

④新 BST 收到此突发脉冲后 将时间提前量信息通过 FACCH 回送 MS。

⑤MS 通过新 BST 向 BSC 发送一切换成功信息。

⑥BSC 要求旧 BST 释放 TCH。

2. 由相同 MSC、不同 BSC 控制的小区间的切换(图 6 - 17)

①旧 BSC 把切换请求及切换目的小区标识一起发给 MSC。

②MSC 判断是哪个 BSC 控制的 BST 并向新 BSC 发送切换请求。

③新 BSC 预定目标 BST,激活一个 TCH。

④新 BSC 把包含频率、时隙及发射功率的参数通过 MSC、旧 BSC 和旧 BST 传到 MS。

⑤MS 在新频率上通过 FACCH 发送接入突发脉冲。

⑥新 BST 收到此脉冲后,回送时间提前量信息至 MS。

⑦MS 发送切换成功信息通过新 BSC 传至 MSC。

⑧MSC 命令旧 BSC 释放 TCH。

⑨旧 BSC 转发 MSC 命令至 BST 并执行该命令。

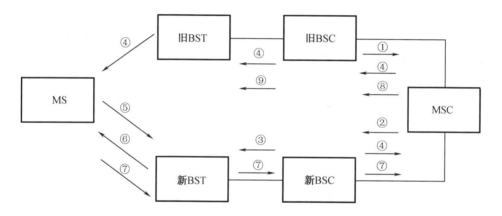

图 6 - 17　由相同 MSC、不同 BSC 控制的小区间的切换

3. 由不同 MSC 控制的小区间的切换(图 6 - 18)

①旧 BSC 把切换目的小区标识和切换请求发至旧 MSC。

②旧 MSC 判断出小区属另一 MSC 管辖。

③新 MSC 分配一个切换号(路由呼叫用),并向新 BSC 发送切换请求。

④新 BSC 激活新 BST 的一个 TCH。

⑤新 MSC 收到 BSC 回送信息并将该信息与切换号一起转至旧 MSC。

⑥在新、旧 MSC 间建立一个连接(也许会通过 PSTN 网建立)。

⑦旧 MSC 通过旧 BSC 向 MS 发送切换命令,其中包含频率、时隙和发射功率。

⑧MS 在新频率上发一接入突发脉冲(通过 FACCH)。

⑨新 BST 收到后,回送时间提前量信息(通过 FACCH)。

⑩MS 通过新 BSC 和新 MSC 向旧 MSC 发送切换成功信息。

此后,旧 TCH 被释放,而控制权仍在旧 MSC 处。

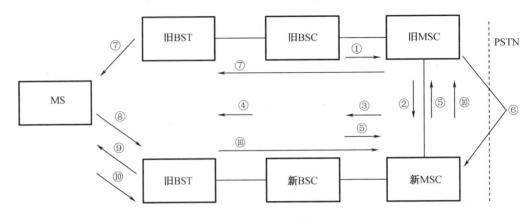

图 6 - 18   由不同 MSC 控制的小区间的切换

6.4   GPRS 系 统

GSM 的应用在全球范围内取得了超乎想象的成功,但是其最高数据传输速率为 9.6 kbit/s 且只能完成电路型数据交换,远不能满足迅速发展的移动数据通信的需要。因此,ETSI 又推出了 GPRS 技术。GPRS 在原 GSM 网络的基础上叠加支持高速分组数据业务的网络,并对 GSM 无线网络设备进行升级,从而利用现有的 GSM 无线网络覆盖提供高速分组数据业务。由于为 GSM 向第三代宽带移动通信系统的平滑过渡奠定了基础,因此 GPRS 系统又被称为 2.5G 系统。

GPRS 是一种基于 GSM 的无线分组交换技术,提供端到端的、广域的无线 IP 连接。简单地说,GPRS 是一项处理高速数据的技术,其方法是以"分组"的形式传送数据。只在需要时分配网络容量,不需要时就释放网络容量,这种发送方式称为统计复用。目前,GPRS 移动通信网的传输速度可达 115 kbit/s。GPRS 是在 GSM 的基础上发展起来的技术,是介于第二代数字通信和第三代分组型移动业务之间的一种技术。但是目前中国移动所部署的 GPRS 网络,根据有关部门测试,其下行平均速率大约是 20 kbit/s,上行平均速率还不到 5 kbit/s,远低于其理论值。

GPRS 采用分组传输技术,支持 TCP/IP 协议和 X. 25 协议,几乎可以支持除交互式多媒体业务以外的所有数据应用业务,其特点如下。

第一,传输速率高。GPRS 支持 4 种编码方式(CS - 1、CS - 2、CS - 3、CS - 4),并采用附加虚拟时隙技术,使多用户共享一时隙的多时隙合并传输技术,可使现有的 GSM 网络的数据速率从 9.6 kbit/s 提高到 171.2 kbit/s。

第二,资源分配合理。GPRS 允许手机长时间附着在网络上,从而大大节省了用户接入网络的时间,但这也对系统提出了合理分配资源的问题。GPRS 比较成功地解决了这一问题。

传统 GSM 在通话接续过程中要为手机分配固定信道,直至通信结束。而 GPRS 系统只在数据传送时申请分配信道,数据传送完毕则立刻释放信道,因此节约了宝贵的无线信道,使突发型数据业务可以更好地利用资源。

第三,具有双向兼容性。分组数据信道(packet data channel,PDCH)是实现 GPRS 的最基本要素。PDCH 其实是无线数据业务在空中接口上的承载逻辑实体,和话音信道一样都是由 GSM 载频提供的。PDCH 可以更细地划分成分组广播控制信道(packet broadcast control channel,PBCCH)、分组公共控制信道(packet common control channel,PCCCH)和分组数据业务信道(packet data traffic channel,PDTCH)。PBCCH 用于网络发送分组系统信息(system information,SI);PCCCH 用于分组数据业务的接入和寻呼;PDTCH 用于承载分组数据业务。PDCH 都是 52 复帧的结构。在 GPRS 业务引进的初期,PBCCH 和 PCCCH 不是必需的,GPRS 手机可以从 BCCH 获取和分组业务有关的系统信息,从 CCCH 上收到分组寻呼和进行分组数据业务的接入。除上述划分方式外,还可将 PDCH 划分为静态 PDCH 和动态 PDCH。静态 PDCH 只能用作 PDCH;动态 PDCH 在缺省时可用作 TCH,在有分组数据业务需求时可以转换成 PDCH。动态 PDCH 的引入对于合理使用空中资源有很大的益处。静态 PDCH 和动态 PDCH 的数量可以从 0 个到包含小区内所有的信道。

GPRS 系统采用开放式结构,向 GSM 反向兼容。这从它对无线逻辑信道的定义上可以看出,当小区的 PCCCH 和 PBCCH 无效或没有被使用时,GPRS 手机可以通过 GSM 的 CCCH、BCCH 获得服务。同时,由于在无线部分采用分组方式传送数据,GPRS 使现有的电路交换型的 GSM 网络可以向分组交换网过渡,最终使 GSM 成为 3G 系统。

第四,接入速度快。GPRS 核心网本身是一个分组型数据网,支持 IP 协议,因此可与其他分组数据网络(如 Internet 网)进行无缝、直接连接,能很快建立呼叫,不用像电路交换型数据业务那样需要等待,快于电路交换型数据业务。

第五,可长时间在线连接。由于分组型数据传输不占信道,因此用户可以长时间保持与外部数据网的连接,而不必进行频繁的连接和断开操作,真正实现"永远在线,永远连接"。

第六,计费更加合理。GPRS 采用了分组交换技术,并且弥补了过去电路交换型数据业务只能按时长计费的不足,可以采用按流量计费方式。这不仅节省了用户的上网费用,而且也大大推动了无线移动互联网业务的发展。

分组的环境能够提供灵活的计费方式,一些较早运用 GPRS 的运营商就曾提出按内容计费、按时延计费,甚至可以按广告计费的方式。这些方式的可实现性大大拓展了用户和运营商的选择余地。

第七,具有丰富的数据业务。GPRS 可根据应用的类型和网络资源的实际情况、网络质量,灵活选择服务质量参数,支持 4 种 QoS(quality of service,即服务质量),能实现话音资源和数据资源的动态分配,能从低速到高速提供 Internet 所能提供的一切业务。除能提供点对点、点对多点、补充业务和增强型短消息业务外,GPRS 还能提供虚拟专用网(virtual private network,VPN)业务,真正实现移动办公功能。

第八,采用无线应用协议。无线应用协议(wireless application protocol,WAP)是移动通信与互联网结合的第一阶段性产物。这项技术让使用者可以用手机之类的无线装置上网，透过小型屏幕遨游在各个网站之间。而这些网站也必须以 WML（wireless markup language，即无线标记语言）编写，相当于国际互联网上的 HTML（hypertext markup language，即超文件标记语言）。打个比方，GPRS 和 GSM 都是马路，而 WAP 是在马路上行驶的汽车。中国移动开通 GPRS 之后，WAP 就行驶在 GSM 和 GPRS 两条马路上，而行驶在 GPRS 的马路上可以提高数据传输速度。因此，现有 WAP 上的内容一样可以通过 GPRS 供用户进行浏览和应用。WAP 是 2.5G 的协议。

综上所述，GPRS 作为第二代移动通信向第三代移动通信过渡的技术，是使用最广泛且能够实现移动通信与 IP 相结合的技术方案。它可以充分利用现有 GSM 网络，使运营商在 GSM 全网范围内推出移动分组数据业务。

6.4.1 GPRS 的网络结构

GPRS 网络可以看作现有 GSM 网络上叠加的一个分组子网，所增加的新设备如下。

SGSN（serving GPRS support node）即 GPRS 服务支持节点，主要的作用就是为本 SGSN 服务区域的 MS 转发输入/输出的 IP 分组，其地位类似于 GSM 电路网中的 MSC。

PCU（packet control unit）即分组控制单元，是在 BSS 侧增加的一个处理单元，主要完成 BSS 侧的分组业务处理和分组无线信道资源的管理，一般位于 BSC 和 SGSN 之间。

GGSN（gateway GPRS support node）即 GPRS 网关支持节点，主要完成同外部 IP 分组网络的接口功能，需要提供让 MS 接入外部分组网络的关口功能。从外部网的角度来看，GGSN 就像可寻址 GPRS 网络中所有用户的路由器，需要同外部网络交换路由信息。

CG（charging gateway）即计费网关，主要完成从各 GPRS 支持节点（GPRS support node，GSN）处收集、合并、预处理话单的工作，并完成同计费中心之间的通信。引入 CG 的目的是在将话单送往计费中心之前对话单进行合并与预处理，以减轻计费中心的负担。

GPRS 基站子系统附加设备主要包括引入 GPRS 业务后，在 BSS 或 BST 中新增的硬件单元（PCU）。此外还需要对原有的 GSM 设备如 BST、BSC、MSC/VLR、HLR、SMC 等进行软件升级，使其支持 Phase Ⅱ + 接口协议。要实现 GPRS 网络，移动台也必须是 GPRS 移动台或 GPRS/GSM 双模移动台。GPRS 网络结构简图如图 6 – 19 所示。

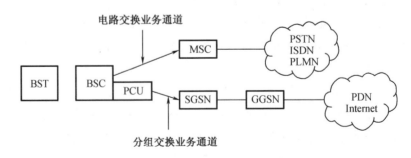

图 6 – 19　GPRS 网络结构简图

GPRS 移动台有如下 3 种类型。

A 类:可同时提供 GPRS 服务和电路交换承载业务,即在同一时间内既可进行 GSM 语音业务又可接收 GPRS 数据包。

B 类:可同时侦听 GPRS 系统和 GSM 的寻呼信息,同时附着于 GPRS 系统和 GSM,但同一时刻只能支持其中一种业务。

C 类:要么支持 GSM 网络,要么支持 GPRS 网络,用户可通过人工方式进行网络选择及更换。

GPRS 的特点如图 6 - 20 所示。

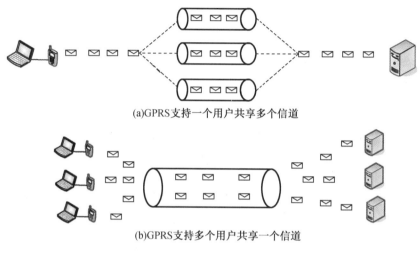

(a)GPRS支持一个用户共享多个信道

(b)GPRS支持多个用户共享一个信道

图 6 - 20　GPRS 的特点

GPRS 能够更为有效地利用无线资源:可动态地向单个用户分配位于同一载频上的 1~8 个时隙,速率从 14.4 kbit/s 到 115 kbit/s,一般分配 4 个时隙且每个时隙可以允许多个用户共享;无线接口资源可根据业务流量和运营商的选择在语音业务和数据业务之间共享;支持上行和下行的非对称传输;由于不需要预先分配信道以建立连接,因此能够更快地接入外部 Internet 等分组网络;用户有数据需要发送的时候才占用信道资源,可以根据用户对网络资源的实际使用情况进行计费,因此用户可以一直在线;提供对 IP 层协议的承载,支持基于 IP 之上的所有业务,且在增加新的应用层业务时,不需要运营商对 GPRS 承载网络进行任何改动;GPRS 运营商可以用户的业务流量为收费标准;对于现有 GSM 网上运行设备如 MSC/VLR、HLR、BSC、BST 都只需要进行软件升级,而不需要进行任何硬件改动;可以同 GSM 话音业务共享现有的基站侧设备和无线资源,不改变现有网络的小区规划;为用户提供端到端的分组方式(分组交换和分组传输)的数据业务,能有效地利用网络资源。GPRS 核心网顺应通信网络的发展趋势,为 GSM 网络向第三代演进奠定了基础。

6.5 IS-95 CDMA 移动通信系统

1991 年,美国高通公司在美国西雅图试验开发 CDMA 蜂窝体制。1993 年,该体制被美国电信工业协会(TIA)采纳为北美数字蜂窝标准,并被定名为 IS-95。

IS-95 是 TIA 为基于 CDMA 技术的 2G 移动通信的空中接口标准分配的编号,又称为"双模式宽带扩频蜂窝移动台——兼容标准",是第一个 CDMA 蜂窝移动通信系统规范。它的 CDMA 技术框架是后续 CDMA 蜂窝系统的基础。

IS-95 可用的频率范围被划分成若干个 1.25 MHz 的频道,在频域实现双工通信。IS-95 规定了两种可用的语音编码器速率:13.3 kbit/s 或 8.6 kbit/s。对于两种编码速率,IS-95 均通过编码将数据速率提升到 28.8 kbit/s,然后进行 64 倍扩频,得到的码片速率为 1.228 8 Mc/s。理论上,每个小区可以支持 64 个语音用户,但是实际上由于功率控制及扩频码正交性等问题,支持的用户数目会减少到 12~18 个。下面对 IS-95 CDMA 移动通信系统(简称"IS-95 CDMA 系统")的相关概念及技术等进行简要讲述。

6.5.1 IS-95 CDMA 系统概述

1. 双模式系统的概念

所谓"双模式"是指这种系统中的移动台可在模拟 FDMA 和 CDMA 两种蜂窝移动通信系统中工作。也就是说,它既能以现行的频分多址(FDMA)方式工作,也可在码分扩频方式下工作。

采用双模式工作的优越性表现在:一是两种制式可以在频率上兼容,在一个频段上共存;二是在建立码分多址系统的过程中,已有的模拟蜂窝系统可以正常工作,这对由模拟 FDMA 系统向数字 CDMA 系统过渡十分有利,投资少,见效快,成本也可降低。

IS-95 CDMA 网络内的移动台的工作方式有如下 4 种:

(1)首先选择 CDMA 工作方式。在这种方式下,移动台在开机、登记、建立呼叫时都首先搜寻 CDMA 系统信道,当 CDMA 系统不可用(占满)时再转入搜寻模拟 FDMA 系统信道。

(2)首先选择 FDMA 方式,其过程与(1)类似。

(3)仅选择 CDMA 工作方式(一种 CDMA 制式手机)。

(4)仅选择 FDMA 工作方式(利用原有制式的手机)。

2. IS-95 CDMA 系统结构

IS-95 CDMA 系统也属于数字移动通信的范畴,其网络结构与 GSM 大体一致。它由 MSC、BS、MS、操作和维护中心(operation and maintenance center,OMC)、PSTN 和 ISDN 等组成,如图 6-21 所示。

图 6-21 中,MC(message center)为信息中心,SMSC(short message service center)为短消息中心。此外还有 HLR、VLR、EIR 等寄存器和鉴权中心 AUC 等。这些部分的功能与其在 GSM 中的一样。寄存器和 MSC 设在同一物理体内,它组成的业务网和信令网也与前面所述的 GSM 类似。业务网与信令网是分开的,信令网同样是 7 号公共无线信令网。

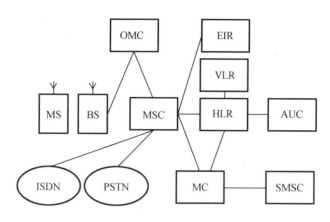

图 6 - 21　IS - 95 CDMA 系统结构

6.5.2　IS - 95 CDMA 系统的无线信道

IS - 95 CDMA 系统既不分频道,又不分时隙,所有信道都是靠不同的码型来区别的。类似这样的信道称为逻辑信道。IS - 95 CDMA 系统的逻辑信道示意图如图 6 - 22 所示。这些信道从时域和频域来看都是互相重叠的,也就是说,它们占用了相同的频段和时间。

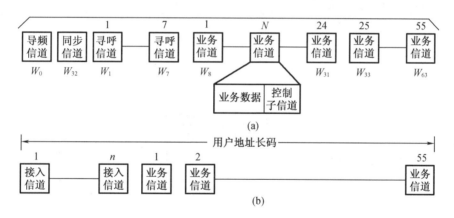

图 6 - 22　IS - 95 CDMA 系统的逻辑信道示意图

IS - 95 CDMA 系统的无线信道分为前向传输信道(基站至移动台方向,简称"前向信道")和反向传输信道(移动台至基站方向,简称"反向信道")。

1. CDMA 前向信道的构成

窄带 CDMA 系统综合使用了 FDMA 和 CDMA 技术。这里的频分是把分配给 IS - 95 CDMA 系统的频段分成 1.25 MHz 的频道,它是 IS - 95 CDMA 系统小区的最小带宽。当用户不多时,一个蜂窝小区只配置一个这样的 CDMA 频道;当用户多即业务量大时,一个蜂窝小区可以占有多个这样的 CDMA 频道。在同一小区内,各个基站用频分复用方式使用频道。

前向信道一般使用正交的沃尔什码来区分不同信道。用一对 PN 码进行扩频调制,再进行四相 QPSK 调制。各个基站使用同一码型的一对伪随机码,但是相位各不相同,移动台以此区别不同基站信号。前向信道主要由导频信道、同步信道、寻呼信道和前向业务信道等组成。CDMA 前向信道组成框图如图 6 – 23 所示。

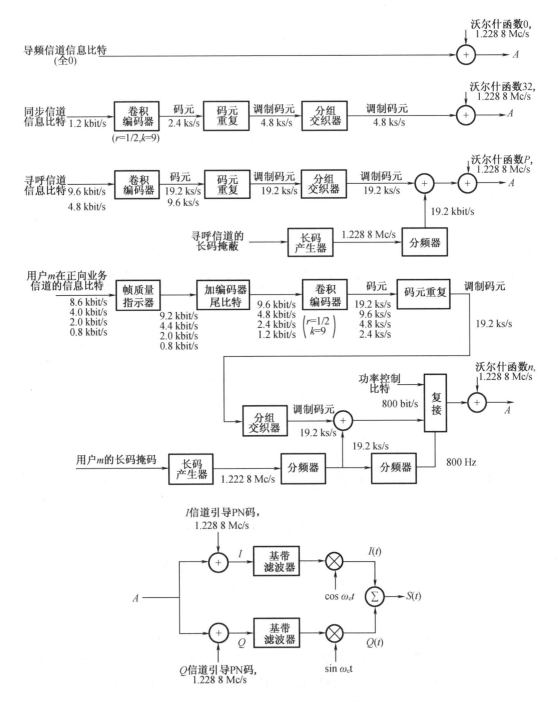

图 6 – 23　CDMA 前向信道组成框图

（1）导频信道

导频信道是基站始终发射的扩频信号的信道。它不包含信息数据,且功率较大,便于移动台捕获和跟踪与基站相对应的扩频的 PN 码。它还可作为越区切换的一个基准。导频信号是一种无调制的直接序列扩频信号,令移动台可迅速而精确地捕获信道的定时信息,并提取相干载波进行信号的解调。移动台通过对周围不同基站的导频信号进行检测和比较,可以决定什么时候需要进行越区切换。

（2）同步信道

同步信道主要传输同步信息,还可提供移动台选用的寻呼信道数据率。同步信道的信号比特率为 1.2 kbit/s,帧长为 26.666 ms。它以超帧(8 ms 由 3 个同步帧组成)为单位发送消息。同步信道要经过卷积编码、符号重复、交织、扩频及调制后再发射信号。在基站覆盖区内处于开机状态的移动台,利用同步信道来获得初始时间同步,确知接入的是哪个基站。在同步期间,移动台利用此同步信息进行同步调整。一旦同步完成,移动台通常不再使用同步信道,但当设备关机后再重新开机时还需要重新进行同步。当通信业务量很多,所有业务信道均被占用而不敷应用时,同步信道也可临时改作业务信道使用。

（3）寻呼信道

每个基站有多个寻呼信道。移动台通常在建立同步后就选择一个寻呼信道(也可以由基站指定)来监听系统发出的寻呼信息和其他指令。呼叫时,基站通过寻呼信道传送控制信息(信令)给移动台。当需要时,寻呼信道可以转为业务信道,用于传输用户业务数据。寻呼信道传输的信号是经过卷积编码、码符号重复、交织、扰码、扩频后再调制的扩频信号,其发送速率一般为 9.6 kbit/s 或 4.8 kbit/s。基站使用寻呼信道发送系统信息和移动台寻呼信息。

（4）前向业务信道

前向业务信道主要是通过基站向移动用户传送用户语声编码数据或其他业务数据。语声编码采用可变速率声码器,可变速率为 9.6 kbit/s、4.8 kbit/s、2.4 kbit/s、1.2 kbit/s,帧长为 20 ms。一个频道有 55 个以上的前向业务信道。业务信道包含了一个功率控制子信道,以控制移动台发射功率,并传输越区切换控制信息等。在业务信道中,还要插入其他的控制信息,如链路功率控制和过区切换指令等。

2. CDMA 反向信道的构成

在 IS-95 CDMA 系统中,反向信道由接入信道和反向业务信道构成。同一个 CDMA 频道内的反向信道,使用相同的频率和一对与基站相同码型的 PN 码以及与基站相对应的一个沃尔什码。信息数据经过与用户码对应的 PN 码的变换序列调制后再传输,以使通信保密。CDMA 反向信道组成框图如图 6-24 所示。

在 CDMA 的反向信道中,有多个接入信道和多个业务信道。

（1）接入信道

反向信道中至少有 1 个、至多可有 32 个接入信道。每个接入信道都要对应前向信道中的一个寻呼信道。移动台通过接入信道向基站进行登记、发起呼叫以及响应基站寻呼信道的呼叫等。当呼叫时,在没有转入业务信道之前,移动台通过接入信道向基站传送控制信

息(信令)。当需要时,接入信道可以变为反向业务信道,用于传输用户业务数据信息。接入信道的数据速率为 4.8 kbit/s。

(2)反向业务信道

反向业务信道用于在呼叫建立期间传输用户信息和信令信息,是移动台向基站发送信息的信道。其信道结构及编码、调制等与前向业务信道基本相同。

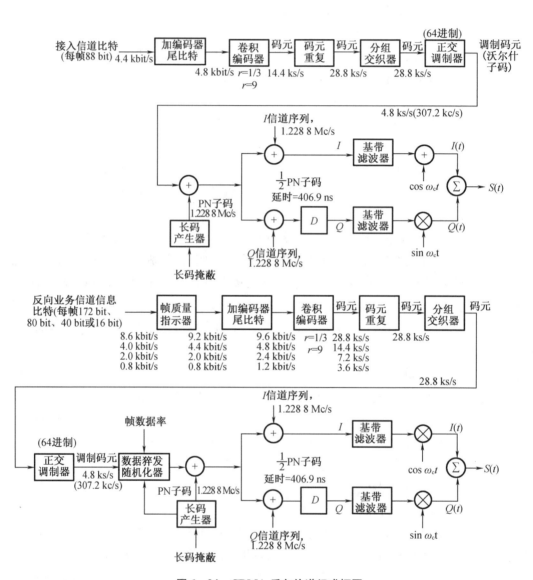

图 6-24　CDMA 反向信道组成框图

6.5.3　IS-95 CDMA 系统的同步与定时

1. 定时

IS-95 CDMA 系统中,所有基站、基站控制器、移动交换中心等都采用的一个公共的 CDMA 基准时间,目的是保证整个系统有条不紊地进行信息的传输、处理和交换,对系统各种设备进行管理、控制。IS-95 CDMA 系统基于全球定位系统(global positioning system, GPS)提供的时间,并与协调世界时(universal time coordinated, UTC)保持同步。IS-95 CDMA 系统时间以帧为单位。若系统时间为 s(单位:s),则以帧为单位的 IS-95 CDMA 系统时间 t 应是帧长(20 ms)的整数倍。

每个基站的标准时基与 IS-95 CDMA 系统的时钟对准,基站的时间基准驱动导频信道的 PN 序列、帧以及 Walsh 函数的定时。各个基站配有 GPS 接收机,保证各个基站有统一的时间基准。小区内所有移动台均以基站的时间基准为自己的时间基准,从而保证全网的同步。

2. 同步

同步技术也是 CDMA 扩频通信系统的关键技术之一。扩频通信系统的发射机利用 PN 码对信号数据进行频谱扩展;接收机先要用与本地码一致的 PN 码对接收到的信号数据解扩,这就必须使接收机地址码与发射机地址码的频率、相位完全一致,即要实现同步才能使系统正常工作。在扩频通信系统中,除载波同步、位同步、帧同步外,PN 码的同步是特有的,其同步系统比一般数字系统更复杂。

IS-95 CDMA 系统的同步技术主要包括捕获和跟踪两个过程。如因某种原因引起失步,系统又将进入新一轮的捕获和跟踪过程。

捕获的方法有多种,如滑动相关法、序贯估值法、匹配滤波器法等。扩频序列的捕获是指接收机在开始接收扩频信号时调整和选择本地扩频序列的相位,使收发信机扩频序列的相位一致的过程,所以捕获又叫扩频序列的初始同步或粗同步过程。由于捕获过程通常在载波同步之前进行,载波的相位是未知的,因此大多数的捕获方法都采用非相干检测。从理论上讲,匹配滤波器法是获得 PN 码初始同步的最佳方案。匹配滤波器可以在中频上实现,也可以在基带上实现。匹配滤波器的基带实现方法是直接对接收信号以码片速率采样,然后采用数字方式进行匹配。匹配滤波器的实质是抽头延迟线加累加器。该方法是一种并行捕获方案,可以对 PN 码进行快速捕捉,大大缩短捕获时间,但实现起来需要多个并行的支路,因此用于短周期 PN 码的捕获。PN 码的捕获也可以采用基于滑动相关的串行捕获方案。串行捕获方案的本质是假设校验。相关器对所有可能的相位假设进行串行搜索,即先对当前不正确的假设进行测试并将其排除,再进行下一个假设的测试。由于串行搜索的方法需要较多的时间去排除错误的相位,因此串行捕获方案的捕获速度较慢。

跟踪是指使本地码的相位一直随接收机的 PN 码相位而变化,与接收机的 PN 码相位保持较精确的同步。跟踪方法有多种,如延迟锁定法、抖动跟踪法等。完成扩频序列的捕获以后,本地序列相位同接收信号的相位基本一致,通常还有 1/2 个码片误差。由于收发时钟的不稳定性、收发信机之间的相对运动以及传播路径时延变化等因素,已同步的本地序列相位会出现某种抖动偏差,因此,扩频通信系统为了保证准确可靠地工作,除了要实现扩频序列的捕获,还要进行扩频序列的跟踪。跟踪过程又叫细同步过程。跟踪环路不断校正本地序列发生的时钟相位,使本地序列的相位变化与接收信号相位变化保持一致,实现对接收信号的相位锁定。跟踪的本质在于正确估计出本地序列与接收信号的相位差,并据此产生能减小该相位差的控制信号,保证本地序列的相位变化与接收信号一致。PN 码的定时

跟踪通常可以采用基于延迟门定时误差检测器的延迟锁定环。在扩频通信中最常用的为包络相关跟踪环的跟踪方法、延迟锁定跟踪法。

6.5.4 IS-95 CDMA 系统的功率控制

在 IS-95 CDMA 系统中,功率控制技术被认为是所有关键技术的核心。这里主要讲述无线信道中,因存在"远近效应"问题而采用的功率控制技术。

所谓"远近效应",是指如果小区中各用户均以同等功率发送信号,靠近基站的移动台的信号强,而远离基站的移动台的信号到达基站时很弱,这就会导致"强信号掩盖弱信号"的现象发生。远近效应会发生自干扰。

1. 输出功率的限制

IS-95 CDMA 系统对发射的功率和输出信号功率的响应时间有一定的要求。原因之一是 IS-95 CDMA 系统是干扰受限系统,要限制移动台发射机的功率,使系统的总功率保持最小。另外,IS-95 CDMA 系统中移动台的输出信号功率是在功率控制组时间内突发的,为了保证传输可靠,要求输出信号功率的时间响应特性应是快速上升、保持平稳和快速下降。

(1)最小控制的输出功率

移动台发射机平均输出功率应小于 -50 dBm/1.23 MHz,即 -110 dBm/Hz;移动台发射机背景噪声应小于 -60 dBm/1.23 MHz,即 -54 dBm/Hz。

(2)输出信号功率的时间响应

采用变速率传输方式时,输出功率应满足图 6-25 所示的时间响应要求。图 6-25 中,1.25 ms 为用于变速率传输的一个功率控制组(时隙)时间。在功率控制组时间内,功率波动应小于 3 dB,功率电平应比背景噪声高出 20 dB,功率上升或下降的时间应小于 6 s。

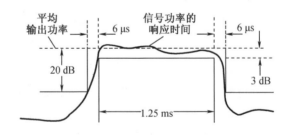

图 6-25 输出信号功率的响应时间

2. 前向信道功率控制和反向信道功率控制

功率控制分为前向信道功率控制和反向信道功率控制。

(1)前向信道功率控制

前向信道功率控制是指基站根据移动台提供的信号功率测量结果,调整对每个移动台发射的功率。它可分为两种:一种为开环控制,是基站利用接收移动台功率,估算前向信道传输损耗,从而控制基站业务信道发送功率的大小。因为前向信道功率控制将影响众多移动用户的通信,所以每次的功率调节量很小(均为 0.5 dB),调节的动态范围也很有限(为标称功率的 6 dB),调节速率也较低(为 15 ~ 20 ms/次)。另一种为闭环控制,是基站与移动台相结合进行的动态功率控制。以前向业务信道发射功率为例,移动台监测前向业务信道帧的质量,并周期性地向基站报告帧质量计算结果;基站周期性地调整发向移动台的功率,与此同时将移动台的帧质量计算结果与阈值进行比较,以确定分配给前向业务信道的功率是增加了还是减小了,并根据此结果决定是增加还是减小发射功率。基站功率控制的调节速率逢每个声码器帧调节一次,或每 15 ~ 20 ms 变化一次,变化速率低于移动台的功率控制。

(2)反向信道功率控制

反向信道功率控制分为开环功率控制和闭环功率控制两种。反向开环功率控制是指移动台根据在小区中所接收功率的变化,迅速调节移动台的发射功率。

开环功率控制的目的是使所有移动台(不管远、近情况)发出的信号在到达基站时都有相同的标称功率。它是一种移动台自己的功率控制。系统中的每一个移动台根据所接收的前向信道信号强度来判断传播路径损耗,并调节自身的发射功率。接收的信号越强,移动台的发射功率应越小。由于前向信道和反向信道的不相关性,依据前向信道信号电平来调节移动台发射功率的开环功率控制是不完善的,因此需要闭环功率控制。对于不同的反向信道,开环输出功率的计算方法是不同的。

①对于接入信道,移动台发射第一个探测信号的平均输出功率为

$$P_1 = - 平均输入功率(dBm) - 73(dB) + 标称功率(NORM - PWR, dB) + 初始化功率(INT - PWR, dB)$$

②对于反向业务信道,初始发射的平均功率为

$$P_2 = P_1 + 全部接入信道探测校正值的总和(dBm)$$

反向业务信道初始发射后,移动台收到来自基站的第一个功率控制比特时的平均输出功率为

$$P_3 = P_2 + 全部闭环功率控制校正值的总和(dBm)$$

反向闭环功率控制的目标是使基站对移动台的开环功率进行迅速估算或纠正,并使移动台始终保持最理想的发射功率。这解决了前向信道和反向信道间增益容许度和传输损耗不一致的问题,保证了基站收到的每个移动台的信号功率足够大,同时对其他移动台的干扰又最小。

6.5.5　IS-95 CDMA 系统的软切换和漫游

1. 软容量

在模拟频分和数字时分的移动通信中,每个小区的信道数是固定的,很难改变。当没有空闲信道时,系统会出现忙音,移动用户既不能呼叫也不能接收其他用户的呼叫。而在 IS-95 CDMA 系统中,在一频道内(较宽带范围)的多用户是靠码型来区分的,其标准信道数以一定的输入、输出信噪比为条件。只要接收机在允许最小信噪比条件下,那么增加一个或几个用户只会使信噪比有所下降,不会使用户因没有信道而不能通话。也就是说,只会使该小区内的用户误码率有所上升,信噪比降低,通话质量稍有下降,但不至于发生出现忙音(无信道)的情况。人们把这种在一个小区内,小区信道数可扩容的现象称软容量。当

然,这种软容量是以话音质量降低为代价换来的,但不容许信噪比降低到极限值以下。

2.切换和软切换的概念

切换是指当移动台走出原服务小区且将要进入另一个服务小区时,原基站与移动台之间的链路将由新基站与移动台之间的链路取代的过程。IS‑95 CDMA 系统支持以下 3 种切换过程。

(1)CDMA 到模拟的切换

CDMA 到模拟的切换是指移动台从一个 CDMA 业务信道切换到一个模拟 AMPS(advanced mobile phone system,即高级移动电话系统)话音信道。

(2)CDMA 到 CDMA 的硬切换

CDMA 到 CDMA 的硬切换是指移动台在不同的基站集合间(如属于不同 MSC 的基站),不同频率分配或不同帧偏置间的转换。

(3)软切换

软切换是 IS‑95 CDMA 系统中引入的一个新概念,是建立在 IS‑95 CDMA 系统分集接收的基础上的一项技术,具有提高通信话音质量、增加系统容量等优点。

在 FDMA 系统中,需测试该区有空闲信道时才能进行小区切换,而且切换时收、发频率都要做相应改变。移动台需先切断原来的频道,再转换到新的频道上。在 TDMA 系统中也同样如此,移动台要先切断原来的频道和时隙,再转换到新的频道和新时隙中去。这种先断后通的切换叫作硬切换。这种切换方式有时会带来噪声("乒乓噪声"),还会引起通信的短暂中断等现象。

在 CDMA 系统中,由于在小区或扇区内可以使用相同的频率,因而小区(或扇区)之间以码型来区别。当移动用户要切换时,不需要先进行收、发频率的切换,只需要在码序列上做相应调整,然后再与原来的通话链路断开。这种先通后断的切换方式称为软切换。软切换方式的切换时间短,不会中断话音,也不会出现硬切换可能带来的"乒乓噪声"。

3.软切换技术的特点

(1)当软切换发生时,移动台在取得了与新基站的连接之后,再中断与原基站的联系,大大降低了通信中的掉话率。

(2)在软切换进行过程中,软切换可提供基站边界处的前向业务信道和反向业务信道的路径分集。移动台采用分集接收的方式,提高了抵抗衰落的能力,降低了其发射功率,减少了对系统的干扰,增加了系统容量。

(3)进入软切换区域的移动台即使不能立即与新基站连接,也可以进入切换等待的排队队列,从而减少了系统的阻塞率。

4.软切换的原理和细分

软切换的原理是基于宏分集的。在无线通信中,宏分集是指使用多个发送天线或者多个接收天线传送相同信号的情形,这些天线之间的距离比波长大得多。在蜂窝网络或无线局域网中,这些天线可以位于不同的基站或接入点。宏分集的目的是抵抗衰落,增加接收信号强度。移动用户与原基站和新基站都保持着通信链路,可同时与 2 个(或多个)基站通信,然后才断开与原基站的通信链路,保持与新基站的通信链路。

软切换还可以细分为更软切换和软/更软切换。更软切换是在一个小区内的扇区之间的信道切换。由于其只需通过小区基站便可完成，不需通过移动交换中心的处理，故名更软切换。软/更软切换是一个小区的扇区与另一小区或另一小区的扇区之间的信道切换。

5. 软切换过程

下面从导频信号集、移动台和基站 3 个方面来说明 IS – 95 CDMA 系统中的越区切换过程。

（1）导频信号集

导频信号（也叫引导信号）指一个引导信道。虽然各引导信道的 PN 码相同，但每个引导信道的时间偏置不同。移动台根据各个基站的导频信号强度来决定是否进行切换。为了根据导频信号强度对各个基站进行有效管理，引入“导频信号集”的概念。

激活导频信号集（激活组）：分配给移动台的、与前向业务信道相联系的导频信号。由具有足够强度并正在参与移动台接收的导频信号组成。

候选导频信号集（候选组）：当前不在激活组里，但已被移动台接收且有足够的强度表明与前向业务信道相联系，能被成功解调的导频信号。这类导频信号曾经在激活组中或强度超过上门限 T_ADD。

邻近导频信号集（邻近组）：有一定强度但不符合前两种集合条件的导频信号，有可能成为软切换候选的导频信号。

剩余导频信号集（剩余组）：在当前 CDMA 指配频率上，当前系统里所有可能的导频信号集，但不包括在前 3 种集合以外的导频信号。

（2）移动台

移动台需要不断搜索各基站导频信号，测量其信号强度，并将测量结果通知基站。例如，当移动台探测发现相邻导频信号集或者剩余导频信号集的导频信号强度超过上门限 T_ADD 时，就发送一条导频信号强度测量消息（pilot strength measurement message，PSMM）至服务基站。移动台根据基站切换指示，采取相应行动——切换或保持。移动台根据接收到的切换指示消息（handoff direction message，HDM），将切换目的基站 PN 码加入激活组，将原基站导频信号从激活组中去掉，并发出切换完成消息（handoff completion message，HCM），利用新基站通信。

（3）基站

基站根据移动台的接收导频信号强度信息，给出切换指示消息。切换指示消息包含切换目的基站的 PN 码、前向业务信道号和切换参数等内容。若指示移动台切换，还要通知系统更新移动台的位置登记信息。软切换过程与导频信号状态变化示意图如图 6 – 26 所示。

6. 软切换过程中的业务传输与功率控制

软切换时，与所有活动集中的导频信号相联系的前向业务信道将发送除功率控制子信道以外的完全相同的调制符号；移动台应该对相应的前向业务信道进行分集接收，还必须支持最大达 150 μs 的相对信号传播时延。软切换时，相同的前向功率控制子信道不被划分为不同的功率控制集；移动台必须支持对属于相同功率控制集中的功率控制子信道进行分集合并。当不同功率控制集的功率控制比特均指示发射功率上升时，移动台提高发射功率;当任一个功率控制集的功率控制比特指示发射功率下降时,移动台降低发射功率。

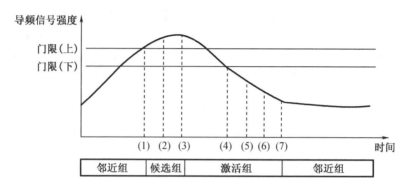

(1)—进入软切换过程的时刻;(2)—基站向移动台发送切换导频信号的时刻;(3)—导频信号由候选变为激活状态的时刻;(4)—移动台启动切换定时器的时刻;(5)—定时器计时终止的时刻;(6)—移动台向基站发送切换导频信号的时刻;(7)—软切换过程结束的时刻。

图 6-26 软切换过程与导频信号状态变化示意图

7. 越区切换与漫游的判决依据

一个 IS-95 CDMA 系统的覆盖区域可分成若干个网络,网络又可分成若干区域,区域由若干个基站组成。不同的系统用系统识别码(system identity number, SID)标记,不同的网络用不同的网络识别码(network identity number, NID)标记,共有 $2^{16}-1=65\ 535$ 个网络识别码可供指配。

越区切换与漫游用由系统识别码和网络识别码构成的系统网络识别对(SID, NID)来唯一确定。

如果移动台的归属(本地)网络识别对(SID, NID)与所在网络覆盖区(即本网)的网络标识对相同,则只存在切换的可能,而不发生漫游。

如果移动台的(SID, NID)与本网的(SID, NID)不相同,则说明该移动台是漫游用户。

第 7 章　TD – LTE 移动通信技术

7.1　本 章 概 述

LTE 规范的第 8 版(是第一个正式版本)完成于 2008 年春季,与 LTE 发展并行的还有一个 3GPP 总体网络体系架构的系统架构演进(system architecture evolution,SAE),包括无线接入网和核心网[即演进分组核心网(evolved packet core,EPC)]。

3GPP 在 LTE 规范的第 9 版中引入了附加的功能,支持多播、网络辅助定位业务、增强下行链路的波束赋形。

LIE 规范的第 10 版(LIE – Advanced)向后兼容。较早版本的 LTE 终端能够访问支持 LTE 规范第 10 版功能的载波,通过载波聚合增强了 LTE 的频谱灵活性,扩展了多天线传输方案,支持中继,改进了异构网络部署下小区间干扰协调。

LTE 规范的第 11 版进一步扩展了 LTE 的性能和能力,其中最重要的特性是多点协同与传输的无线接口功能。其他增强的方面是:增强的载波聚合、新的控制信道结构以及更先进的终端接收机的性能需求。

7.2　LTE 系统结构

7.2.1　LTE/SAE 网络结构

3GPP 制订了无线通信技术的长期演进计划,包括无线接入网演进和系统架构演进两方面。长期演进计划结构可划分为无线侧和网络侧。无线侧主要提高频率利用率、用户吞吐量、时延的性能,简化无线网络,以及对基于分组的业务如多媒体广播多播业务(multimedia broadcast multicast,MBMS)和 IP 多媒体子系统(IP multimedia subsystem,IMS)等的有效支持;网络侧主要提高时延、容量、吞吐量的性能,简化核心网。LTE/SAE 移动通信标准具有频率效率高、峰值速率高、移动性高和网络架构扁平化的特点。扁平化结构图如图 7 –1 所示。

1. LTE/SAE 网络结构

LTE/SAE 系统结构由用户设备(user equipment,UE)、长期演进(LTE)和系统架构演进(SAE)三部分构成,又称为演进分组系统(evolved packet system,EPS)。EPS 包括各种网元和标准接口,是一个基于 IP 的扁平网络体系结构,可将 IP 流量从 PDN 中的一个网关路由到用户终端。一个 EPS 承载是网关和用户终端之间有明确定义的 QoS 的 IP 数据流。根据应用程序的请求,LTE 和 EPC 一起建立和释放 EPS 承载。

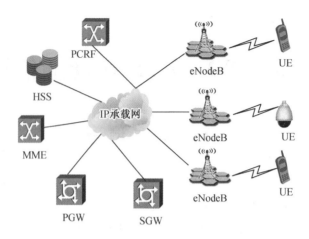

图 7-1 扁平化结构图

UE 是指用户(终端)设备,可通过空中接口发起、接收呼叫,其除手机外还包括移动无线路由、PC 等带移动通信功能的智能设备。

LTE 是指无线接入网部分,又称为演进的通用陆基无线接入网(evolved universal terrestrial radio access network,E - UTRAN),负责无线空口技术演进,只包含演进型基站(evolved NodeB,eNodeB)一个设备。LTE 的目的是在用户终端和分组数据网络之间建立无缝的 IP 连接(internet protocol connectivity,IPC),使得终端用户上的应用程序在移动切换时不会中断运行。

SAE 是指核心网部分,又称为演进型分组核心网,包括移动性管理实体(mobility management entity,MME)、服务网关(serving gateway,SGW)、分组数据网关(packet data network gateway,PGW)、策略和计费规则功能(policy and charging rules function,PCRF)和归属用户服务器(home subscriber server,HSS)等。

LTE/SAE 网络结构如图 7-2 所示。

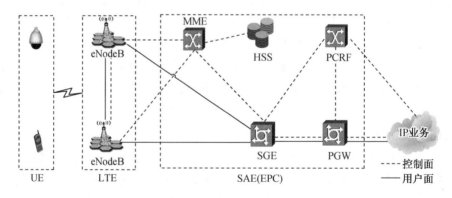

图 7-2 LTE/SAE 网络结构

2. LTE/SAE 网络功能

下面对 LTE/SAE 网络功能进行介绍。

(1)网络接入控制功能(表7-1)

表7-1　网络接入控制功能

序号	功能	实现方法
1	网络选择功能	UE 搜索可用无线信号,选择合适小区进行驻留
2	准入控制功能	确定用户请求的资源的可获取性,并保留这些资源
3	增强的策略和计费功能	SGW/PGW 完成对用户业务的计费和策略控制,PCRF 提供策略和计费规则
4	合法监听	通过信令跟踪或者抓包分析、监听用户报文

(2)数据路由和转发功能(表7-2)

表7-2　数据路由和转发功能

序号	功能	实现方法
1	eNodeB 功能	把收到的 UE 数据路由转发给 MME 和 SGW
2	MME 功能	把收到的 UE 信令数据路由转发给 HSS、SGW 等网关
3	SGW 功能	把收到的 eNodeB 业务数据路由转发给 PGW
4	PGW 功能	把收到的 SGW 业务数据路由转发到外部 PDN

(3)移动性管理功能(表7-3)

表7-3　移动性管理功能

序号	功能	实现方法
1	LTE 网络附着和去附着功能	UE 开/关机,完成 LTE 网络附着/去附着
2	位置变更登记功能	空闲态 UE 位置发生改变或周期性位置更新到期,通过跟踪区域更新(tracking area update,TAU)流程完成位置变更登记
3	业务接续功能	连接态 UE 位置发生改变,通过切换流程完成业务接续
4	合法监听	通过信令跟踪或者抓包分析、监听用户报文

（4）安全功能（表7-4）

表7-4 安全功能

序号	功能	实现方法
1	鉴权和授权功能	UE 对网络做鉴权,判断网络的合法性;网络对 UE 做鉴权,判断 UE 的合法性
2	加密和完整性保护功能	UE 和 MME 完成非接入层(non-access stratum,NAS)信令的加密和完整性保护;UE 和 eNodeB 完成空口数据的加密和完整性保护

（5）无线资源管理功能（表7-5）

表7-5 无线资源管理功能

序号	功能	实现方法
1	无线承载(radio bearer,RB)资源配置功能	完成无线承载的建立、保持和释放相关资源的配置
2	新的无线承载请求管理功能	允许和拒绝建立新的无线承载请求
3	分配、释放无线资源功能	分配、释放缓冲区及进程资源等控制面和用户面数据包的无线资源

（6）网络管理功能

网络管理功能提供网元操作维护功能。

3. LTE/SAE 核心网和接入网的功能划分

LTE/SAE 核心网和接入网的功能划分如图7-3所示。

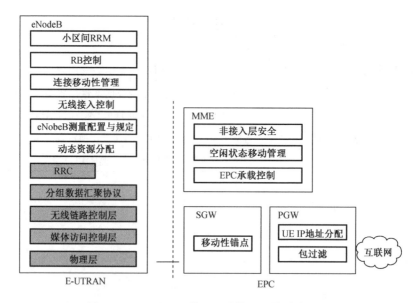

图7-3 LTE/SAE 核心网和接入网的功能划分

7.2.2 E-UTRAN 结构

E-UTRAN 仅有 eNodeB 节点,是一种逻辑结构(如图 7-4 所示)。E-UTRAN 采用扁平化架构,负责一个或多个小区中所有无线相关的功能,其网络内没有中心控制节点。

E-UTRAN 的功能如下。

1. 无线资源管理

无线资源管理在有限带宽的条件下,为网络内无线用户终端提供业务质量保障;在网络话务量分布不均匀、信道特性因信道衰弱和干扰而起伏变化等情况下,灵活分配和动态调整无线传输部分和网络的可用资源,在确保该小区稳定的前提下接入更多用户,提高整个系统的容量,防止网络拥塞和保持尽可能小的信令负荷。其具体功能包括功率控制,信道分配、调度、切换,接入控制,负载控制,端到端的 QoS 和自适应编码调制等。

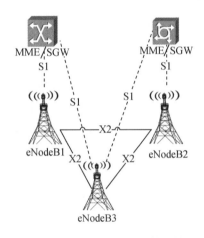

图 7-4 E-UTRAN 总体结构

2. 无线承载控制(radio bearer control,RBC)

无线承载控制分为承载与控制,用于把 UE 和 eNodeB 之间通信所用到的各层[物理层(physical layer,PHY)、媒体访问控制(media access control,MAC)层、无线链路控制(radio link control,RLC)层等]协议在无线接口两侧的对等协议实体中进行配置。其具体功能包括无线承载的建立、保持、释放,对无线承载相关的资源进行管理。

3. 连接移动性控制(connection mobility control,CMC)

连接移动性控制用于在空闲模式下,通过设定小区重选参数和测量配置对 UE 进行小区选择或重选的算法进行配置;在 UE 激活模式下,必须满足用户在网络中连续切换,以保证业务的连续性。连接移动性控制的具体功能包括对空闲模式和连接模式下的无线资源进行管理。

4. 无线接纳控制(radio admission control,RAC)

用户业务申请时,网络通过分析业务所需的资源及其可能对现有业务带来的影响,来决定业务请求是否被接受、请求的资源是否被分配。无线接纳控制的具体功能包括允许和拒绝建立新的无线承载请求。

5. eNodeB 测量配置

eNodeB 测量配置主要由 eNodeB 通过无线资源控制(radio resource control,RRC)消息携带的测量配置信元将测量配置消息(测量对象、小区列表、报告方式、测量标识、事件参数等)通知给 UE。当测量条件改变时,eNodeB 通知 UE 新的测量条件。

6. 动态资源分配

动态资源分配的具体功能包括分配、释放控制面和用户面数据包的无线资源。

7. 无线资源控制

无线资源控制是接入层(access stratum,AS)控制面中的最高层,处理 UE 和 eNodeB 之间控制面的信息,为上层提供来自网络系统的无线资源参数,控制下层的主要参数和行为。其具体功能包括提供系统信息广播,寻呼,RRC 的连接建立、保持和释放,安全功能,点对点的无线承载的建立、修改和释放,移动性功能,QoS 管理,UE 测量上报及测量控制,NAS 消息的传输。

8. 分组数据汇聚协议(packet data convergence protocol,PDCP)

分组数据汇聚协议是无线接口协议栈的第二层,处理控制面上的无线资源控制消息以及用户面上的因特网协议包。

9. 无线链路控制层

无线链路控制层位于 MAC 层之上,为用户和控制数据提供分段和重传业务。在控制面,无线链路控制层向上层提供无线信令承载(signal resource bearer,SRB)业务;在用户面,当 PDCP 和广播组播功能(broadcast multicast control,BMC)协议没有使用时,无线链路控制层向上层提供 RB,否则 RB 业务由 PDCP 或 BMC 承载。无线链路控制层的具体功能包括连接控制、分段/重组、级联、填充、错误纠正、高层协议数据单元的顺序发送、流量控制、复制检查、顺序号检查、协议错误检测与恢复、加密/解密、暂停/继续。

10. 媒体访问控制层

媒体访问控制层实现与数据处理相关的功能,包括信道管理与映射、数据包的封装与解封、混合自动请求重传(hybrid automatic repeat request,HARQ)、数据调度、逻辑信道的优先级管理等。

11. 用户面数据包路由

用户面数据包路由是指 eNodeB 提供到 SGW 的用户面数据包路由。

12. MME 选择

MME 选择是指在 UE 初始接入网络时,eNodeB 为 UE 选择一个 MME 进行附着;在 UE 连接期间,eNodeB 为 UE 选择 MME;在无路由信息利用时,eNodeB 根据 UE 提供的信息来间接确定到达 MME 的路径。

13. 物理层

物理层为数据链路层提供数据传输功能,通过传输信道为媒体访问控制层提供相应的服务。

7.2.3 核心网结构

1. EPC

EPC 只支持接入分组交换域,不能接入电路交换域。核心网结构如图 7-5 所示。

EPC 内的主要逻辑节点如下。

（1）MME

MME 是 EPC 的控制面节点,主要用于控制 UE 和核心网之间的信令交互,完成与承载管理有关的功能(建立、维护和释放承载,空闲到激活状态的转换和安全密钥的管理)。其具体能包括:支持非接入层信令及其安全;信令疏导;中介用户信令;跟踪区域列表的管理;PGW 和 SGW 的选择;跨 MME 切换时进行 MME 的选择;在向 2G/3G 接入系统切换过程中进行 SGSN 的选择;用户的鉴权、漫游控制及承载管理;3GPP 不同接入网络的核心网络节点之间的移动性管理;UE 在 ECM_IDLE 状态下的可达性管理。

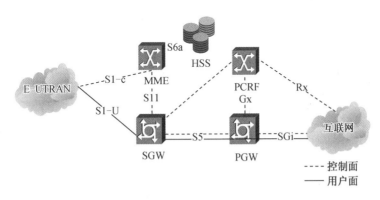

图 7-5　核心网结构

（2）SGW

SGW 是连接 EPC 与 E-UTRAN 的用户面节点并终止于 E-UTRAN 接口的网关。用户 IP 数据包都通过 SGW 传递,为终端在 eNodeB 之间的移动提供承载数据的本地移动性锚点,并协助完成 eNodeB 的重排序功能。当终端处于空闲状态时,SGW 会保留这些承载的相关信息并临时缓存下行链路的数据,以便当 MME 开始寻呼 UE 时重建承载。SGW 在拜访网络执行一些管理职能,如:收集计费信息和合法侦听;在其他 3GPP 不同接入系统间切换时作为移动性锚点(终结在 S4 接口,在 2G/3G 系统和 PGW 间实现业务路由)。

（3）PGW

PGW 是面向 PDN 并终结于 SGi 接口的网关,可将 EPC 连到互联网。其主要功能包括为终端分配 IP 地址;基于用户的包过滤功能;合法侦听功能;在上行链路中进行数据包传送级标记;负责 QoS 执行;根据 PCRF 的控制政策进行 QoS 增强;根据 PCRF 相应规则控制流量计费;控制基于业务的上/下行速率。

（4）HSS

HSS 支持用于处理调用/会话的 IMS 网络实体的主要用户数据库。归属网络中可以包含一个或多个 HSS。HSS 包含用户配置文件,可执行用户的身份验证和授权,并可提供有关用户物理位置的信息。HSS 所提供的功能包括 IP 多媒体功能、PS 域必需的 HLR 功能及 CS 域必需的 HLR 功能。

（5）PCRF

PCRF 终结于 Rx 接口和 Gx 接口，包含策略控制决策和基于流计费控制的功能。PCRF 接受来自策略和计费执行功能（policy and charging enforcement function，PCEF）、用户属性存储器（subscription profile repository，SPR）和应用功能（application function，AF）的输入，向 PCEF 提供关于业务数据流检测、门控、基于 QoS 和基于流计费（除信用控制外）的网络控制功能；结合 PCRF 的自定义信息做出策略和计费控制（policy and charging control，PCC）决策。在非漫游场景中，在本地公共陆地移动网（home PLMN，HPLMN）中只有一个 PCRF 跟 UE 的一个 IP－CAN（IP connectivity access network）会话相关；在漫游场景中，当业务流是本地疏导时，可能会有两个 PCRF 跟一个 UE 的 IP－CAN 会话相关。

（6）SGSN

SGSN 用于在 2G/3G 和 E－UTRAN 3GPP 接入网间移动时进行信令交互，包括对 PGW 和 SGW 的选择，同时为切换到 E－UTRAN 3GPP 接入网的用户选择 MME。

2. EPC 非漫游结构

GSM/EDGE[①] 无线接入网和通用陆地无线接入网可以与 LTE 共用 EPC，控制面通过 S3 接口连接 MME，用户面通过 S4 接口连接 SGW。EPC 非漫游结构按 SGW 和 PGW 的关系可分为两种组网结构。

（1）SGW 和 PGW 合设组网

在 EPS 系统部署初期，用户数较少，LTE 网络覆盖不大，PGW 的容量远超当前用户数，移动性需求也很小，因此采用 SGW 与 PGW 合设组网部署，以 S5 接口为内部接口，省去 SGW 和 PGW 之间传输设备的部署，降低系统的复杂度，减少信令开销和数据转发开销，减少系统时延。SGW 和 PGW 合设组网结构图如图 7－6 所示。

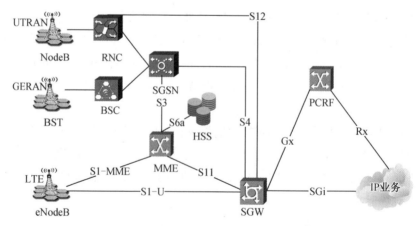

图 7－6　SGW 和 PGW 合设组网结构图[②]

①　EDGE 全称为 enhanced data rates for global evolution of GSM and IS－136。
②　UTRAN 为通用电信无线接入网，全称为 universal telecommunication radio access network。GERAN 为 GSM/EDGE 无线接入网，全称为 GSM/EDGE radio access network。

（2）SGW 和 PGW 分设组网

在 EPS 系统部署中期,PGW 的容量会随用户数量的增长而出现瓶颈,SGW 和 PGW 的业务处理能力与设备资源需求的矛盾凸显;随着 LTE 网络的覆盖越来越广,LTE 内的切换、2G/3G 与 LTE 之间的系统切换、Non-3GPP 与 LTE 之间的系统切换等移动性需求急剧增加,导致 SGW 和 PGW 的信令处理负荷激增。为解决上述业务需求和移动性需求与 SGW 和 PGW 性能的矛盾问题,将 SGW 和 PGW 分离:将 SGW 作为接入锚点,进行接入侧信令和数据的处理,完成信令切换处理;将 PGW 作为业务锚点,完成 IP 地址分配、深度报文检测、内容计费、在线计费、业务策略控制、防火墙和网络地址转换等业务处理。SGW 和 PGW 分设组网结构图如图 7-7 所示。

3. EPC 漫游结构

一个国家内由一个运营商运营的网络叫作公用陆地移动网(PLMN)。当用户拜访地 PLMN 和归属地 PLMN 不一致时,用户就处于漫游状态。漫游到拜访的网络时,用户连接的是拜访网络的 E-UTRAN、MME 和 SGW。根据漫游状态时接入 PDN 的方式不同,EPC 漫游结构可以分为 Home Routed 和 Local Breakout 两种。

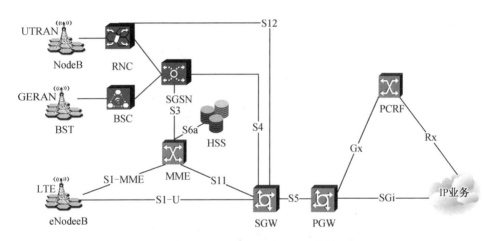

图 7-7　SGW 和 PGW 分设组网结构图

（1）Home Routed

Home Routed 是指通过归属网络接入互联网,如图 7-8 所示。其在归属地 PGW 接入网络,由拜访网络提供接入连接,由归属地网络提供外部网络接入功能,保证漫游和非漫游场景中的用户得到的业务、计费、策略和计费控制策略的一致性。

（2）Local Breakout

Local Breakout 允许用户直接在拜访网络内用“本地越狱(local breakout)”的方式连接互联网,如图 7-9 所示。其在拜访地直接接入 PGW,可以节省与归属地之间的传输带宽,在漫游用户和拜访网络用户通信时,可以避免用户数据在拜访地 SGW 和归属地 PGW 之间构成路由迂回,减少漫游业务的时延,给用户更好的业务体验。但是,其业务控制、策略控制以及计费相对复杂,用户面由拜访地传输,业务策略由归属地提供。

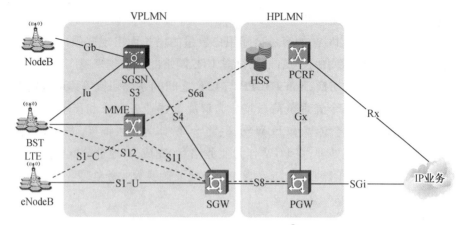

图 7 – 8 Home Routed①

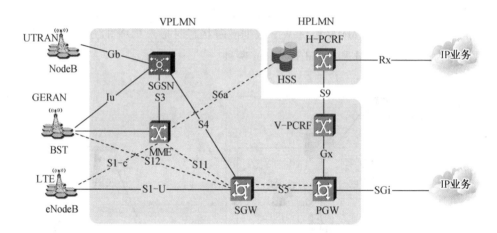

图 7 – 9 Local Breakout

7.3 LTE 接口及工作原理

不同网元之间进行信息交互所使用的就是接口协议,接口协议的架构称为协议栈。

LTE 接入侧的主要接口分为空中接口(LTE – Uu)和地面接口(eNodeB 之间的 X2 接口和 eNodeB 与核心网之间的 S1 接口)。LTE 的协议栈符合"三层两面"的整体结构。EPS 网络接口如图 7 – 10 所示。

无线制式的接口协议分为物理层、数据链路层和网络层。物理层提供两个物理实体之间可靠比特流的传送,适配传输媒体,在空中接口适配的是无线环境(时间、空间、频率等资源);数据链路层的功能是信道复用和分用、数据格式的封装、数据包调度等;网络层的功能是寻址、路由选择、链路的建立和控制、资源的配置策略等。

---

① VPLMAN 为虚拟公用陆地移动网,全称为 virtual PLMN。

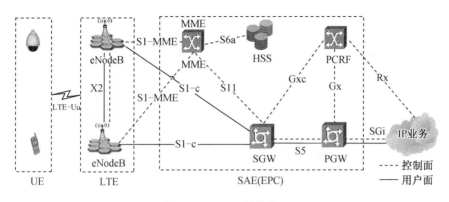

图 7-10 EPS 网络接口

LTE 接口协议从逻辑上分为控制面和用户面。控制面负责控制性消息(信令)的传输;用户面负责业务数据的传输。在 LTE 无线侧,用户面和控制面在同一个 eNodeB 物理实体上;在核心网侧,控制面由 MME 处理,用户面由 SGW 处理。

无线侧接口包括 LTE-Uu(UE-eNodeB)、S1-U(eNodeB-SGW)、S1-MME(eNodeB-MME)、X2(eNodeB-eNodeB)。

核心网侧接口包括 S10(MME-MME)、S11(MME-SGW)、S6a(MME-HSS)、Gx(PGW-PCRF)、Gxc(SGW-PCRF)、Rx(PCRF—P-CSCF)、S5(SGW-PGW)、SGi(PGW-PDN)。

7.3.1 LTE 核心网接口

1. S6a 接口

S6a 接口属于控制面接口,位于 MME 和 HSS 之间,用于传递 UE、鉴权信息、签约信息、位置信息等内容。S6a 协议栈如图 7-11 所示。

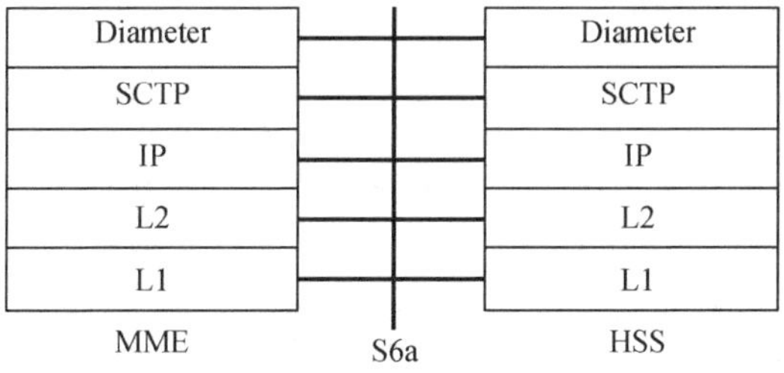

Diameter		Diameter
SCTP		SCTP
IP		IP
L2		L2
L1		L1
MME	S6a	HSS

图 7-11 S6a 协议栈

图 7-11 中,Diameter 协议用于支持 MME 与 HSS 之间传递签约及鉴权数据,用以授权用户接入 EPS 网络;流控制传输协议(stream control transmission protocol, SCTP)用于保证MME 与 HSS 之间的信令消息传递。

2. S10 接口

S10 接口属于控制面接口,位于 MME 和 MME 之间,用于传递 MME 之间的 UE 上下文(context)切换信令内容。S10 接口如图 7-12 所示,S10 协议栈如图 7-13 所示。

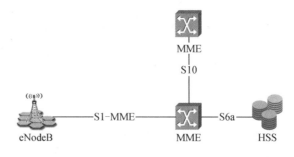

图 7 – 12　S10 接口

图 7 – 13 中的接口高层采用 GPRS 隧道协议控制面(GPRS tunnelling protocol plane,GTP – C),传递 MME 之间的信令消息。

3. S11 接口

S11 接口属于控制面接口,位于 MME 和 SGW 之间,主要用于 MME 和 SGW 之间传递承载创建、更新及删除请求和响应消息。当 UE 处于 ECM_IDLE 态时,S11 接口用于 SGW 通知 MME 寻呼 UE,恢复 S1 承载。S11 协议栈如图 7 – 14 所示,图中接口高层采用 GTP – C,主要用于传递 MME 和 PGW 间的信令消息。

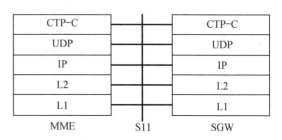

图 7 – 13　S10 协议栈　　　　　　图 7 – 14　S11 协议栈

4. S5/S8 接口

S5 接口位于 SGW 和本地 PGW 之间,S8 接口位于拜访地 SGW 和归属地 PGW 之间。S5/S8 接口为 SGW 和 PGW 之间的控制面和用户面接口。控制面接口主要用于传递承载创建、更新及删除的消息,并在 S5/S8 接口建立数据传输承载;用户面接口主要用于传递 SGW 和 PGW 之间的上、下行用户数据流。S5/S8 接口如图 7 – 15 所示,S5/S8 控制面协议栈如图 7 – 16 所示,S5/S8 用户面协议栈如 7 – 17 所示。

图 7 – 16 中,S5/S8 控制面协议栈接口采用 GTP – C 协议,传递 SGW 与 PGW 间的信令。图 7 – 17 中,S5/S8 用户面协议栈接口采用 GTP – U 协议,传递 SGW 与 PGW 间的上、下行用户数据。

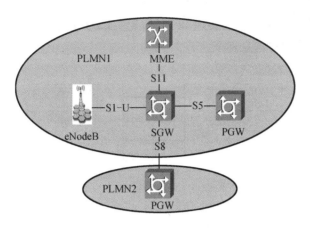

图 7 - 15 S5/S8 接口

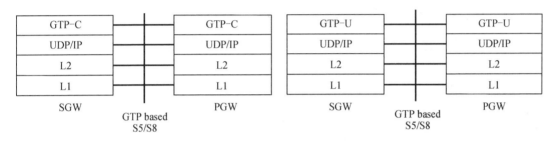

图 7 - 16 S5/S8 控制面协议栈   图 7 - 17 S5/S8 用户面协议栈

5. Gx/Gxc

Gx 接口位于 PGW 与 PCRF 之间,Gxc 接口位于 SGW 和 PCRF 之间。Gxc 接口仅用于 S5/S8 接口采用代理移动 IP(proxy mobile IP,PMIP)协议的情况下,否则 Gxc 接口不被使用。这主要是因为 PMIP 不能传输 QoS 信息。Gx/Gxc 协议栈如图 7 - 18 所示。

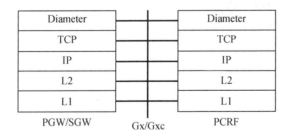

图 7 - 18 Gx/Gxc 协议栈

6. SGi 接口

SGi 接口位于 PGW 和外部 PDN 之间,可实现 PGW 与外部 PDN 间的通信,用于传递用户访问外网的业务数据;可作为 PGW 和 AAA 服务器(AAA 指 authentication authorization accounting,即验证、授权与记账)的接口,用于鉴权和计费控制信息。SGi 协议栈如图 7 - 19 所示,图中的 RADIUS 用于 PGW 和外置 AAA 服务器之间传递认证和计费信息;DHCPv4 用于 PGW 和外置 DHCP 服务器之间传递 IP 地址信息;L2TP 用于在 PGW 和企业路由器之间构建 L2TP 隧道,保护用户信息安全。

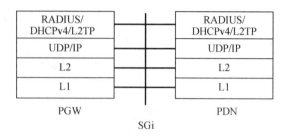

图 7 - 19　SGi 协议栈

7.3.2　核心网的工作原理

1. 典型业务流程

(1) 典型业务分组(图 7 - 20)

①第一步:用户完成到 MME 的注册;MME 为用户选择一个服务网关 SGW 和 PDN 网关 PGW,并分配资源。PGW 会给 UE 分配一个 IP 地址。当一切准备就绪后,MME 会发 Accept 消息给 UE,给 UE 建立好相关承载通道。

②第二步:UE 使用核心网分配的 IP 地址和第一步建立的承载网络,如互联网。

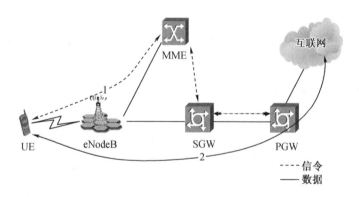

图 7 - 20　典型分组业务

(2) 典型语音业务(图 7 - 21)

①第一步:VoLTE 终端通过开机,完成 EPC 和 IMS 的网络注册,并建立 IMS 默认承载。

②第二步:UE 通过 IMS 承载,向被叫 UE 发送邀请。被叫信息会被封装进会话初始协议(session initiation protocol,SIP)消息中。

③第三步:IMS 网络通过域选试图找到被叫方,在主、被叫之间完成语音业务专有承载的建立。

④第四步:通过语音业务专有承载通道,主、被叫 UE 就可以进行通话了。

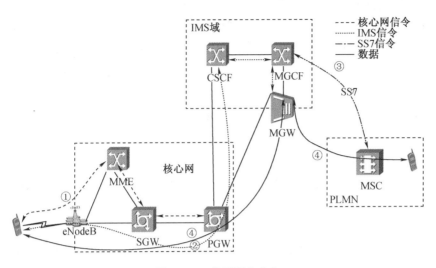

图7-21 典型语音业务

2.EPC 网络标识

(1)全球唯一临时 UE 标识(global unique temporary UE identifier,GUTI)

GUTI 可在 EPC 系统中给用户提供一个唯一的临时标识,用来保护用户的永久标识,唯一标识 UE,减少 IMSI、IMEI 等用户私有参数暴露在网络传输中。GUTI 同时也能标识给用户提供的 MME 和网络。GUTI 由 MME 分配给用户,储存在 UE 和 MME 里。在跨 MME 做跟踪区域更新的过程中,新 MME 会根据 UE 上报的 GUTI 构建完整性域名(fully qualified domain name,FQDN),通过域名系统(domain-name system,DNS)解析,选择合适的旧 MME 来获取 UE 上下文信息。GUTI 标识如图7-22所示。

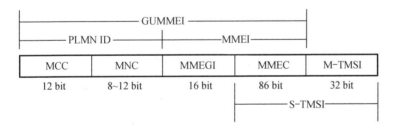

图7-22 GUTI 标识

GUTI 由 GUMMEI 和 M-TMSI 构成,其中,全球唯一移动性管理实体标识(global unique MME identity,GUMMEI)是全球唯一的 MME 标识,由公共陆地移动网 ID(public land mobile network ID,PLMN ID)和 MMEI 构成。PLMN ID 由 MMC 和 MNC 构成,其中,MCC 是移动用户所属国家代码,我国 MCC 规定为460;MNC 为移动网号码,与 MCC 相结合,表示唯一的一个移动设备的网络运营商,由移动用户所在国家分配,中国移动系统使用00,02,04,07,中国联通系统使用01,06,09,中国电信 CDMA 系统使用03,05,中国电信 4G 使用11;MMEI(MME identifier)是 MME 标识,由 16 bit 的 MMEGI(MME group ID,即 MME 标识组)和8 bit 的 MMEC(MME code,即 MME 编号)构成,其中,MMEGI 在一个 PLMN 内是唯一的,MMEC

在一个 MME group 中是唯一的;临时用户标识(MME-temporary mobile subscriber identity, M – TMSI)可唯一识别 MME 中的 UE,随机产生;MMEC 和 M – TMSI 构成临时 UE 识别号 (SAE-temporary mobile subscriber identity,S – TMSI),由 MME 分配 S – TMSI,如果多个 UE 的 随机接入过程冲突,每个 UE 用自己的 S – TMSI 作为自己的竞争决议标识。

(2)跟踪区域标识(tracking area identity,TAI)

TAI 用于在 EPC 中唯一标识一个跟踪区域(tracking area,TA)。在附着过程中,MME 根 据 TAI 的 FQDN,通过域名解析选择合适的 SGW。

TAI 由 PLMN ID 和跟踪区域码(tracking area code,TAC)构成。TAC 的长度为 16 bit, TAI 的总长度为 36 ~ 40 bit。TAI 标识如图 7 – 23 所示。TA 列表(TA list,TAL)中包括若干 TA。当一个用户在属于同一个 TA List 的 TA 之间移动时,不触发 TA 更新流程,寻呼的时候 是给属于同一 TA List 的全部 TA 下发寻呼;在附着接受、TAU 接受、GUTI 重分配消息中, MME 把列表发给 UE。

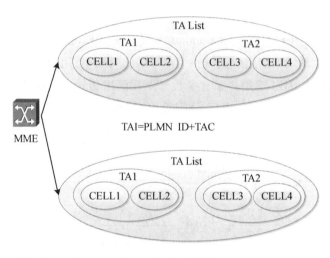

图 7 – 23　TAI 标识

3. 移动性管理流程

(1)用户状态管理

①EPS 移动性管理(EPS mobility management,EMM)

EMM 状态描述了移动性管理流程产生的移动性管理状态,EMM 状态机转换图如图 7 – 24 所示。

在 EMM_DEREGISTERED 状态下,UE 对 MME 为不可到达,原因是 EMM 上下文中不包 含用户的有效位置和路由信息,UE 的部分上下文仍可保存在 UE 和 MME 中,避免每次附着 时发起鉴权过程,即认证和密钥协商(authentication and key agreement,AKA)过程。

图 7-24　EMM 状态机转换图

用户可以通过一次成功的 ATTACH 附着或 TAU 流程来进入 EMM_REGISTERED 状态,该状态下 MME 知道 UE 的确切位置或用户所在的 TA List。

②EPS 连接管理(EPS connection management,ECM)

ECM 状态描述了 UE 和 EPC 之间的信令连接状态,其状态机转换图如图 7-25 所示。

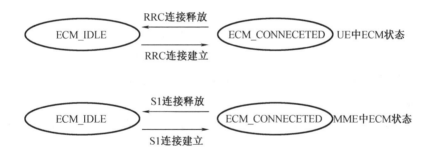

图 7-25　ECM 状态机转换图

用户与网络没有 NAS 信令连接时,用户进入 ECM_IDLE 状态,UE 在 eNodeB 内没有上下文,同时也没有 S1-MME 和 S1-U 连接。

在 ECM_CONNECTED 状态下,UE 和网络存在 NAS 信令连接,有上下文;MME 将会知道为处于此状态下 UE 服务的 eNodeB 的 eNodeB ID。

EMM 状态和 ECM 状态是相互独立的,从 ECM_REGISTERED 到 ECM_DEREGISTERED 转换时,不需要考虑 ECM 状态,但从 ECM_IDLE 到 ECM_CONNECTED 转换时,UE 必须位于 EMM_REGISTERED 状态。

(2)上下文管理

图 7-26 展示了网络中各个设备所保存的移动管理(mobility management,MM)上下文

和 EPS 承载上下文(bearer context)信息。MM 上下文包含国际移动用户标识符、移动台国际 ISDN 号码(mobile station international ISDN number, MSISDN)、鉴权参数、TAI、签约参数等;EPS 承载上下文包括承载相关的信息(UE 的 IP 地址、PGW 的 IP 地址、SGW 的 IP 地址等)。

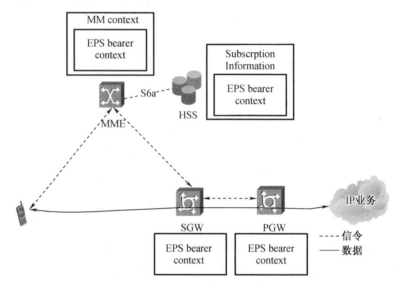

图 7-26　MM 上下文和 EPS 承载上下文

(3)Attach 附着流程

①功能

Attach 附着流程将 UE 注册到 EPS 网络,网络附着的过程会建立一个默认的 IP 连接的 EPS 承载;在 MME 和 UE 中将创建该用户的 MME 上下文和 EPS 承载上下文,在 SGW 和 PGW 中将创建该用户的 EPS 承载上下文。附着流程图如图 7-27 所示。

②信令流程

a. UE 向 eNodeB 发送 Attach Request 消息,包含 RRC 参数;eNodeB 把消息转发到 MME。

b. 如果 UE 使用 GUTI 标识自己,则 MME 通过 DNS 解析 GUTI,得到旧 MME/SSGN 的 IP 地址,并且向旧 MME/SGSN 发送 Identification Request 消息请求 UE 的 IMSI。

c. 如果新、旧 MME 都无法获得 UE 的 IMSI,则新 MME 向 UE 发送 Identity Request 消息,而 UE 通过 Identity Response 上报自己的 IMSI。

d. MME 对 UE 进行鉴权(可选)。

e. 若上次分离后 MME 发生变化,则新 MME 向 HSS 发送 Update Location Request 消息。

f. HSS 向旧 MME 发送 Cancel Location 消息;旧 MME 通过 Cancel Location Ack 进行确认,并且删除 UE 的 MME 上下文以及承载上下文。

g. HSS 通过向新 MME 发送 Update Location Ack 消息,对新 MME 向 HSS 发送的 Update Location Request 消息进行确认,同时,用户的签约数据也包含在这条消息里被发送给 MME。

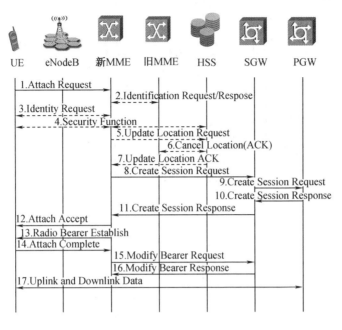

图7－27　附着流程图

h. 新 MME 通过 SGW 选择流程选择一个 SGW,为 UE 分配 EPS 默认承载 ID,向 SGW 发送 Create Session Request 消息。

i. SGW 记录该 UE 的默认承载 ID,并向 PDN GW 发送 Create Session Request 消息。

j. PGW 记录该承载 ID,并用于生成计费 Charging ID,并且把 Charging ID 通过 Create Session Response 消息发送给 SGW。

k. SGW 向 MME 返回 Create Session Response 消息。

l. MME 向 eNodeB 发送包含 Attach Accept 消息的 Initial Context Setup Request 消息。

m. UE、eNodeB 和 MME 建立无线侧承载。

n. UE 向 MME 发送 Attach Complete 消息。当 UE 获得了 IP 地址后,UE 就可以向 eNodeB 发送上行的用户数据了,这些数据会通过 GTP 隧道发送给 SGW 以及 PDN GW。

o. MME 向 SGW 发送 Modify Bearer Request 消息。

p. SGW 使用 Modify Bearer Response 消息进行确认。SGW 可以向 eNodeB 发送下行数据。

(4)TAU 位置更新流程

根据 TAU 发起的场景不同,TAU 位置更新分为周期性位置更新(周期性 TAU 定时器超时)和 UE 检测出所处的 TA 超出了 MME 分配给 UE 的 TA List 两类。

根据 MME 和 SGW 位置不同,TAU 位置更新分为 UE 所属的 MME 和 SGW 都没有改变、UE 所属的 MME 未改变但该 TA 所属的 SGW 发生变化、UE 所属的 MME 发生变化但该 TA 所属的 SGW 没有发生改变以及 UE 所属的 MME 和 SGW 都改变了 4 类。

根据 UE 状态不同,TAU 位置更新分为空闲态和连接态两类。

①随 SGW 改变的 TAU 更新流程

随 SGW 改变的 TAU 更新流程如图 7－28 所示。

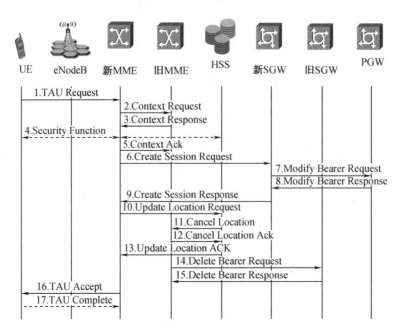

图 7－28　随 SGW 改变的 TAU 更新流程

具体流程如下。

a. UE 向 eNodeB 发送包含了 RRC 参数及旧 MME ID 的 TAU Request 消息;eNodeB 把此消息转发到新 MME。

b. 新 MME 使用 UE 上报的 GUTI 标识获得旧 MME 的 IP 地址,并向旧 MME 发送用来获得用户信息的 Context Request。

c. 旧 MME 使用 Context Response 消息返回用户信息。

d. MME 对 UE 进行鉴权(可选)。

e. 当旧 SGW 不能继续服务 UE 的时候,新 MME 重新定位 SGW,向旧 MME 发送 Context Ack 消息;旧 MME 收到 Context Ack 消息后只将 UE 上下文中的 SGW、PGW 和 HSS 标识为无效但并不删除。

f. MME 选择一个新 SGW。每个 PDN 连接都向新 SGW 和 PGW 发送一个 Create Session Request 消息,显示在承载上下文里。

g. 如果无线接入技术(radio access technology,RAT)变化或者新 SGW 从 MME 收到用户位置标识(user location identifier,ULI)信元、用户非开放用户群(closed subscriber group,CSG)信息信元,新 SGW 需向 PGW 发送 Modify Bearer Request 消息来通告收到的信元信息。

h. PGW 更新自己的上下文,并向新 SGW 返回 Modify Bearer Response 消息。

i. 新 SGW 更新自己上下文,返回 Create Session Response 消息给新 MME。

j. 新 MME 向 HSS 发送表明 MME 已经改变的 Update Location Request 消息。

k. HSS 向旧 MME 发送类型为更新流程的 Cancel Location 消息。

l. 旧 MME 收到 Cancel Location 消息后,删除 MME 上下文以及承载上下文,并使用

Cancel Location Ack 消息进行确认。

m. HSS 收到 Cancel Location Ack 消息后,向新 MME 发送 Update Location Ack 消息对 Update Location Request 消息进行确认。

n. 旧 MME 向旧 SGW 发送 Delete Session Request 消息。

o. 旧 SGW 向旧 MME 发送 Delete Session Response 应答消息,并丢弃所有 UE 的缓存数据包。

p. 新 MME 向 UE 发送 TAU Accept 消息。

q. 如果 GTUI 有变化,UE 使用 TAU Complete 消息向新 MME 进行确认。

②SGW 无变化的 TAU 更新流程

SGW 无变化的 TAU 更新流程如图 7 – 29 所示。

具体流程如下:

a. UE 向 eNodeB 发送包含了 RRC 参数以及旧 MME ID 的 TAU Request 消息;eNodeB 把此消息转发到新 MME。

b. 新 MME 使用 UE 上报的 GUTI 标识获得旧 MME 的 IP 地址,并向旧 MME 发送用来获得用户信息的 Context Request。

c. 旧 MME 使用 Context Response 消息返回用户信息。

d. MME 对 UE 进行鉴权(可选)。

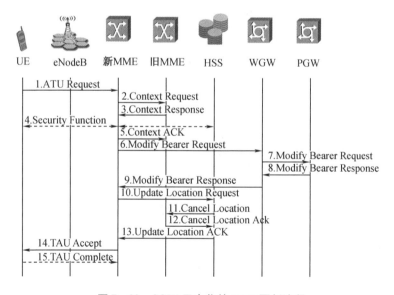

图 7 – 29 SGW 无变化的 TAU 更新流程

e. 新 MME 向旧 MME 发送 Context Ack 消息;旧 MME 收到 Context Ack 消息后只将 UE 上下文中的 SGW、PGW 和 HSS 标识为无效但并不删除。

f. 新 MME 向 SGW 发送包含 PGW 地址的 Modify Bearer Request 消息。

g. 如果无线接入技术变化或者 SGW 从 MME 收到 ULI 信元、用户 CSG 信息信元,SGW 需向 PGW 通告 Modify Bearer Request 消息。

h. PGW 更新自己的上下文,并向 SGW 返回 Modify Bearer Response 消息。

i. SGW 更新自己上下文,返回 Create Session Response 消息给 MME。

j. 新 MME 向 HSS 发送表明 MME 已经改变的 Update Location Request 消息。

k. HSS 向旧 MME 发送类型为更新流程的 Cancel Location 消息。

l. 旧 MME 收到 Cancel Location 消息后,删除 MME 上下文及承载上下文,并使用 Cancel Location Ack 消息进行确认。

m. HSS 收到 Cancel Location Ack 消息后,向新 MME 发送 Update Location Ack 消息对 Update Location Request 消息进行确认。

n. 新 MME 向 UE 发送 TAU Accept 消息。

o. 如果 GTUI 有变化,UE 使用 TAU Complete 消息向新 MME 进行确认。

(5)Detach 分离流程

Detach 分离的场景:UE 从 EPS 服务分离;UE 断开与最后一个 PDN 的连接;网络通知 UE 不能再接入 EPS。

Detach 分离的方式:显示分离(网络侧或 UE 主动请求分离,同时发起一方会主动通知另一方);隐式分离(网络侧分离 UE,并不通知 UE)。

Detach 分离的分类:UE 发起的分离流程;MME 发起的分离流程;HSS 发起的分离流程。

UE 发起的分离信令流程如图 7 – 30 所示。

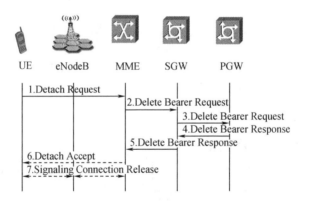

图 7 – 30 UE 发起的分离信令流程

分离流程如下。

a. UE 向 MME 发送 Detach Request 消息请求分离;eNodeB 负责将 UE 的 TAI、ECGI 等位置信息和请求分离消息转发给 MME。

b. MME 发送 Delete Bearer Request 消息给 SGW,请求 SGW 将该用户的所有活动 EPS 承载激活。

c. SGW 收到 Delete Bearer Request 消息后,释放相关的 EPS 承载上下文,并将 Delete Bearer Request 消息发送给 PGW。

d. PDN 删除用户相关信息,使用 Delete Bearer Response 消息向 SGW 进行确认。

e. SGW 收到响应后,使用 Delete Bearer Response 消息向 MME 进行确认。

f. 如果 UE 分离不是由关机引起的,则 MME 向 UE 发送 Detach Accept 消息。

g. MME 发送 S1 Release 给 eNodeB,释放 S1 – MME 接口上 UE 的信令连接。

（6）鉴权流程

鉴权参数为 RAND、AUTN、XRES、KASME。RAND 是网络提供给 UE 的不可预知的随机号码,长度为 16 Octets（八比特组）;AUTN 提供信息给 UE,UE 用它对网络进行鉴权,长度为 17 Octets;XRES 是期望的 UE 鉴权响应参数,用于和 UE 产生的 RES（或 RES + RES_EXT）进行比较,以决定鉴权是否成功,长度为 4 ~ 16 Octets;KASME 根据 CK/IK 以及 ASME 的 PLMN ID 推演得到根密钥,长度为 32 Octets。鉴权流程如图 7 – 31 所示。

图 7 – 31　鉴权流程

具体流程如下。

a. MME 向 HSS 发送包含 IMSI、SN Identity、Network Type 信息的 Authentication Data Request 消息。

b. HSS 向 MME 返回携带 MME Security Contexts 鉴权四元组的 Authentication Data Response 消息。

c. MME 向 UE 发送携带 RAND 和 AUTN 信息的 User Authentication Request 消息。

d. UE 对 AUTN 进行验证,使用 RAND 计算出 RES,向 MME 发送 User Authentication Response 消息。MME 比较 RES 和 XRES,如果相同则鉴权通过;否则 MME 重新发起鉴权或者拒绝 UE 附着。

（7）安全架构流程

安全架构示意图如图 7 – 32 所示,MME 和 UE 执行 NAS 信令加密和完整性保护,eNodeB 和 UE 执行 RRC 信令加密和完整性保护。

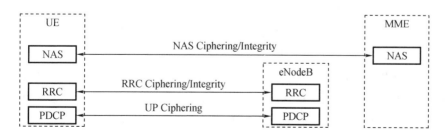

图 7 – 32　安全架构示意图

安全架构流程如图 7-33 所示。

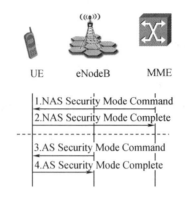

图 7-33　安全架构流程

具体流程如下。

a. MME 向 UE 发送包含 MME 支持的加密和完整性保护算法以及 UE 安全能力(UE Security Capabilities)的 NAS Security Mode Command(安全模式命令,简称"SMC")消息。

b. UE 根据 Security Mode Command 消息中的 Selected NAS Security Algorithms 信元计算出 KnasEnc 和 KnasInt 密钥,并校验信元 UE Security Capabilities 和 KSI 是否合法。如合法,回复 MME NAS Security Mode Complete 消息;否则返回 Security Mode Reject 消息。

c. eNodeB 向 UE 发送包含 eNodeB 支持的加密和完整性保护算法以及 UE 安全能力的 AS Security Mode Command 消息。

d. UE 向 eNodeB 返回 AS Security Mode Complete 消息,完成加密和完整性保护算法的协商。

4. 会话管理(session management,SM)流程

(1)相关概念

①PDN 连接:一个分配了特定 IPv4 或 IPv6 前缀的 UE 和一个特定 PDN 之间的逻辑连接,如图 7-34 所示。EPS 可以支持 UE 同时跟多个外部 PDN 通过相同或不同的 PGW 进行数据传输。UE 的多 PDN 连接功能的使用受网络策略的制约,需要在用户的签约数据中预先定义。EPS 支持 UE 发起的连接建立流程,支持多 PDN 连接;UE 也可以发起释放任一 PDN 连接。UE 上同时激活的多个 PDN 连接,如果使用的是相同 APN,则这些 PDN 连接使用同一个 PGW。每个 PDN 连接对应一个默认承载。

②EPS 承载:在 UE 和 PDN 之间建立的一条传输 IP 流量包的逻辑通道,如图 7-35 所示。一个 PDN 连接包括一个默认 EPS 承载和若干个专有 EPS 承载。当 UE 连接到 PDN 时,会建立一个 EPS 承载,即默认承载,提供该 PDN 的永久性连接;其余该 PDN 的 EPS 承载就是专有 EPS 承载。每个 EPS 承载由 LTE-Uu 接口的无线承载、S1-U 接口的 S1 承载和 S5/S8 接口的 S5/S8 承载构成,有一个取值为 5~15 的 EPS Bearer ID。

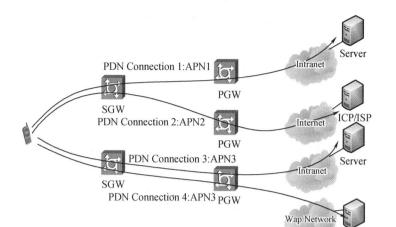

图 7 – 34 PDN 连接

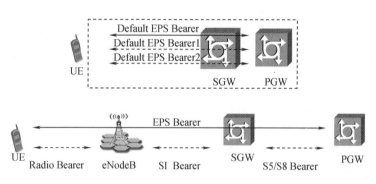

图 7 – 35 EPS 承载

（2）流程分类

EPS 承载流程包括承载激活流程、承载修改流程、承载去激活流程。UE 请求的承载激活流程仅适用于专有承载；PGW 请求的承载激活流程适用于默认承载和专有承载。UE 请求的承载修改流程仅适用于专有承载；PGW 发起的伴随 QoS 改变的承载修改流程适用于默认承载和专有承载；HSS 发起的签约 QoS 承载修改流程适用于默认承载和专有承载；PGW 发起的 QoS 不变的承载修改流程适用于默认承载和专有承载。UE 请求的承载去激活流程仅适用于专有承载；PGW 请求的承载去激活流程适用于默认承载和专有承载；MME 请求的承载去激活流程仅适用于专有承载。

PDN 连接管理流程包括 UE 请求的 PDN 连接建立和 UE 或者 MME 请求的 PDN 连接释放。

（3）信令流程

①PGW 发起的专有承载激活流程

PGW 发起的专有承载激活流程如图 7 – 36 所示。

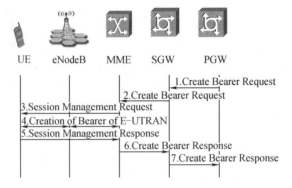

图 7 – 36   PGW 发起的专有承载激活流程

该流程的背景：一是 UE 已经存在一条默认承载；二是 PGW 响应 MME 或 PCRF 请求发起专有承载激活。具体流程如下。

a. UE 中的业务需要建立专有承载的时候，PGW 根据策略和计费控制规则确定专有承载的 QoS 和 Charging ID，向 SGW 发送 Create Bearer Request 消息。

b. SGW 向 MME 发送 Create Bearer Request 消息。如果 UE 处于 ECM_IDLE 状态，SGW 将发起网络触发的业务请求流程。

c. MME 选择一个 EPS Bearer ID，向 UE 发送 Session Management Request 消息。

d. UE、eNodeB 和 MME 建立无线侧专有承载。

e. UE 向 MME 发送确认承载建立的 Session Management Response 消息。

f. MME 向 SGW 发送确认承载建立的 Create Bearer Response 消息。

g. SGW 向 PGW 发送确认承载建立的 Create Bearer Response 消息。

②PGW 发起的伴随 QoS 改变的承载修改流程

PGW 发起的伴随 QoS 改变的承载修改流程如图 7 – 37 所示。

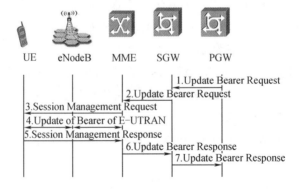

图 7 – 37   PGW 发起的伴随 QoS 改变的承载修改流程

该流程的背景：一是 MS 下载文件传送协议（file transfer protocol，FTP）文件，下载完成后由终端在专有承载老化以前又发起一个相同的 QCI&ARP 的流媒体业务，于是 PGW 发起伴随 QoS 改变的承载修改过程；二是 PCRF 发送针对在线用户的 IP – SCAN Modification（QCI、

GBR、MBR 或 ARP[①] 改变)消息,使 PGW 发起伴随 QoS 改变的承载修改过程。具体流程如下。

a. 由于 QCI、GBR、MBR 或 ARP 改变,PGW 向 SGW 发送一个 Update Bearer Request 消息。

b. SGW 向 MME 发送 Update Bearer Request 消息。如果 UE 处于 ECM_IDLE 状态,SGW 将发起网络触发的业务请求流程。

c. MME 建立一个流程事务标识(procedure transaction ID,PTI)、EPS 承载 QoS 参数、UL TFT、APN – AMBR 和 ESP 承载 ID 的 Session Management Configuration 信元,然后向 UE 发送一个携带 EPS 承载 Identify、EPS 承载 QoS、Session Management Configuration 和 UE – AMBR 信息的 Session Management Request 消息。

d. UE、eNodeB 和 MME 修改无线侧承载。

e. UE 向 MME 发送 Session Management Response 消息。

f. MME 向 SGW 发送确认承载修改的 Update Bearer Response 消息。

g. SGW 向 PGW 发送确认承载修改的 Update Bearer Response 消息。

③PGW 发起的承载去激活流程

PGW 发起的承载去激活流程如图 7 – 38 所示。

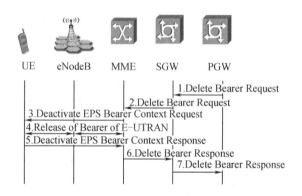

图 7 – 38　PGW 发起的承载去激活流程

该流程的背景:一是可用于去激活一个专有承载或者去激活属于同一个 PDN 地址(UE 的 IP 地址)的所有承载;二是如果属于某个 PDN 连接的默认承载被去激活,PGW 将去激活所有属于该 PDN 连接的承载。具体流程如下。

a. PGW 向 SGW 发送一个 Delete Bearer Request 消息。

b. SGW 向 MME 发送 Delete Bearer Request 消息。

c. MME 向 UE 发送一个携带 EPS 承载标识信息的 Deactivate EPS Bearer Context

---

① QCI 为 QoS 等级标识,全称为 QoS class identifier。GBR 为保证比特速率,全称为 guaranteed bit rate。MBR 为最大比特速率,全称为 maximum bit rate。ARP 为分配和保持优先级,全称为 allocation and retention priority。

Request 消息。

d. UE、eNodeB 和 MME 释放无线侧承载。

e. UE 向 MME 发送 Deactivate EPS Bearer Context Accept 消息。

f. MME 删除去激活承载相关的承载上下文信息,向 SGW 发送确认承载去激活的 Delete Bearer Response 消息。

g. SGW 从 MME 收到 Delete Bearer Response 消息后,删除去激活承载相关的承载上下文信息,向 PGW 发送确认承载去激活的 Delete Bearer Response 消息。

④UE 请求的承载资源修改流程

UE 请求的承载资源修改流程如图 7 - 39 所示。

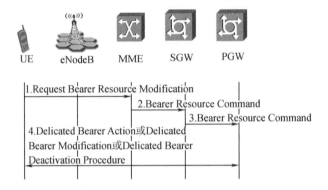

图 7 - 39   UE 请求的承载资源修改流程

该流程的背景:一是 UE 请求的承载资源修改流程允许 UE 请求修改或释放相关的承载资源,当 UE 已经存在一个到 PDN 的连接时,可以使用该流程;二是如果网络接受了 UE 请求,该请求将调用专有承载激活流程、专有承载修改流程或 PGW 发起的承载去激活流程。具体流程如下。

a. UE 向 MME 发送携带用于表明额外承载资源对应 PDN 的 LBI(linked bearer ID)、PTI、QoS、用于表明本次请求操作的 TAD 和 Protocol Configuration Option 等参数信息的 Request Bearer Resource Modification 消息。

b. MME 向 SGW 发送 Bearer Resource Command 消息。

c. SGW 向 PGW 发送 Bearer Resource Command 消息。

d. PGW 发起专有承载激活/修改/去激活流程。

⑤UE 请求的 PDN 连接建立流程

UE 请求的 PDN 连接建立流程如图 7 - 40 所示。

该流程的背景:一是 UE 已经有一个默认承载;二是通过 PDN 连接建立流程再建立一条到其他 PDN 的连接。具体流程如下。

a. UE 向 MME 发送发起建立 PDN 的 PDN Connectivity Request 消息。

b. MME 为 UE 分配承载 ID,向 SGW 发送 Create Session Request 消息。

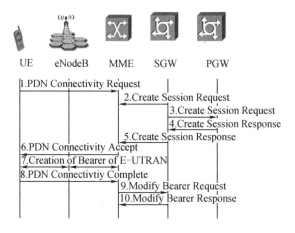

图7-40　UE请求的PDN连接建立流程

c. SGW 记录 UE 承载 ID,向 PGW 发送 Create Session Request 消息。

d. PGW 为该 PDN 连接分配一个 Charging ID,向 SGW 发送 Create Session Response 消息进行确认。

e. SGW 返回 Create Session Response 消息给 MME。

f. MME 向 UE 发送 PDN Connectivity Accept 消息。

g. UE、eNodeB 和 MME 建立无线侧专有承载。

h. UE 向 MME 发送 PDN Connectivity Complete 消息。

i. MME 向 SGW 发送 Modify Bearer Request 消息。

j. SGW 向 MME 发送 Modify Bearer Response 消息进行确认,之后可以发送用户下行数据。

⑥UE 请求的 PDN 连接释放流程

UE 请求的 PDN 连接释放流程如图 7-41 所示。

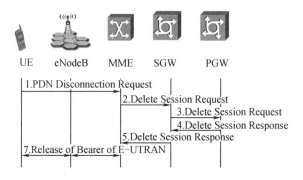

图7-41　UE请求的PDN连接释放流程

该流程的背景:一是 UE 已经有一个默认承载;二是通过 PDN 连接释放流程可以释放特定 PDN 的所有 EPS 承载。具体流程如下。

a. UE 向 MME 发送发起 PDN 释放流程的 PDN Disconnection Request 消息。

b. MME 向 SGW 发送 Delete Session Request 消息。

c. SGW 向 PGW 发送 Delete Session Request 消息。

d. PGW 去激活相关承载,向 SGW 发送 Delete Session Response 消息进行确认。

e. SGW 向 MME 发送 Delete Session Response 消息进行确认。

f. UE、eNodeB 和 MME 释放无线侧承载。

7.3.3 LTE 接入侧接口

LTE 接入侧的主要接口分为空中接口 LTE - Uu 和地面接口。其中,地面接口是指 eNodeB 之间的 X2 接口和 eNodeB 与核心网之间的 S1 接口。具体接入侧接口如图 7-42 所示。

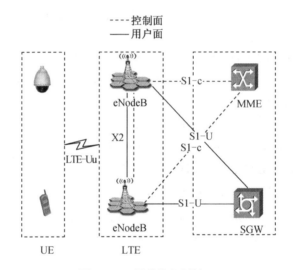

图 7-42　具体接入侧接口

1. 空中接口协议栈

LTE 空中接口被称为 LTE - Uu,是终端和接入网之间的接口,用于建立、重配置和释放各种无线承载业务。空中接口协议栈从逻辑上分为用户面协议栈和控制面协议栈,如图 7-43 所示。

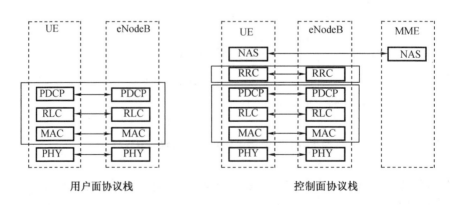

图 7-43　空中接口协议栈

空中接口的特点如下：

（1）利用重传、编码等技术确保无线发送的可靠性。

（2）利用 MAC 动态决定编码率、调制方式，RLC 分段/级联，适配 MAC 调度，可灵活地适配业务活动性及信道的多边性。

（3）利用 RLC 工作模式选择和 PDCP 的头压缩功能、MAC 基于优先级的调度功能等技术，实现差异化的 QoS 服务。

2. LTE 空中接口的功能分类

LTE 空中接口分为物理层、数据链路层、网络层 3 层和控制面与用户面两面。LTE 空中接口从用户面看包括 PHY、MAC、RLC 和 PDCP；从控制面看包括 PHY、MAC、RLC、PDCP、RRC 和 NAS。LTE 空中接口的功能分类如图 7 - 44 所示，一层为物理层 PHY，二层为数据链路层 MAC、RLC 和 PDCP，三层为网络层 RRC 和 NAS。

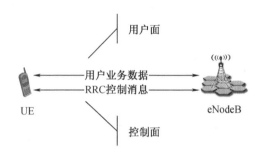

图 7 - 44　LTE 空中接口的功能分类

3. NAS

NAS 信令即非接入层（NAS）指令。非接入层指的是接入层（AS）的上层。AS 定义了与无线接入网相关的信令流程和协议。NAS 协议实体位于 UE 和 MME 内，主要负责 NAS 的管理和控制，实现的功能包括 EPC 承载管理、鉴权、产生 LTE_IDLE 状态下的寻呼信息、移动性管理、安全控制等。

NAS 包括上层信令和用户数据两方面。NAS 信令是在 UE 和 MME 之间传送的消息，一般包含在 RRC 信令信息里。eNodeB 不对 NAS 信令做任何处理，直接将其传输到 MME。NAS 信令消息包括 EPS 移动性管理（EMM）和 EPS 会话管理（EPS session management，ESM）。NAS 功能如图 7 - 45 所示。

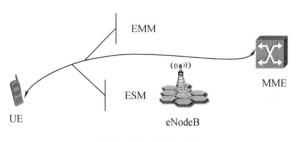

图 7 - 45　NAS 功能

EMM 的主要功能为 UE 的 Attach、Detach、TAU、GUTI 重新分配、鉴权、安全模式命令、标识过程等;ESM 的主要功能为建立和维护 UE 与 PGW 之间的 IP 连接(包括网络侧激活、去激活和修改 EPS 承载上下文),UE 请求资源(包括与 PDN 的 IP 连接、专业承载资源)。

4. RRC 层

RRC 层是 LTE 空中接口控制面的主要协议栈,用于处理 UE 与 E – UTRAN 之间的所有信令,包括 UE 与核心网之间的信令,即由专用 RRC 消息携带的 NAS 信令。携带 NAS 信令的 RRC 消息不改变信令内容,只提供转发机制。

RRC 协议实体位于 UE 和 eNodeB 网络实体内,主要负责 AS 的管理和控制,具体功能包括系统信息广播、RRC 连接管理、RB 管理、RRC 连接移动功能管理、为高层协议数据单元(protocol data unit, PDU)选路由、请求 QoS 控制、外环功率控制、加密控制、慢速动态信道分配、寻呼、空闲模式下初始小区选择和重选、上行链路 DCH 上无线资源仲裁、RRC 消息完整性保护和小区广播业务(cell broadcast servicer, CBS)控制、终端的测量和测量上报控制。RRC 层的部分功能如图 7 – 46 所示。

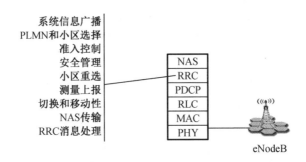

图 7 – 46　RRC 层的部分功能

5. PDCP 层

PDCP 层在网络侧终止于 eNodeB,在控制面完成对 RRC 和 NAS 信令消息的加密/解密和完整性保护等;在用户面只进行加密/解密,不进行完整性保护。PDCP 层对用户面的 IP 数据报文进行头压缩以提高空口效率,支持排序和复制检测功能。PDCP 层功能如图 7 – 47 所示。

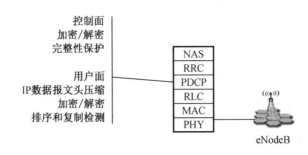

图 7 – 47　PDCP 层功能

6. RLC 层

RLC 层在网络侧终止于 eNodeB,在控制面和用户面执行的功能没有区别,主要提供无线链路控制功能。RLC 对高层数据包进行大小适配,并通过确认的方式保证可靠传递,包含透明模式(transparent mode,TM)、非确认模式(unacknowledged mode,UM)和确认模式(acknowledged mode,AM)3 种传输模式,实现的具体功能包括纠错、分割/重组(将长度不同的高层协议数据单元分割并重组为较小的 RLC 负荷单元)、级联(当一个 RLC 服务数据单元的内容不能填满一个完整的 RLC 协议数据单元时,将下一个 RLC 服务数据单元的第一段也放在这个负荷中)、填充(当 RLC 服务数据单元的内容不能填满一个完整的 RLC 协议数据单元且无法进行级联时,可以将剩余的空间用填充比特来填满)、复制检查(检查所接收到 RLC 协议数据单元,并保证向高层只递交一次)、数据的重排序(RLC 按照高层协议数据单元递交下来的顺序进行发送)、流量控制(由 RLC 接收端对另一侧 RLC 发送端的发送速率进行控制)、协议错误检测与恢复(检测 RLC 协议的错误并进行恢复)、加密/解密(对数据包采用加密/解密算法进行加密/解密)、暂停/继续功能(暂停或者继续数据传输,都属于本地操作,由 RRC 通过控制接口控制)和重复检测(保证协议数据单元的完整性)等。RLC 层的部分功能如图 7 - 48 所示。

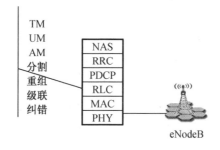

图 7 - 48　RLC 层的部分功能

下面对 RLC 层的 3 种传输模式进行简要介绍。

(1)透明模式

透明模式为实时业务而设计,适合于对时延敏感、对错误不敏感、没有反馈消息、无须重传的实时业务。其用于某些空中接口信道,如广播信道和寻呼信道,为信令提供无连接服务。

(2)非确认模式

非确认模式与透明模式大致相同,但比透明模式增加了排序、级联和分级功能。

(3)确认模式

确认模式为非实时业务而设计,适合于对时延不敏感、对错误敏感、有反馈消息、需重传的事实业务。其采用自动重传请求(automatic repeat request,ARQ)重传机制实现,需要额外的功能和参数来实现重传,增加了时延。

7. MAC 层

MAC 层实现与数据处理相关的功能,包括映射(负责将从 LTE 逻辑信道接收到的信息映射到 LTE 传输信道上)、复用(将多个 RB 复用到同一个传输块上)、HARQ 功能(为空中接口提供纠错服务)、无线资源分配调度(提供基于 QoS 的业务数据和信令的调度)等。

MAC 根据 RLC 层的需求及下层(PHY)的可用资源,动态决定资源的分配,MAC 层和 PHY 需要互相传递无线链路质量的各种指示信息以及 HARQ 运行情况的反馈信息。MAC 层功能如图 7 - 49 所示。

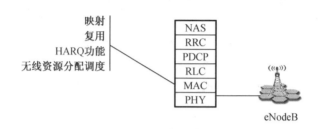

图 7 - 49   MAC 层功能

8. PHY

PHY 为数据链路层提供数据传输功能,通过传输信道为媒体访问控制层提供相应的服务,按照 MAC 层的调度,实现对数据的最终处理,如编码、MIMO、调制等。

9. LTE 地面接口

eNodeB 之间通过 X2 接口相互连接(X2 接口类似于 Iur 接口);eNodeB 通过 S1 接口连接 EPC(S1 接口类似于 Iu 接口),更确切的说法是通过 S1 接口用户面部分(S1 - U)连接 SGW,并通过 S1 控制面部分(S1 - c)连接 MME。为了达到负载分担和冗余的目的,一个 eNodeB 可以连接多个 MME/SGW。eNodeB 和 UE 之间运行的协议被称为接入层协议,它们之间通过 Uu 接口连接。和通用移动通信业务(universal mobile telecommunications service, UMTS)相比,由于 NodeB 和 RNC 融合为网元 eNodeB,因此 LTE 系统少了 NodeB 和 RNC 之间的 Iub 接口。LTE 地面接口如图 7 - 50 所示。

10. S1 接口

S1 用户面接口位于 eNodeB 和 SGW 之间,其中,S1 - U 接口提供 eNodeB 和 SGW 之间数据单元的非可靠传输。S1 用户面协议栈如图 7 - 51 所示,传输网络层建立在 IP 层之上,用户数据报协议(user datagram protocol,UDP)及 IP 之上的 GTP - U 用于携带用户面的 PDU。

S1 控制面接口(S1 - MME 或 S1 - c)位于 eNodeB 和 MME 之间。S1 控制面协议栈如图 7 - 52 所示。传输网络层利用 IP 传输层传输,为了可靠地传输信令消息,在 IP 传输层上添加了流控制传输协议(stream control transmission protocol,SCTP)。应用层的信令协议为 S1 - AP。

在 IP 传输层,PDU 的传输采用点对点方式,每个 S1 - c 实例都关联一个 SCTP,与一对流指示标记作用于 S1 - c 公共处理流程中;只有很少的流指示标记用于 S1 - c 专用处理流程中。MME 分配的针对 S1 - c 专用处理流程的 MME 通信上下文指示标记和 eNodeB 分配的针对 S1 - c 专用处理流程的 eNodeB 通信上下文指示标记,都对应特定的 UE - S1 - c 信令传输承载进行分区,通信上下文指示标记在各自的 S1 - AP 消息中单独传送。

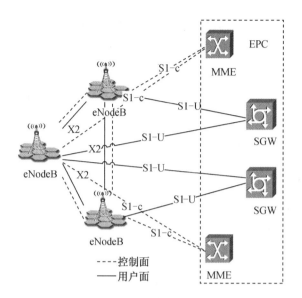

图 7 - 50　LTE 地面接口

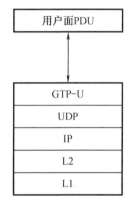

图 7 - 51　S1 用户面协议栈

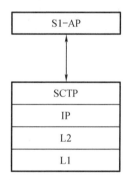

图 7 - 52　S1 控制面协议栈

S1 接口控制面的功能如下。

(1)SAE 承载管理功能(包括 SAE 承载建立、修改和释放)。

(2)连接状态下 UE 的移动性管理功能(包括 LTE 系统内切换和系统间切换)。

(3)S1 接口寻呼功能,支持向 UE 注册的所有跟踪区域内的小区中发送寻呼请求。

(4)NAS 信令传输功能,提供 UE 域核心网之间非接入层的信令透明传输。

(5)S1 接口 UE 上下文释放功能。

(6)S1 接口管理功能(包括复位、错误指示以及过载指示等)。

(7)网络共享功能。

(8)网络节点选择功能。

(9)初始上下文建立功能。

（10）漫游和接入限制支持功能。

连接接入网和核心网的 S1 接口的一个重要功能是 S1 – flex，这是一个多个核心网节点（MME/SGW）能服务于一个公共的地理区域，并通过网格（mesh）网与这个区域内所有 eNodeB 相连接的概念。这样，一个 eNodeB 有可能获得多个 MME/SGW 的服务。服务于一个公共区域的 MME/SGW 节点被称为一个 MME/SGW 池，而由这样的 MME/SGW 池覆盖的区域叫作池区域。这个概念使得由一个 eNodeB 控制的小区下的 UE 可以被多个核心网节点共享，因此提供了负载均衡的可能性，消除了核心网节点的单点故障隐患。通常情况下，只要 UE 位于一个池区域内，UE 上下文由同一个 MME 保留。

11. X2 接口

X2 接口是 eNodeB 之间的接口。它将 eNodeB 互相连接在一起，主要用于支持激活模式的移动性。该接口也可用于多小区无线资源管理功能，还可通过数据包转发方式来支持相邻小区之间的无损移动性。

X2 用户面接口是 eNodeB 之间的接口，X2 用户面协议栈如图 7 – 53 所示，E – UTRAN 的传输网络层是基于 IP 传输的，UDP/IP 之上是利用 GTP – U 来传送用户面 PDU。

X2 控制面接口是 eNodeB 之间的接口，X2 控制面协议栈如图 7 – 54 所示。传输网络层利用 IP 和 SCTP 协议，而应用层信令协议为 X2 接口应用协议 X2 – AP。

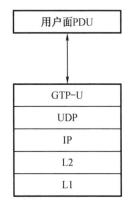

图 7 – 53　X2 用户面协议栈

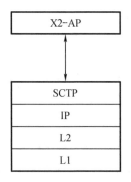

图 7 – 54　X2 控制面协议栈

12. NAS 过程

NAS 过程，特别是连接管理过程，与 UMTS 基本一致。相比于 UMTS，NAS 过程最大的变化在于 EPS 允许把一些过程串联起来，以便更快地建立连接和承载。

当 UE 开机并附着上网络时，SAE 为 UE 分配一个唯一的临时身份标识 S – TMSI（SAE-temporary mobile subscriber identity），用来识别 MME 创建的 UE 上下文。该上下文包含从 HSS 下载的用户签约信息，并将这些签约信息存储在 MME 本地以用于加快一些过程的执行速度（不需要每次都和 HSS 协商），如承载建立过程；还包括已经建立的承载列表、UE 能力等动态信息。

当 UE 处于 ECM_IDLE 状态时，MME 负责跟踪用户的位置。当需要向处于 ECM_IDLE

状态的 UE 传送下行数据时,MME 向该 UE 所处的当前跟踪区域下的所有 eNodeB 发送一条寻呼信息,而 eNodeB 通过无线接口寻呼这个 UE。UE 一旦收到寻呼信息就执行一个业务请求过程,将 UE 切换到 ECM_CONNECTED 状态。UE 相关的信息会在 E–UTRAN 内被创建,承载会被重新建立。MME 负责重建无线承载,并且更新 eNodeB 中的 UE 上下文。UE 的这次状态切换被称作空闲态到激活态的切换。为了加快空闲态到激活态的切换和承载建立的速度,EPS 支持在承载激活阶段将 NAS 过程和 AS 过程串联起来。NAS 过程和 AS 过程之间建立了一些互动关系,使得两者可以并行而不是只能顺序运行,比如,承载建立过程可以由网络来执行,不需要等候安全过程的完成。

7.3.4　无线链路控制

RLC 协议负责来自 PDCP 的 IP 数据包的分割和级联,以形成大小适当的 RLC PDU。它还控制被错误接收的 PDU 的重传、重复 PDU 的移除,确保服务数据单元(service data unit,SDU)被按序发送到更高层。

分割和级联是 RLC 的主要职能之一,如图 7–55 所示。根据调度决策,从 RLC SDU 的缓冲区中选择一定量的数据用于传输,并对 SDU 进行分割与级联以创建 RLC PDU。因此,对于 LTE 来说,RLC PDU 的大小是动态变化的。对于高数据速率,大的 PDU 将产生较小的开销;而对于低数据速率,则需要小的 PDU,否则荷载将过大。由于 RLC、调度和速率自适应机制均位于基站,因此动态的 PDU 大小很容易为 LTE 所支持。

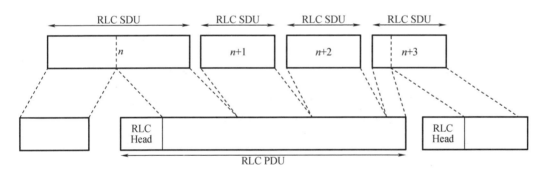

图 7–55　RLC 的分割和级联

7.3.5　媒体接入控制

MAC 层处理逻辑信道复用、HARQ 重传以及上行链路和下行链路调度。

1. 逻辑信道和传输信道

MAC 层以逻辑信道的形式为 RLC 层提供服务。LTE 逻辑信道分为两类:一类是传输控制面信息的控制信道;另一类是传输用户面信息的业务信道。LTE 逻辑信道分类如图 7–56 所示。

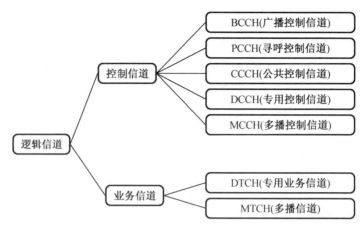

图 7 - 56   LTE 逻辑信道分类

下面对 LTE 特定的逻辑信道类型所包括的内容进行简要介绍。

(1)控制信道

广播控制信道用于从网络到小区内所有终端的系统信息的传输,协调、控制、管理用户行为,是网络到用户的下行信道。

寻呼控制信道(paging control channel,PCCH)用于寻呼那些网络不知其位于哪个小区的终端(寻呼信息需要在多个小区内传输),是网络到用户的下行信道,一般用于被叫流程。

公共控制信道用于传输与随机接入相关的控制信息,是上、下行双向和点对多点的控制信息传送信道,在 UE 和网络没有建立 RRC 连接的时候使用。

专用控制信道用于传输终端的控制信息,是用于终端的单独配置,也是上、下行双向和点到点的控制信息传送信道,在 UE 和网络建立了 RRC 连接以后使用。

多播控制信道(MBMS control channel,MCCH)用于传输多播业务信道(MBMS traffic channel,MTCH)所需的控制信息,是点对多点地从网络侧到 UE 侧(下行)的 MBMS 控制信息的传送信道。一个 MCCH 可以支持一个或多个 MTCH 配置。

(2)业务信道

专用业务信道(dedicated traffic channel,DTCH)用于终端用户数据的传输,传输所有上行链路和非多播广播单频网(multicast - broadcast single frequency network,MBSFN)下行链路用户数据,是 UE 和网络之间点对点和上、下行双向的业务数据传送渠道。

多播业务信道用于 MBMS 业务的下行链路传输,是一个点对多点地从网络侧到 UE(下行)传送多播业务 MBMS 的数据传送渠道。

(3)逻辑信道与传输信道

LTE 逻辑信道如图 7 - 57 所示。

MAC 层使用来自物理层的、以传输信道(基于信息以何种方式和以哪些特点在无线接口上传输)形式出现的服务。传输信道上的数据被组织成传输块,在每个传输时间间隔(transmission time interval,TTI)内最多有两个传输模块(在不采用空分复用的情况下,最多传输一个传输块;在空分复用的情况下,最多可以传输两个传输块)。

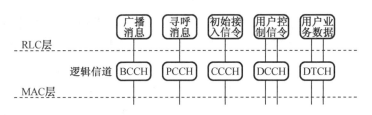

图 7-57　LTE 逻辑信道

与每个传输块关联的是传输格式(transport format, TF)。它是用来指示传输块是如何通过无线接口传输的,包括传输块的大小、调制和编码方案以及天线映射。通过改变传输格式,MAC 层可以实现不同的数据速率。

LTE 定义的传输信道类型如下。

广播信道可传输部分 BCCH 系统信息,主要承载主信息块(master information block,MIB),在整个小区覆盖范围内广播,是一种下行信道。

寻呼信道可传送来自 PCCH 逻辑信道的寻呼信息,用于网络语终端进行初始化。PCH 支持不连续接收(discontinuous reception, DRX),允许终端只在预定时刻唤醒以接收 PCH,是一种下行信道。

随机接入信道可用于 PAGING 回答和 MS 主叫/登录的接入等,在整个小区内进行接收,是一种上行信道。

下行共享信道(downlink shared channel, DL-SCH)是用于 LTE 下行链路数据传输的主要传输信道,支持 LTE 动态速率自适应、时/频域信道相关调度、带有软合并的 HARQ 以及空分复用等关键特性,还支持 DRX 以降低始终保持在线体验的终端的功耗。

上行共享信道(uplink shared channel, UL-SCH)是与 DL-SCH 对应的上行传输信道,用于传输上行数据。

多播信道(multicast channel, MCH)用于支持 MEMS,具有半静态传输格式和半静态调度特点。在使用 MBSFN 的多小区传输的情况下,调度和传输格式的配置会在参与 MBSFN 传输的传输点之间进行协调。

MAC 层实现了对资源的分配。不同的传输信道体现了不同的资源分配机制,逻辑信道中的数据经过 MAC 层调度后会向传输信道映射并分配发送的格式及机制,LTE 逻辑信道到传输信道的映射关系如图 7-58 所示。

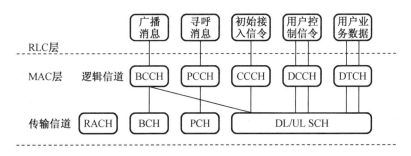

图 7-58　LTE 逻辑信道到传输信道的映射关系

　　用户专用信令、专用业务数据、初始接入信令(来自 CCCH)及绝大部分的系统广播消息都会被以动态调度的方式分配资源并进行发送,即映射到上/下行共享信道上。一小部分系统广播消息会以固定周期发送固定长度信息,因此映射到广播信道上。由于寻呼信息采用 DRX 机制,必须在特定的寻呼时刻发送,无法采用动态调度,按照 DRX 规则在特定时刻发送,因此映射到 PCH。LTE 也有随机接入,但不会发送任何高层数据。MAC 层也定义了随机接入的格式和资源分配的机制 RACH。

　　MAC 层的部分功能是复用不同的逻辑信道,并将逻辑信道映射到适当的传输信道。图 7-59 和图 7-60 分别给出了其支持的逻辑信道类型和传输信道类型之间的映射(图中缩略语将在 7.3.6 中详细介绍),其中,图 7-59 针对下行链路,图 7-60 针对上行链路。这些图分别清楚说明了 DL-SCH 和 UL-SCH 是如何成为主要的上行传输信道和下行传输信道的。除此之外,还包括了对应的物理信道,并且说明了传输信道和物理信道之间的映射。

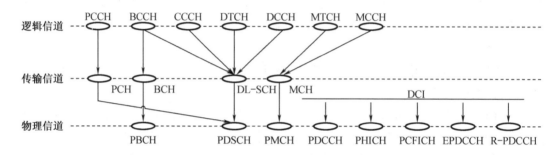

图 7-59　下行链路信道映射

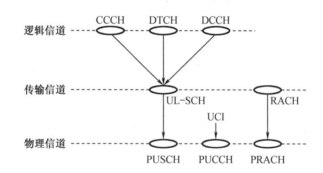

图 7-60　上行链路信道映射

　　为支持优先级管理,多个逻辑信道可以在 MAC 层复用到一个传输信道。在接收端,MAC 层进行相应的解复用,并将 RLC PDU 转发到各自的 RLC 实体以支持由 RLC 控制的按序发送及其他功能。为支持在接收端的解复用,采用 MAC 头。每个 RLC PDU 在 MAC 头中都有一个关联的子头。子头包含该 RLC PDU 起源于哪个逻辑信道的指示(logical channel index,LCID)及以字节为单位的 PDU 长度,存在一个标志以指示这是否为最后一个子头。MAC 头和 SDU 复用如图 7-61 所示。

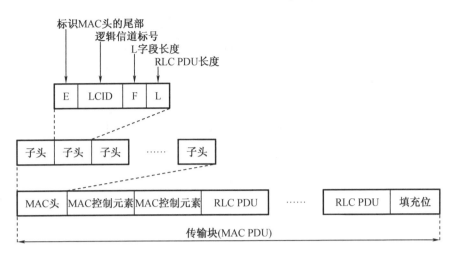

图7-61　MAC头和SDU复用

2. 调度

LTE 无线接入的一个基本原则是共享信道传输,在用户之间动态共享时、频域资源。调度器是 MAC 层的一部分,以资源块的形式控制上行链路和下行链路的资源分配。资源块对应的是 1 ms 时间和 180 kHz 的时频单位。

LTE 中上行和下行的调度是分开的,上行链路和下行链路的调度决策可以互相独立地制定。下行调度负责(动态)控制哪些终端进行传输,并且控制每一个终端的 DL-SCH 应在哪些资源块上传输。下行链路传输的传输格式选择(选择传输块大小、调制方式及天线的映射)和逻辑信道复用由 eNodeB 控制。下行链路信道质量如图7-62所示。由于调度器控制数据速率的结果,RLC 层分割和 MAC 层复用也将受到调度决策的影响。上行链路信道质量如图7-63所示。上行调度器负责(动态)控制哪些终端在各自的 UL-SCH 上传输及上行链路传输的时频资源,其终端的传输格式由 eNodeB 调度器确定,控制所调度的终端的荷载。上行链路调度决策基于每个终端而非每个无线承载,由终端负责;终端自主地控制逻辑信道的复用,其中的参数由 eNodeB 来配置。eNodeB 调度器控制传输格式,而终端控制逻辑信道的复用。

7.3.6　物理层

物理层负责编码、物理层的 HARQ 处理、调制、多天线处理,以及将信号映射到合适的物理时频资源上,也负责控制传输信道到物理信道的映射。物理层以传输信道的形式为 MAC 层提供服务。

1. 物理信道

物理信道是高层信息在无线环境中的实际承载,由特定的子载波、时隙、天线确定。物理信道由开始时间、结束时间和持续时间构成。LTE 中度量时间长度的单位是采样周期。

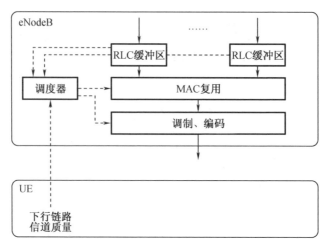

图 7 – 62　下行链路信道质量

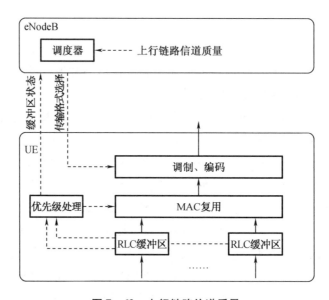

图 7 – 63　上行链路信道质量

物理信道既可对应于传输信道,也可不对应传输信道,这些不对应传输信道的物理信道被称为 L1/L2 控制信道,用于下行控制信息的传输,为终端提供正确接收及解码下行链路传输数据所必需的信息;上行控制信息用来为调度器和 HARQ 协议提供有关终端状态的信息。

物理信道一般要进行两大处理过程:比特级处理和符号级处理。

在发送端的角度,比特级处理是物理信道数据处理的前端,主要是在二进制比特数据流上添加循环冗余码(cyclic redundancy code,CRC)校验;进行信道编码、交织、速率匹配以及加扰。加扰之后进行符号级处理,包括调制、层映射、预编码、资源块映射、天线发送等过程。

在接收端先进行的是符号级处理,然后是比特级处理,处理顺序与发送端不同。

LTE 中定义的物理信道类型如下。

（1）下行信道

物理下行共享信道（physical downlink shared channel，PDSCH）用于单播数据的传输，也用于寻呼信息的传输，承载下行用户的业务数据，是一种共享信道。

物理广播信道（physical broadcast channel，PBCH）承载终端接入网络所需要的部分系统信息，用于小区搜索过程。

物理下行控制信道（physical downlink control channel，PDCCH）传送用户数据的资源分配的控制信息，主要包括接收 PDSCH 所需的调度决策、触发 PUSCH 传输的调度授权。

增强物理下行控制信道（enhanced physical downlink control channel，ePDCCH）与 PDCCH 的目标相同，但能以更灵活的方式传输控制信息。

中继物理下行控制信道（relay physical downlink control channel，R－PDCCH）主要用于在主 eNodeB 到中继的链路上承载 L1/L2 控制信令。

物理 HARQ 指示信道（physical hybrid－ARQ indicator channel，PHICH）用于承载 HARQ 的确认/否认（ACK/NACK）信息，指示终端某个传输块是否应重传。

物理控制格式指示信道（physical control format indicator channel，PCFICH）为终端提供解码 PDCCH 所必需信息的信道，指明控制信息所在的位置，承载的是控制信道在 OFDM 符号中的位置信息。每个成员载波只有一个 PCFICH。

物理多播信道（physical multicast channel，PMCH）用于 MBSFN 传输，承载多播信息，负责把来自高层的节目信息或相关控制命令传给终端。

（2）上行信道

物理上行共享信道（physical uplink shared channel，PUSCH）是与 PDSCH 相对应的上行信道。每个终端在每个上行链路成员载波上最多有一个 PUSCH。

物理上行控制信道（physical uplink control channel，PUCCH）用于终端发送 HARQ 确认，告知 eNodeB 下行传输块是否被成功接收，或上报信道状态以协助调度下行链路的信道，以及请求上行链路数据传输所需要的资源。每个终端最多有一个 PUCCH。

物理随机接入信道（physical random access channel，PRACH）用于随机接入。

LTE 物理信道分类如图 7－64 所示。

2. 物理信号

物理信号是物理层产生并使用的、有特定用途的一系列无线资源单元（resource element，RE）。物理信号并不携带从高层来的任何信息。它们对高层而言不是直接可见的，即不存在高层信道的映射关系，但从系统观点来讲是必需的。

下行方向上定义了两种物理信号：参考信号（reference signal，RS）和同步信号（synchronization signal，SS）。

上行方向上只定义了一种物理信号：参考信号（RS）。

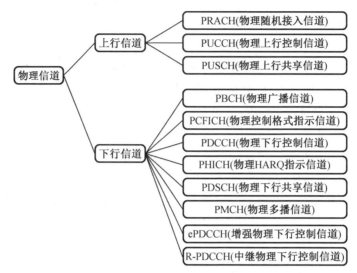

图 7-64 LTE 物理信道分类

（1）下行参考信号

下行参考信号本质上是一种伪随机码,不含任何实际信息。这个伪随机码通过时间和频率组成的资源单元 RE 发送出去,便于接收端进行信道估计,也可以为接收端进行信号解调提供参考,类似于 CDMA 系统中的导频信道。

频谱、衰落、干扰等因素都会使发送端发射信号与接收端收到的信号存在一定偏差。信道估计的目的就是使接收端找到这个偏差,以便正确地接收信息。信道估计并不需要时时刻刻进行,只需在关键位置出现一下即可,即 RS 离散地分布在时、频域上,只是对信道的时、频域特性进行抽样而已。为保证能够充分且必要地反映信道时频特性,RS 在天线口的时、频单元上必须有一定的规则。

RS 分布越密集,则信道估计越准确,但开销会很大。占用过多无线资源会降低系统传递有用信号的容量。因此,RS 分布既不宜过密,也不宜过分散。

RS 在时、频域上的分布遵循以下准则。

①RS 在频域上的间隔为 6 个子载波。

②RS 在时域上的间隔为 7 个 OFDM 符号周期。

③为最大程度降低信号传送过程中的相关性,不同天线口的 RS 的出现位置不宜相同。

（2）下行同步信号

同步信号 SS 用于小区搜索过程中 UE 和 E-UTRAN 的时隙、频率同步。UE 和 E-UTRAN 做业务连接的必要前提就是时隙、频率的同步。

同步信号包含如下两部分。

①主同步信号(primary synchronization signal,PSS)用于符号时间对准、频率同步以及部分小区的 ID 侦测。

②从同步信号(secondary synchronization signal,SSS)用于帧时间对准、循环前缀(cyclic prefix,CP)长度侦测及小区组 ID 侦测。

LTE 的物理层小区 ID(physical cell ID,PCI)分为两部分:小区组 ID(cell group ID)和组内 ID。LTE 物理层小区组有 168 个,每个小区组由 3 个组内 ID 组成,于是共有 168×3 = 504 个独立的小区 ID。

在频域里,不管系统带宽是多少,主/从同步信号总位于系统带宽的中心(中间的 64 个子载波上,协议版本不同,数值不同),占据 1.25 MHz 的频带宽地。这样的好处是:即使 UE 在刚开机的情况下还不知道系统带宽,也可以在相对固定的子载波上找到同步信号,方便进行小区搜索。时域上同步信号的发送也须遵循一定规则,为了方便 UE 寻找,要在固定的位置发送,既不能过密也不能过疏。

(3)上行参考信号

上行参考信号的实现机制类似于下行参考信号,也是在特定的时频单元中发送一串伪随机码,类似于 TD - SCDMA 里的上行导频信道(uplink pilot channel,UPPCH),用于 E - UTRAN 与 UE 的同步以及 E - UTRAN 对上行信道进行估计。

上行参考信号应用中有如下两种情况。

①UE 和 E - UTRAN 已建立业务连接

PUSCH 和 PUCCH 传输时的导频信号是便于 E - UTRAN 解调上行信息的参考信号,这种上行参考信号称为解调参考信号(demodulation reference signal,DMRS)。DMRS 可以伴随 PUSCH 传输,也可以伴随 PUCCH 传输。两者占用的时隙位置及数量不同。

②UE 和 E - UTRAN 未建立业务连接

处于空闲态的 UE 无 PUSCH 和 PUCCH 可以寄生。这种情况下,UE 发送的 RS 不是某个信道的参考信号,而是无线环境的一种参考导频信号,称为环境参考信号(sounding reference signal,SRS)。这时 UE 虽然没有业务连接,但仍然给 E - UTRAN 汇报信道环境。

PUSCH 传输的 DMRS 应出现的位置是每个时隙的第 4 个符号。PUCCH 携带不同的信息时,DMRS 占用的时隙数不同。

SRS 由多少个 UE 发送,发送周期、带宽是多大,可由系统调度配置。SRS 一般在每个子帧的最后一个符号中发送。

7.3.7 LTE 工作频段

LTE 既可以部署在现有的国际移动电信(international mobile telecommunications,IMT)频段上,也可以部署在将来可能被规划使用的频段上。无线接入技术可工作在不同的频段上,这些频段覆盖了地球上不同地区使用的各种频段,支持用户全球漫游。LTE 物理层没有对任何特定的频段做规定。不同频段间的区别主要在于射频要求不同。

LTE 的工作频段既可以是成对频谱,也可以是非成对频谱,这要求其在双工方式具有灵活性。基于此,LTE 同时支持 FDD 和 TDD。

针对 LTE 的 3GPP 规范第 11 版包含了用于 FDD 的 27 个频段和用于 TDD 的 12 个频段。用于 FDD 的成对频谱编号为 1 ~ 29,而用于 TDD 的非成对频谱编号为 33 ~ 44。用于

UTRA FDD[①] 的频段采用了与 LTE 成对频谱相同的编号,但用的是罗马数字。

Band1、Band33 和 Band34 是在 3GPP 规范第 9 版中首先被定义为用于 UTRA 的、有相同的成对/非成对频谱的频段,之后 Band2 被添加进来用于 PCS[②] 1900 频段的工作,Band3 被添加进来用于 GSM 1800 频段的工作。该规范还为 PCS 1900 频段定义了有非成对频谱的频段 Band35、Band36 和 Band37。Band 39 是我国使用的有非成对频谱的频段。

Band4 是在 WRC – 2000(WRC 为世界无线电通信大会,全称为 World Radiocommunications Conference)增加了 3G 频段之后,被美洲引入的一个新频段,其下行与 Band1 的下行完全重叠,有助于终端的漫游。Band10 是 Band4 从 2×45 MHz 到 2×60 MHz 的扩展。

Band9 与 Band3 重叠,仅用于日本。该规范的制定使双频段 Band3 +9 终端漫游成为可能。3GPP 还为日本划分出 1 500 MHz 的频段(Band11 和 Band21)用于在全球分配,供移动通信使用。

3GPP 将 2 500 ~2 690 MHz 频段规划为 FDD 的 Band7 和 TDD 的 Band38,在北美地区又定义了美国特有的 Band41。

Band40 是一个具有非成对频谱的频段,被规定为划分用于 IMT 的新的频率范围(2 300 ~2 400 MHz),在全球被广泛地分配使用。

Band5、Band18、Band19、Band26 和 Band27 相互重叠,但针对的地区不同。其中,Band5 基于美国的蜂窝通信频段,Band18 和 19 被限制在日本使用。3GPP 对 Band5(850 MHz)进行了扩展,因为 Band5 是在全球部署最广泛的频段之一。所谓的"扩展"是指为当前的 Band5 增加额外的频率范围,是通过两个新的工作频段来完成的。Band26 是"850 MHz 的上扩展"频段,包含了 Band5 的频率范围,并增加了 2×10 MHz,得到一个扩展后的 2×35 MHz 的频段。Band27 是"850 MHz 的下扩展"频段,包含了紧邻 Band5 并在它之下的 2×17 MHz 的频率范围。

Band12、Band13、Band14 和 Band17 构成了"数字红利"(之前用于广播的频谱)所定义的第一组频段。对于"数字红利"的其他地区性频段,在欧洲定义为 Band20,在亚太地区定义为 Band28。亚太地区的另一种非成对频谱的分配为具有非成对频谱的频段 Band44 。

Band29 是唯一的一个仅包括一个下行而没有划分上行资源的"成对的"频段,用于载波聚合,主要是与在 Band2、Band4 和 Band5 上的其他下行载波一起来实现。

频率范围 3.4 ~3.8 GHz 被规定为具有成对频谱的 Band22 和具有非成对频谱的 Band42 和 Band43。在欧洲,绝大多数国家已经为 3.4 ~3.6 GHz 频率范围的频段颁发了用于固定无线接入(fixed wireless access)和移动通信使用的许可。欧洲将 3.4 ~3.8 GHz 的频谱定为用于以灵活的使用模式来进行固网、游牧网络和移动通信网络的部署。在日本,不仅是 3.4 ~3.6 GHz,3.6 ~4.2 GHz 也用于未来的陆地移动通信服务。在拉丁美洲,频段 3.4 ~3.6 GHz 也已经获得许可用于无线接入。

---

① UTRA 为通用地面无线接入,全称为 universal terrestrial radio access。

② PCS 为个人通信系统,全称为 personal communication system。

新的频段持续不断地被规定用于 UTRA 和 LTE,WRC – 07 为 IMT(包括 IMT – 2000 和 IMT – Advanced)划分了额外的频段。如前所述,由 WRC – 07 定义的几个频段已经可以供 LTE 使用,将部分或全面地在全球范围内进行部署。

分配给 IMT 的其他频段不在 WRC – 12 的议程上,而在 WRC – 15 的议程上。对于在 WRC – 07 上规划的低于 1 GHz 的频率范围,3GPP 已经规定了几个工作频段。其中,使用最广泛的频段为 Band5 和 Band8,而对于大多数其他频段只有地区性的应用或者更受限的应用。随着规划供 IMT 使用的频段下降到 698 MHz 以及广播电视从模拟传输转换为数字传输,WRC 为"数字红利"在美国定义了频段 Band12、Band13、Band14 和 Band17,在欧洲定义了频段 Band20,在亚太地区定义了 Band29 和 Band44。

在 3GPP 规范第 12 版中,3GPP 为巴西定义了一个 450 MHz 频段的频率分配方案;为美国在 2 300 ~ 2 400 MHz 频段规定了一成对的 2 × 10 MHz 的频谱,此频段叫作无线通信服务(wireless communications service,WCS)频段。

7.4　上、下行物理层结构

7.4.1　时频结构

在 LTE 中,资源以一定时长内的子载波集的方式被分配给 UE,这种资源被称为物理资源块(physical resource block,PRB)。这些资源块包含在 LTE 的帧结构中,FDD 和 TDD 的帧结构不同。

OFDM 是 LTE 下行链路和上行链路传输方向上的基本传输方案,但对于上行链路来说,要采用特定方法来减少传输信号的立方度量,提高终端发射机功率放大器的效率。因此,对于上行数据传输和对应的 PUSCH 物理信道传输的高层控制信令,在 OFDM 调制之前要进行 DFT 预编码,这就产生了 DFT 扩频的 OFDM(也称"DFTS – OFDM")。对于其他上行链路传输,如 L1/L2 控制信号的传输和不同类型的参考信号传输,可使用其他手段来限制传输信号的立方度量。

LTE 中上行链路和下行链路的 OFDM 子载波均为 15 kHz。在基于 OFDM 的系统中对于子载波间距的选择,需要权衡采用循环前缀的开销与对多普勒扩展/移位及其他类型的频率误差和非准确性的敏感性。对于 LTE,子载波间隔选为 15 kHz 可以在这两个约束之间提供一个很好的平衡。

假设采用基于 FFT 的发射机、接收机,则 15kHz 的子载波间隔对应的采样率 $f_s = 15\ 000 \times N_{FFT}$,其中 N_{FFT} 是 FFT 的大小。LTE 规范不会以任何方式强制要求使用基于 FFT 的发射机/接收机和指定特定的 FFT 大小或采样率,基于 FFT 的 OFDM 实现是常用的实现方法。对于较大的 LTE 载波带宽(如不小于 15 MHz 的带宽),FFT 的大小为 2 048,对应 30.72 MHz应采样率;对于较小的载波带宽,使用较小的 FFT 和相对较低的采样率。

1. FDD 无线帧结构

FDD 的 LTE 传输被组织成长度为 10 ms 的帧,每个无线帧被分成 20 个时隙共 10 个子帧,每个时隙的时长为0.5 ms,每个子帧由相邻的两个时隙组成(时长为1 ms)。FDD 无线帧结构如图 7-65 所示。一个无线帧的时长范围内,FDD 在两个分离的、对称的频率信道上分别进行接收和发送。FDD 的上、下行发送在时间上是连续的,可以同时发送和接收数据,即有 10 个子帧用于下行发送,同时有 10 个子帧用于上行发送,上、下行发送在频域上是分开的。FDD 上、下行复用原理如图 7-66 所示。

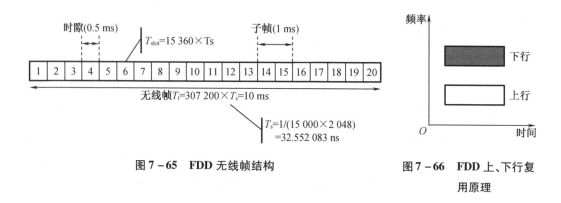

图 7-65　FDD 无线帧结构

图 7-66　FDD 上、下行复用原理

每个时隙由包括循环前缀在内的一定数量的 OFDM 符号组成。为提供一致和精确的定时,LTE 规范中不同的时间间隔被定义为一个基本时间单位 $T_s = 1/(15\,000 \times 2\,048)$ 的倍数,基本时间单位 T_s 可以被视为基于 FFT 的发射机/接收机的采样时间,且其 FFT 大小为 2 048。

2. TDD 无线帧结构

TDD 无线帧的时长为 10 ms,包含 20 个时隙共 10 个子帧,每个时隙的时长为 0.5 ms,每个子帧包含相邻的两个时隙(时长 1 ms)。其 10 个子帧可配置,子帧类型包括上行子帧、下行子帧和特殊子帧。特殊子帧包括下行导频时隙(downlink pilot time slot, DwPTS)、保护周期(guard period, GP)和上行导频时隙(uplink pilot time slot, UpPTS)。特殊子帧各部分长度可以配置,总时长为 1ms。DwPTS 和 UpPTS 携带上、下行信息,GP 用于避免下行信号延迟到达和上行信号提前发送造成的干扰。TDD 无线帧结构如图 7-67 所示。子帧在上、下行之间切换的时间间隔为 5ms 或 10ms,但是子帧 0 和 5 必须分配给下行,主要原因是这两个子帧包含了主同步信号和从同步信号。子帧 0 包含广播信息,子帧 2 分配给上行。TDD 上、下行复用原理如图 7-68 所示。

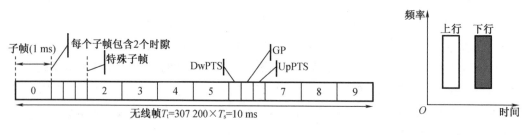

图 7-67　TDD 无线帧结构

图 7-68　TDD 上、下行复用原理

TDD 模式支持多种上、下行子帧分配方案(表7-6),方案0,1,2和6中,子帧在上、下行切换的时间间隔为 5 ms,需要配置两个特殊子帧,其他方案中的切换时间间隔都为 10 ms。表7-6中,D 表示用于下行传输的子帧,U 表示用于上行传输的子帧,S 表示特殊子帧。

表7-6 TDD 无线帧分配方案

方案	上、下行比例	切换时间间隔	子帧编号									
			0	1	2	3	4	5	6	7	8	9
0	3:1	5 ms	D	S	U	U	U	D	S	U	U	U
1	1:1	5 ms	D	S	U	U	D	D	S	U	U	D
2	1:3	5 ms	D	S	U	D	D	D	S	U	D	D
3	1:2	10 ms	D	S	U	U	U	D	D	D	D	D
4	2:7	10 ms	D	S	U	U	D	D	D	D	D	D
5	1:8	10 ms	D	S	U	D	D	D	D	D	D	D
6	5:3	5 ms	D	S	U	U	U	D	S	U	U	D

下面对 TDD 与 FDD 上、下行复用方法的优点和缺点做简要介绍。

(1)FDD 上、下行需要成对的频率,而 TDD 无须成对频率,这使得 TDD 可以灵活地配置频率,而使用 FDD 不能使用的零散频段。

(2)TDD 上、下行的时隙配比可以灵活调整,使得 TDD 在支持非对称带宽业务时,在频谱效率方面有明显优势。FDD 在支持对称业务时,能充分利用上、下行的频率;但在支持非对称业务时,频率利用率将大大降低。

(3)TDD 上、下行频率是一样的,进而使上、下行无线传播特性一样,能够很好地支持联合检测、智能天线等技术。TDD 的基站接收和发送可以共用部分射频单元,不需要收/发隔离器,只需要一个开关即可,降低了设备复杂度和成本。

(4)TDD 上、下行分配的时间资源是不连续的,分别给了上行和下行。TDD 发射功率的时间大约只有 FDD 的一半。在峰值功率相同的情况下,TDD 的平均功率仅为 FDD 的一半。尤其在上行方向上,因为终端侧难以使用智能天线,所以 TDD 的上行覆盖会受限。也就是说,对于同样的覆盖面积,同样的终端发射功率,TDD 需要更多的基站。如果 TDD 要覆盖与 FDD 同样大的范围,就要增大发射功率。

(5)TDD 上、下行信道同频,无法进行干扰隔离,抗干扰性差。

(6)FDD 对移动性的支持能力更强,能较好地对抗多普勒频移;而 TDD 对频偏较敏感,对移动性的支持较差。

3. LTE 时隙结构

LTE 有两种循环前缀(CP):普通循环前缀和扩展循环前缀。

(1)LTE FDD 时隙配置

LTE FDD 的时隙由 6~7 个 OFDM 组成,中间由 CP 隔开。一个常规时隙包含7个连续的 OFDM 符号。为克服码间干扰,需要加入 CP。CP 长度与覆盖半径有关,覆盖半径越大需要配置的 CP 长度就越长,但过长的 CP 会导致系统开销太大。

上、下行普通 CP 配置下的时隙结构如图 7-69 所示。在第 1 个时隙中,第 0 个 OFDM 符号的 CP 长度和其他 OFDM 符号的 CP 长度是不一样的。第 0 个 OFDM 符号的 CP 长度为 $160T_s$,约为 $5.2~\mu s$;而其他 6 个 OFDM 符号的 CP 长度为 $144T_s$,约为 $4.7~\mu s$;每个 OFDM 周期内有用符号的长度为 $2~048T_s$,约为 $66.7~\mu s$。7 个 OFDM 符号周期中,有用符号长度和 CP 长度之和正好为 $15~360T_s$,约合为 $0.5~ms$。

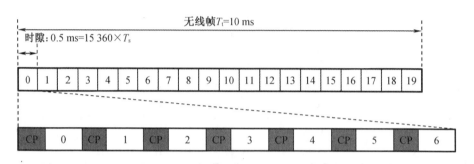

图 7-69　上、下行普通 CP 配置下的时隙结构

上、下行扩展 CP 配置下的时隙结构如图 7-70 所示,每个时隙的 OFDM 符号数不再是 7 个,而是 6 个。与普通 CP 配置时隙结构不同的是,一个时隙内,每个 OFDM 符号周期长度一样,为 $512T_s$,6 个符号周期合计为 $0.5~ms$。

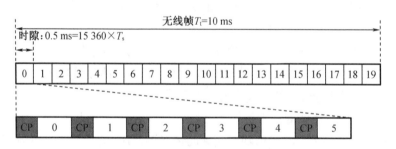

图 7-70　上、下行扩展 CP 配置下的时隙结构

(2)LTE TDD 时隙配置

在 LTE TDD 帧中可配置不同的特殊时隙 DwPTS、GP、DwPTS 的长度,特殊时隙长度配置如表 7-7 所示。TDD 的一个子帧长度包括两个时隙。普通 CP 配置情况下,TDD 的一个子帧长度是 14 个 OFDM 符号数;而在扩展 CP 配置情况下,TDD 的一个子帧长度为 12 个 OFDM 符号数。

表7-7 特殊时隙长度配置

序号	普通CP(OFDM 符号数,共14个)			扩展CP(OFDM 符号数,共12个)		
	DwPTS	GP	UpPTS	DwPTS	GP	UpPTS
0	3	10	1	3	8	1
1	9	4	1	8	3	1
2	10	3	1	9	2	1
3	11	2	1	10	1	1
4	12	1	1	3	7	2
5	3	9	2	8	2	2
6	9	3	2	9	1	2
7	10	2	2			
8	11	1	2			

4. LTE 频域上的资源单元

频域上,LTE 信号由成百上千个子载波合并而成。每个子载波的带宽为 15 kHz,每 12 个连续的子载波成为 1 个资源块(resource block,RB)。资源块分为物理资源块(PRB)和虚拟资源块(virtual resource block,VRB),LTE 调度的基本单位是资源块,不能以子载波为粒度进行调度。

不同的载波带宽(基站上配置的系统带宽)下,子载波的数量是不同的。LTE 工作的载波带宽的不同,具体包含的子载波个数如下:20 Mbit/s 带宽的子载波个数为 1 200 个;15 Mbit/s 带宽的子载波个数为 900 个;10 Mbit/s 带宽的子载波个数为 600 个;5 Mbit/s 带宽的子载波个数为 300 个;3 Mbit/s 带宽的子载波个数为 120 个;1.4 Mbit/s 带宽的子载波个数为 72 个。

载波个数与子载波带宽 15 kHz 的乘积叫作传输带宽(测量带宽),数值小于载波带宽。载波带宽多出部分分布在传输带宽的两边,起保护作用,用作频谱泄露冗余,也就是保护带宽。

5. 物理资源

与 LTE 的物理资源相关的概念包括 PRB、RE、资源单元组(resource element group,REG)和控制信道单元(control channel element,CCE)。LTE 的物理资源是从时间和频率两个维度即时域和频域进行定义的。

(1)PRB

PRB 由 12 个连续的子载波组成,占用 1 个时隙,即 0.5 ms。PRB 的结构如图 7-71 所示。

图 7-71 中,N_{RB}^{DL} 表示下行 RB 的总数量,具体数量由基站上配置的带宽决定;N_{SC}^{RB} 是每个 RB 包含的子载波个数,通常标准为 12 个。当采用多媒体广播多播单频网技术时,子载波为 7.5 kHz,资源块的数量配置不同。PRB 主要用于资源分配,N_{symb}^{DL} 是指下行符号数,根据配置的普通循环前缀或扩展循环前缀的不同,每个 PRB 通常包括 6 个或 7 个符号。

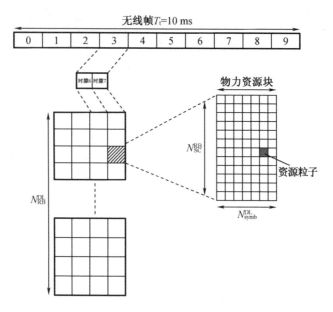

图 7 - 71 PRB 的结构

（2）RE

由于一些物理控制、指示信道及物理信号只需占用较小的资源,LTE 定义了 RE 的概念,即表示一个符号周期长度的子载波,可以用来承载调制信息、参考信息或不承载信息。E – UTRAN 下行 PRB 的配置如表 7 – 8 所示。

表 7 – 8 E – UTRAN 下行 PRB 配置

配置		N_{SC}^{RB}	N_{symb}^{DL}
普通循环前缀	$\Delta f = 15$ kHz	12	7
扩展循环前缀	$\Delta f = 15$ kHz	12	6
	$\Delta f = 7.5$ kHz	24	3

（3）REG

每个 REG 包含 4 个 RE。

（4）CCE

REG 和 CCE 主要用于一些下行控制信道的资源分配,比如 PHICH、PCFICH 和 PDCCH 等。REG 和 CCE 的关系如图 7 – 72 所示。

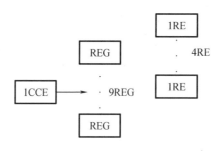

图7-72　REG与CCE的关系

7.4.2　上行物理信道

LTE的上行物理信道用于承载UE发给基站的消息,由PRACH、PUSCH和PUCCH 3部分组成。

1. PRACH

PRACH固定占用6RB,用于发送上行的随机接入前导来获取上行发送授权及上行同步相关信息,其密度可以调整。UE发起建立连接的请求通常就是指随机接入。

随机接入的作用包括在无线链路建立过程中进行初始接入;在无线链路建立失败后进行链路重建;在需要建立同新小区的上行同步时进行切换;当UE处于RRC_CONNECTED状态但上行失步时,如果此时有上行或者下行数据到达,建立上行同步;采用基于上行测量的定位方法进行定位;在还未在PUCCH上为UE配置专用的发送调度请求的资源时作为一种调度请求。随机接入的一个目标就是在建立初始无线链路的时候(UE从RRC_IDLE状态切换到RRC_CONNECTED状态)获取上行同步;另外一个目标是为UE分配一个唯一的小区无线网络临时标识(cell-radio network temporary identifier,C-RNTI)。

随机接入过程用于各种场景,如初始接入、小区切换和链路重建等。

UE在PRACH上向基站发送随机接入前导,从而获得上行的时间提前量(timing advance,TA)及授权,进而在PUSCH上发送高层数据。由于上行信号的延迟时间(回路时延)不确定,因此必须通过保护时间接收延迟的上行信号,这样能使小区边缘UE发出的前导在抵达基站时落在窗口范围内。随机接入前导的基本格式如图7-73所示。

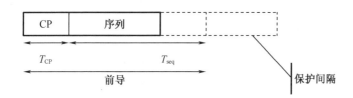

图7-73　随机接入前导的基本格式

PRACH定义了5种帧格式,具体如表7-8所示。5种帧格式都可用于TDD的随机接入,但FDD只能使用前4种前导。表7-9中,前导格式4中的特殊子帧的保护时长取决于特殊子帧配比。

表 7 - 9　PRACH 帧格式

前导格式	分配子帧/ms	前导序列长度 T_{seq}/T_s	前导序列长度 $T_{seq}/\mu s$	循环前缀长度 T_{CP}/T_s	循环前缀长度 $T_{CP}/\mu s$	保护时间长度 T_{GT}/T_s	保护时间长度 $T_{GT}/\mu s$	最大小区半径/km
0	1	24 576	800	3 168	103.125	2 976	96.875	14.531
1	2	24 576	800	21 024	684.375	15 840	515.625	77.344
2	2	49 152	1 600	6 240	203.125	6 048	196.875	29.531
3	3	49 152	1 600	21 024	684.375	21 984	715.625	102.650
4	特殊子帧	4 096	400/3	448	14.583	288	18.750	4.375

2. PUSCH

PUSCH 是承载上层传输信道的主要物理信道。物理层的控制信息也能复用在 PUSCH 上,主要是因为 UE 在同一子帧中同时发送 PUCCH 和 PUSCH 是不允许的,所以多种物理控制信息需要与分配的 PUSCH 在同一子帧中发送,即控制信息与数据进行复用。PUSCH 时频资源分配如图 7 - 74 所示。

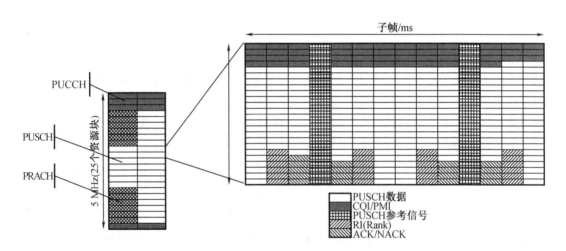

图 7 - 74　PUSCH 时频资源分配

3. PUCCH

UE 通过 PUCCH 上报必要的上行控制信息(uplink control information, UCI)。UCI 包括下行发送的正确接收/丢包重传(acknowledgement/negative acknowledgement, ACK/NACK)响应消息;信道质量指示(channel quality indicator, CQI)报告;调度请求(scheduling requests, SR);MIMO 反馈,如预编码矩阵指示(precoding matrix indicator, PMI)、秩指示(rank indicator, RI)。

PUCCH 在预留频段区域发送,每个 UE 拥有固定的资源,由上层配置,不需要基站调度。PUCCH 时频资源分配如图 7 - 75 所示。控制区域的大小可以动态调整。PUCCH 在频域上位于上行子帧两侧,呈对称分布,可在多个维度上进行进一步划分。图 7 - 75 中表示通过 RB 进行划分,不同的色块表示不同的 PUCCH 资源块。每个色块在上行子帧的时隙间跳频,实现频率分集效果。为了接入更多的 UE,每个 PUCCH 资源块可以被多个用户复用。UE 的大部分物理层控制信息可以通过 PUSCH 发送,但是当 PUSCH 未被调度时,UE 需要 PUCCH 进行上行控制比特的发送。

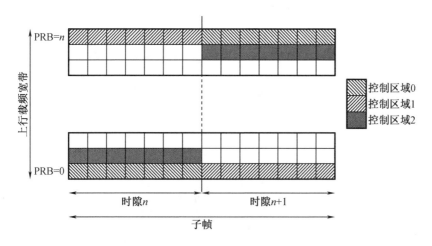

图 7 - 75　PUCCH 时频资源分配

7.4.3　下行物理信道

LTE 的下行物理信道主要由 PBCH、PCFICH、PDCCH、PHICH 和 PDSCH 5 部分组成。

1. PBCH

PBCH 用于承载系统信息的主信息块(master information block,MIB)。MIB 的位置是固定的。系统信息的另外一类信息块是系统信息块(system information block,SIB),承载在 PDSCH 上。MIB 包括系统下行带宽、系统帧号、PHICH 配置。系统下行带宽和 PHICH 配置是 UE 读取其他公共信道的前提。

每个信道编码后的 BCH 传输块都映射到 40 ms 里的 4 个子帧上,占用每个子帧的 1 号时隙,占用符号 0 ~ 3;在频域上和 PSS/SSS 一样,占用中间的 6 个 RB。UE 通过盲检确定这 40 ms 的时间内,子帧中的信息是可以自解码的(子帧的解码依赖于 PBCH 上后续发送的传输块信息)。TDD 模式的 PBCH 时频资源如图 7 - 76 所示,FDD 模式的 PBCH 时频资源如图 7 - 77 所示。

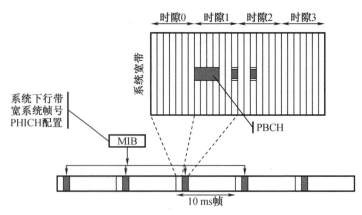

图 7 - 76   TDD 模式的 PBCH 时频资源

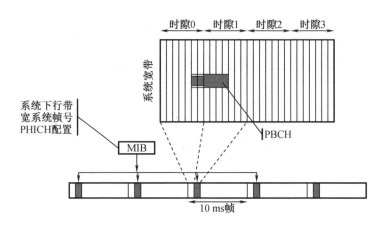

图 7 - 77   FDD 模式的 PBCH 时频资源

2. PDCCH

PDCCH 用于调度资源,承载资源调度信息,以及向 UE 发送上/下行共享信道的调度信息(downlink control information,DCI)。DCI 包括 1 个或多个 UE 上的资源分配和其他的控制信息和上行功率控制信息。在 LTE 中,上、下行的资源调度信息(MCS、Resource Allocation 等)都由 PDCCH 承载,1 个子帧内可以有多个 PDCCH。UE 先解调 PDCCH 中的 DCI,然后在相应的资源位置上解调属于 UE 自己的 PDSCH(广播信息、寻呼、UE 的数据等)。

PDCCH 只出现在下行子帧和 DwPTS 上,在频域上分布在整个小区带宽上,在时域上占用区域的大小由 PCFICH 定义,为每个子帧的前 1~3 个 OFDM 符号长度,根据调度量的多少动态调整。PDCCH 在每个子帧所占的符号数由 PCFICH 指示。TDD 模式和 FDD 模式的 PDCCH 时频资源分别如图 7 - 78 和图 7 - 79 所示。

控制格式指示(control format indicator,CFI)映射关系如表 7 - 10 所示。

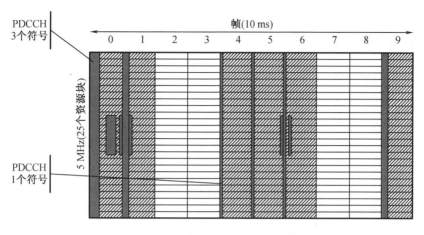

图7-78 TDD模式的PDCCH时频资源

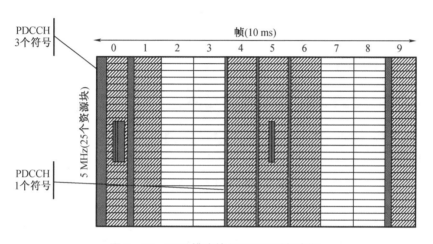

图7-79 FDD模式的PDCCH时频资源

表7-10 CFI映射关系

CFI 值	分配给 PDCCH 的 OFDM 符号数	
	$N_{RB}^{DL} > 10$	$N_{RB}^{DL} \leqslant 10$
1	1	2
2	2	3
3	3	4

PDCCH 在一个或多个 CCE 组成的聚合组上发送,其中每个 CCE 由 9 个 REG 组成。系统中可用的 CCE 编号为 0 ~ N_{CCE} - 1,其中 $N_{CCE} = N_{REG}/9$(N_{REG} 是未分配给 PCFICH 或 PHICH 的 REG 的个数)。LTE 支持 4 种不同格式的 PDCCH,如表 7-11 所示。

表 7 - 11　PDCCH 的 4 种格式

PDCCH 格式	CCE 数量	REG 数量
0	1	9
1	2	18
2	4	36
3	8	72

　　PDCCH 的传输带宽内可以同时包含多个 PDCCH,为了更有效地配置 PDCCH 和其他下行控制信道的时频资源,LTE 定制了两个专用的控制信道资源单位 REG 和 CCE。

　　PDCCH 支持格式:PDCCH 格式 0,包含 1 个 CCE;PDCCH 格式 1,包含 2 个 CCE;PDCCH 格式 2,包含 4 个 CCE;PDCCH 格式 3,包含 8 个 CCE。PDCCH 映射过程如图 7 - 80 所示。

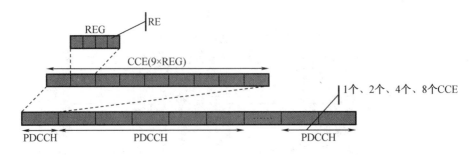

图 7 - 80　PDCCH 映射过程

　　PDCCH 至 REG 的映射关系如图 7 - 81 所示。PCFICH 指示了 PDCCH 占用两个 OFDM 符号发送。从参考信号可以看出,该小区使用两个通道发送信号以及 PHICH 位于第 1 个符号上。

　　每个 PDCCH 承载一个 MAC 标识(C - RNTI)对应的上行或下行调度信息,该标识隐式编码在 CRC 中。

　　对于 PDCCH 在一个子帧中的起始位置有多种规则规定,具体规则如下:

　　(1)当包含 1 个 CCE 时,PDCCH 可以在任何 CCE 位置出现,即在 0,1,2,3,4 位置开始。

　　(2)当包含 2 个 CCE 时,PDCCH 在每 2 个 CCE 位置出现 1 次,即在 0,2,4,6 位置开始。

　　(3)当包含 4 个 CCE 时,PDCCH 在每 4 个 CCE 位置出现 1 次,即在 0,4,8 等位置开始。

　　(4)当包含 8 个 CCE 时,PDCCH 在每 8 个 CCE 位置出现 1 次,即在 0,8 等位置开始。

　　在 PDCCH 集中,UE 根据搜索空间的规则检测对应的调度信息。有两种搜索空间:公共搜索空间和 UE 特定搜索空间。公共搜索空间对应 CCE0 ~ CCE15。公共搜索中的 CCE 只能有两个搜索层级:4CCE 层级上为 CCE 0 ~ CCE 3、CCE 4 ~ CCE 7、CCE 8 ~ CCE 11 和 CCE 12 ~ CCE 15,8CCE 层级上为 CCE 0 ~ CCE 7 和 CCE 8 ~ CCE 15。

　　小区中的所有 UE 监听这些 CCE,这些 CCE 可用于传送任意 PDCCH 信令。在公共搜索空间之外,每个 UE 还必须在每个聚合层级(1CCE、2CCE、4CCE 和 8CCE)上监听一个 UE 特定搜索空间。UE 特定搜索空间可能会与公共搜索空间重叠。

　　一个小区中的可用 CCE 个数取决于带宽、天线口个数、PHICH 配置、PCFICH 值等属性。

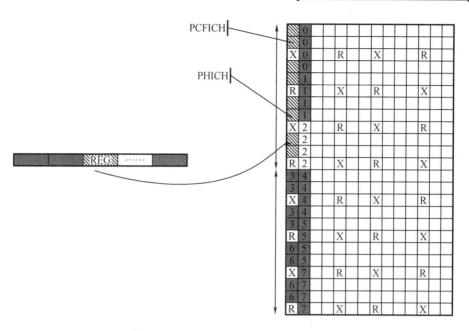

图 7-81 PDCCH 至 REG 的映射关系

3. PCFICH

PCFICH 用于告知 UE 一个子帧中用于 PDCCH 发送的 OFDM 符号的个数，以帮助 UE 解调 PDCCH。该信道包含了与物理小区相关的 32 bit 信息，这 32 bit 在调制和映射之前经过了加扰。

PCFICH 总是出现在子帧的第 1 个符号上。1 个 PRB 里的控制区域分为多个 REG，每个 REG 包含 4 个 RE(分配给参考信号用的 RE 不在 REG 内)，占用 $4 \times 4 = 16$RE，REG 的位置因系统带宽 N_{SC}^{RB} 和 N_{RB}^{Cell} 而异。1 个 REG 由位于同一 OFDM 符号上的 4 或 6 个相邻的 RE 组成，可用的 RE 只有 4 个，其余 2 个为参考信号，参考信号占用的 RE 不能被控制信道的 REG 使用。PCFICH 资源分配如图 7-82 所示。将控制格式 CFI 映射到正确的 REG 过程，表 7-12 列举了映射到 PCFICH 的 CFI 码字，每个子帧的 CFI 都可以发生变化。

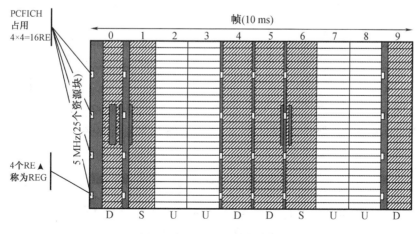

图 7-82 PCFICH 资源分配

表 7 – 12　映射到 PCFICH 的 CFI 码字

CFI	CFI 码字 < b0, b1, …, b31 >
1	< 0,1,1,0,1,1,0,1,1,0,1,1,0,1,1,0,1,1,0,1,1,0,1,1,0,1,1,0,1,1,0,1 >
2	< 1,0,1,1,0,1,1,0,1,1,0,1,1,0,1,1,0,1,1,0,1,1,0,1,0,1,1,0,1,1,1,0 >
3	< 1,1,0,1,1,0,1,1,0,1,1,0,1,1,0,1,1,0,1,1,0,1,1,0,1,1,0,1,1,0,1,1 >
4(保留)	< 0,0,0,0,0,0,0,0,0,0,0,0,0,0,0,0,0,0,0,0,0,0,0,0,0,0,0,0,0,0,0,0 >

4. PHICH

PHICH 用于承载 HARQ 的 ACK/NACK，对 UE 发送的数据进行 ACK/NACK 反馈。这些信息以 PHICH 组的形式发送，1 个 PHICH 组包括 3 个 REG，包含最多 8 个进程的 ACK/NACK。各组中的各个 HARQ 指示使用不同的正交序列来区分。PHICH 有普通和扩展两种配置。

普通 PHICH 的时频资源分配为 1 组普通 PHICH(3 个 REG)，如图 7 – 83 所示，TD – LTE 中通过使用不同的配置格式实现不同的下行子帧中的 PHICH 组数。

PHICH 资源量 N_g 包含在 MIB 中，通过 PBCH 发送。PHICH 组数可基于 N_g 计算得到，具体公式如下：

$$N_{\text{PHICH}}^{\text{group}} \begin{cases} [N_g (N_{\text{RB}}^{\text{DL}}/8)] & \text{使用普通 CP} \\ 2[N_g (N_{\text{RB}}^{\text{DL}}/8)] & \text{使用普通 CP} \end{cases}$$

式中，$N_g = 1/6, 1/2, 1$ 或 2。

扩展 PHICH 对于调度的成功率很重要。通过配置扩展 PHICH 可以实现频率和时间上的分集增益。扩展 PHICH 的时频资源分配如图 7 – 84 所示。

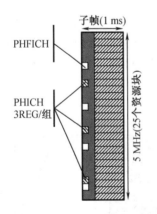

图 7 – 83　普通 PHICH 的时频资源分配

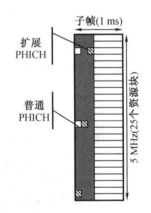

图 7 – 84　扩展 PHICH 的时频资源分配

5. PDSCH

PDSCH 用于承载高层业务数据及信令的多种物理传输信道，是 LTE 最重要的物理信道，包括 DL – SCH、PCH 等。高层数据在向 PDSCH 上进行符号映射时，避开控制区域(如 PDCCH 等)和参考信号、同步信号等预留信号。PDSCH 的时频资源分配如图 7 – 85 所示。

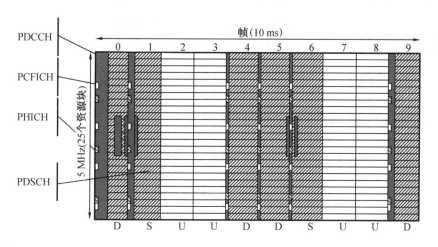

图 7 - 85 PDSCH 的时频资源分配

7.5 LTE 系统基本过程

UE 和网络在进行交互时涉及多个物理层的过程:UE 需要搜索到服务自己的网络并需要接入网络,网络向某终端建立业务连接;还涉及小区搜索、随机接入、寻呼等过程。

LTE 中,下行的物理层过程有小区搜索、寻呼过程、下行共享信道物理过程;上行的物理层过程有随机接入过程、上行共享信道物理层过程等。

7.5.1 小区搜索

在 LTE 系统中,UE 使用小区搜索来识别小区,读取小区广播信息并驻留、使用网络提供的各种服务。UE 在能与 LTE 网络进行通信之前,必须完成以下的工作。

第一,找到网络内的小区并与之同步。

第二,接收并解码与小区进行通信及正常工作所必需的小区系统信息。

第一项工作通常被称为小区搜索。UE 在小区搜索时要获得与小区的频率同步、符号同步、帧同步,小区标识号物理层 Cell ID、BCH 的调节信息。

在用户开机和小区切换的情况下,UE 不仅需要执行小区搜索(初步接入网络系统),还需要不断搜索邻小区信号,以取得同步并对接收信号质量进行评估,实现其与服务小区下行信号时频同步。UE 对邻小区接收信号质量与当前驻留小区接收信号质量进行比较,以判断是否需要执行切换(针对处于 RRC_CONNECTED 状态的 UE)或者重选(针对处于 RRC_IDLE 状态的 UE)。一旦 UE 正确解码了小区系统信息,就可以通过随机接入过程接入小区。

在 LTE 中总共有 504 个不同的物理层 Cell ID,按每个组 3 个 Cell ID 将物理层 Cell ID 的集合进一步划分为 168 个 Cell ID 组。

为了辅助小区搜索,在每个下行分量载波上有两个特殊的信号:PSS 和 SSS。这两个信号在 FDD 模式和 TDD 模式下在无线帧上的时域位置是有差别的。FDD 模式下,PSS 在第 0 子帧和第 5 子帧的第一个时隙的最后一个符号上传输;而 SSS 则在同一个时隙上紧邻最后那个符号的位置上传输,即 SSS 位于 PSS 之前的那个符号上。TDD 模式下,PSS 在第 1 子帧和第 6 子帧的第 3 个符号上传输,即在 DwPTS 域内;而 SSS 则在第 0 子帧和第 5 子帧的最后一个符号上传输,即 SSS 位于 PSS 之前 3 个符号上传输。

一个小区之内,一个无线帧内的两个 PSS 是完全一样的。根据小区的物理层 Cell ID,小区的 PSS 可采用 3 个不同的信号序列,一个 Cell ID 组内的 3 个 Cell ID 对应于不同 PSS。

小区搜索过程如图 7-86 所示。

图 7-86 小区搜索过程

小区搜索过程的具体步骤如下。

1. 从 PSS 信号上获取小区的组内 ID

UE 开机,在可能存在 LTE 小区的几个中心频点上接收 PSS 信号,以接收的信号强度指示(received signal strength indication,RSSI)来判断这个频点周围是否存在小区。如果 UE 保存了上次关机时的频点和运营商信息,则开机后会先在上次驻留的小区上尝试;如果没有,就要再划分给 LTE 系统的频带范围做全频段扫描,发现信号较强的频点去尝试,然后在这个中心频点周围接收 PSS 信号。PSS 信号占用了中心频带的 6RB,兼容所有的系统带宽,信号以 5 ms 为周期重复,并且是 Zadoff-Chu(ZC)序列,具有很强的相关性,因此可以被直接检测并接收到。UE 据此可以得到小区组内 ID,确定 5 ms 的时隙边界,同时通过检查这个信号在时域结构上的差别确定是采用 FDD 还是采用 TDD。由于 PSS 信号以 5 ms 为周期重复,因此在这一步它还无法获得帧同步。

2. 从 SSS 信号上获取小区组号

5 ms 时隙同步后,UE 在 PSS 的基础上向前搜索 SSS。因 SSS 位于相对于 PSS 的一个固定的偏移处,由两个端随机序列组成,前后半帧的映射正好相反,因此只要 UE 接收到两个 SSS 就可以确定 10 ms 的时隙边界,即 UE 检测到 PSS 之后就知道了 SSS 位置,达到了帧同步的目的。SSS 信号携带了小区组 ID,与 PSS 结合就可以获得物理层 ID(Cell ID),这样就可以进一步得到下行参考信号的结构信息。

3. UE 接收下行参考信号,用来进行精确的时频同步

一旦 UE 获取了无线帧同步和物理层 Cell ID,便可以识别出下行参考信号。下行参考信号是 UE 获取信道估计信息的"指示灯"。UE 通过下行参考信号可清楚地了解频率偏差、时间提前量、链路衰落的情况,通过解调参考信号可以进一步地精确时隙与频率同步,然后在时间和频率上与基站保持同步,同时可以为解调 PBCH 做信道估计。

但对于初始小区搜索和目的在于邻小区测量的小区搜索这两种情况,UE 的具体行为会有稍许差别:在初始小区搜索的情况下,UE 处于 RRC_IDLE 状态,以获取系统信息中的最基本信息,将小区专用参考信号用于信道估计,以及对 BCH 传输信道的数据解码。在移动测量的情况下,UE 处于 RRC_CONNECTED 状态,将测量小区专用参考信号的接收功率,如果测量值满足可配置的条件,就会触发其向网络侧发送一个小区专用参考信号接收功率(reference signal received power,RSRP)测量报告。根据所述测量报告,网络侧将决定 UE 是否需要进行切换。RSRP 测量报告还可以用于分量载波的管理,如是否应该再额外配置一个分量载波,或者是否应该对主分量载波进行重配置。

4. UE 接收小区广播信息

基站的广播信息是面向小区所有 UE 发送的,有需要的 UE 就去接收解调。完成了上述步骤后,UE 与基站完成了时频同步,接收网络侧不断重复的广播并解调 MIB,获取小区系统信息:上、下行系统带宽参数,天线配置参数,上、下行时隙配置,以及随机接入和传输的具体参数等。

在 LTE 中,系统信息通过两种不同的机制并依靠两个不同的传输信道来发送:MIB 信息在 PBCH 上传输;系统信息的主要部分——SIB 在下行共享信道 DL-SCH 上传输。

一个对应于 MIB 信息的 PBCH 传输块,每 40 ms 传输一次,因此 BCH 信道的传输时间间隔为 40 ms。PBCH 在子帧 0 的时隙 1 上发送,紧靠 PSS。通过解调 PBCH 可以得到 SFN、下行小区带宽信息、小区 PHICH 的配置以及天线配置。

(1)MIB 信息在 PBCH 上传输

MIB 信息中包含了 3 bit 用以指示下行小区带宽,可为每个频段定义 8 种不同的、以资源块数量来度量的带宽;还包含 3 bit PHICH 的配置信息。UE 根据 PHICH 的配置信息接收 PDCCH 上传输的 L1/L2 控制信令,然后由 PDCCH 上承载的信令信息来获取承载在 DL-SCH 上的系统信息的其余部分。UE 可以在不接收 PDCCH 的情况下对 PBCH 上传输的 MIB 信息进行接收和解码。

SFN 位长为 10 bit,也就是取值从 0～1 023 循环。在 PBCH 的 MIB 广播中只广播 SFN 前 8 bit,剩下的 2 bit 根据该帧在 PBCH 40 ms 周期窗口的位置确定,第 1 个 10 ms 帧为 00,第 2 个为 01,第 3 个为 10,第 4 个为 11。UE 可以通过对 PBCH 的解码间接获得 SFN 的最后 2 bit。

PBCH 的多天线传输被限制为只能采用传输分集的方式,在两天线端口的情况下为 SFBC,在四天线端口的情况下为 SFBC 与 FSTD 的结合。因此,通过盲检测 BCH 所采用的传输分集方式,UE 便可间接判断出小区的天线端口的数目,同时,此传输分集方式也将被用于 L1/L2 控制信令的发送。

编码后的 PBCH 传输块相对于其他下行传输信道而言,并不以资源块为单位进行映射,而是被映射到连续 4 个无线帧上的第 1 个子帧的第 2 个时隙的前 4 个 OFDM 符号上传输,且仅存在于中间的 72 个子载波上。因此,在 FDD 中,PBCH 紧跟在子帧 0 的 PSS 和 SSS 之后,相应的资源单元不能用于 DL - SCH 的传输。

(2)SIB 信息在下行共享信道 DL - SCH 上传输

PBCH 上传输的 MIB 信息仅包含系统信息中有限的一部分,系统信息的主要部分包含在 DL-SCH 上传输的不同 SIB 中。传输包含特殊系统信息无线网络临时标识(system information-radio network temporary identifier, SI - RNTI)的 PDCCH 可指示在一个子帧的 DL - SCH信道上是否存在系统信息。PDCCH 为普通的 DL - SCH 传输提供了调度指示信息。包含特殊的 SI - RNTI 的 PDCCH 同样也为系统信息块传输指示传输方式和物理资源(资源块位置)信息。在 PDCCH 信道域的公共搜索空间里查找发送到 SI - RNTI 的候选 PDCCH,如果找到并通过了相关 CRC 校验,表示有相应的 SIB 信息,于是接收 PDSCH 并解调 PDSCH 对应的 SIB 内容,译码后将 SIB 上交给高层(RRC)协议栈,不断接收 SIB,直到上层认为系统信息足够后停止接收,此时小区搜索结束。

按所包含的不同类型的信息进行区分,LTE 定义了若干不同的 SIB。

(1)SIB1 主要包含是否允许一个 UE 驻留在某个小区的相关信息。如果说对于哪些用户能接入小区等方面有限制的话,其中就包括小区运营商的相关信息。在 TDD 中,SIB1 还包含上、下行子帧分配和特殊帧配置的相关信息,以及其余 SIB(SIB2 及其他 SIB)的时域调度信息。

(2)SIB2 包含 UE 所必需的能正常接入小区的信息,包括上行小区带宽、随机接入的参数以及有关上行功率控制的参数。

(3)SIB3 包含小区重选的相关信息。

(4)SIB4 ~ SIB8 包含邻小区的相关信息,包括同频邻小区的相关信息、异频邻小区的相关信息,以及如 WCDMA/HSPA、GSM 和 CDMA2000 的非 LTE 小区的相关信息。

(5)SIB9 包含隶属于 eNodeB 的名字信息。

(6)SIB10 ~ SIB12 包含公共警告消息,如地震信息。

(7)SIB13 包含接收 MBMS 所必需的信息。

(8)SIB14 用于提供增强的禁止接入的相关信息,以控制终端接入小区的可能性。

(9)SIB15 包含接收邻频点 MBMS 所必需的信息。

(10)SIB16 包含 GPS 时间和 UTC。

并不是所有的 SIB 都需要在小区进行广播,如 SIB9,它与运营商的部署节点并不相关;如果小区不提供 MBMS 服务的话,SIB13 也不是必需的。

与 MIB 相类似,SIB 也是不断重复进行广播的。某个 SIB 的发送频率取决于 UE 进入小区时获取相应系统信息的速度。映射到相同 SI 中的 SIB 必须具有相同的发送周期,如两个发送周期为 320 ms 的 SIB 可映射到同一个 SI 中,但另一个发送周期为 160 ms 的 SIB 必须被映射到另一个不同的 SI 中。通常来说,较低阶的 SIB 对时间的要求更严格,因此相比于较高阶的 SIB 发送得更加频繁。SIB1 每 80 ms 发送一次,而更高阶的 SIB 的发送周期是灵活的,且在不同网络中可以是不相同的。

7.5.2 寻呼

LTE 系统中,网络寻找某个用户的过程称为寻呼。用户做被叫,网络侧发起的呼叫建立过程一定包含寻呼过程。寻呼过程并不是单纯的物理层过程,需要高层的配置和指示。除了用于对处于 RRC_IDLE 状态的 UE 发起建立连接、发送数据外,寻呼还可用于通知处于 RRC_IDLE 状态以及 RRC_CONNECTED 状态的 UE 关于系统信息的更新等。因此被寻呼的 UE 知道系统信息将会改变。

LTE 系统中,UE 在大部分时间内处于休眠状态。有效的寻呼过程应该允许 UE 在休眠状态时不进行任何接收处理,只在事先定义的时间段内醒来监测网络侧是否下发属于自己的寻呼信息。这种休眠－唤醒不连续接收的机制称为 DRX。

LTE 系统在空闲 UE 中使用 DRX 功能以减少功率消耗,定义寻呼周期,以允许 UE 在绝大多数时间处于休眠状态,而仅在特定时间段内短暂醒过来以监测 L1/L2 控制信令。UE 通过从 SIB2 中获取 DRX 相关信息,根据 DRX 周期监测 PDCCH 信道。如果 UE 在醒过来的时候检测到用于寻呼的组标识[寻呼无线网络临时标识(paging-radio network temporary identifier,P－RNTI)],将处理相应的在 PCH 上传输的下行寻呼信息(寻呼信息包含被寻呼 UE 的标识),解调 PCH 信道以确定寻呼信息是否属于自己。UE 若未在寻呼信息中找到其标识,则会丢弃所接收到的寻呼信息,并根据 DRX 周期进入休眠状态。寻呼流程如图7－87所示。

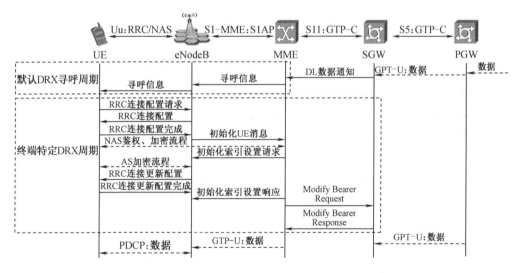

图 7 - 87 寻呼流程

下面对具体寻呼流程进行介绍。

1.寻呼的发送

由网络向空闲态或连接态的 UE 发起:寻呼信息会在 UE 注册的所有小区发送。寻呼的触发源包括核心网(MME)触发和 eNodeB 触发。

核心网触发：核心网发送寻呼信息时，eNodeB 根据寻呼信息中携带的 UE 跟踪区域列表（TAL）消息，通过 PCCH 向其下属与 TAL 的所有小区发送寻呼信息，通知 UE 接收寻呼请求。寻呼信息包括指示寻呼来源的域、UE 标识（S－TMSI 或 IMSI）。

eNodeB 触发：系统信息更新时，eNodeB 通过寻呼系统信息通知小区内的所有 EMM 注册态的 UE 接收系统更新信息等信息，并在紧随的下一个系统信息修改周期中发送更新的信息。

2. 寻呼的读取

当 UE 处于 RRC_IDLE 状态的时候，寻呼用于网络侧发起的连接建立。在 LTE 系统中，寻呼采用了与在 DL－SCH 上进行普通下行数据传输相同的机制，移动 UE 通过监测 L1/L2 控制信令以获得寻呼相关的下行调度指示。由于通常在小区级别，UE 在小区内的位置对网络侧来说是未知的，因此寻呼信息通常会在 TA 的多个小区内发送。

UE 寻呼信息的接收遵循 DRX 的原则。根据 DRX 周期在特定时刻根据 P－RNTI 读取 PDCCH，UE 根据 PDCCH 的指示读取相应的 PDSCH，并将解码的数据通过寻呼传输信道（PCH）传到 MAC 层。PCH 传输块包括被寻呼 UE 信息（S－TMSI 或 IMSI）。若未在 PCH 上找到自己的标识，UE 再次进入 DRX 状态。

网络侧配置了 UE 应该在哪些子帧醒过来以监听寻呼信息。通常该配置是按小区设置的，也可能有按 UE 设置的配置作为补充。给定 UE 应该在哪个子帧醒过来以搜索 PDCCH 上的 P－RNTI 由公式决定，公式的输入包括 UE 的标识以及小区级的和（可选的）UE 级的寻呼周期。所使用的标识为在运营商处注册用户的 IMSI，对一个 UE 的寻呼周期范围为从每 256 个无线帧一次到每 32 个无线帧一次。在一个无线帧中监测寻呼的子帧也由 IMSI 推导得出。由于不同的 UE 具有不同的 IMSI，因此它们会计算得出不同的寻呼时机。

具体过程如下。

（1）SGW 收到一个带有 UE 标识的下行数据，但 UE 并未与其产生连接时，先缓存这些数据并确认为 UE 提供服务的 MME。

（2）SGW 向 MME 发送下行数据通知消息，这个节点与 UE 由控制面连接。

（3）如果 UE 注册到 MME，则 MME 向 UE 注册的 TAL 所属的所有 eNodeB 发送寻呼信息。

（4）若 eNodeB 收到 MME 的寻呼信息，则对 UE 发起寻呼。

（5）当 UE 处于空闲时，UE 在 E－UTRAN 中响应寻呼。

（6）UE 在 RRC 连接配置过程中，发送 NAS 消息给 eNodeB；eNodeB 再转发这个 NAS 消息给 MME。

（7）MME 可以选择触发安全流程（鉴权、加密）。

（8）MME 发送 S1－AP 初始化索引配置请求消息（携带 SGW 地址、EPS 承载 QoS、安全索引等）给 eNodeB，用于激活 S1 口承载。

（9）eNodeB 将建立无线侧承载，并发送 RRC 连接更新配置消息给 UE；UE 恢复 RRC 联系，更新配置完成消息给 eNodeB。

（10）eNodeB 将 UE 的上行数据转发给 SGW；SGW 再把上行数据转发给 PGW。

（11）eNodeB 发送包含 eNodeB 下行数据 TEID（TEID 为隧道终结点标识，全称为 tunnel endpoint identifier）的 S1 – AP 初始化索引配置完成消息给 MME。

（12）MME 发送包含 eNodeB、S1 – TEID 等更新承载请求消息给 SGW；SGW 传送下行数据给 UE。

（13）SGW 发送更新承载响应消息给 MME。

7.5.3　随机接入过程

随机接入是用于 UE 接入网络的过程，包括网络获得上行同步以及接入网络过程中控制信令交互，在小区搜索后用于网络接入。LTE 系统中，上行时频同步和重新申请上行带宽资源都需要启动随机接入过程来完成。启动随机接入过程的场景有如下几种：UE 开机、UE 从空闲状态到连接状态、发生小区切换。根据需要，随机接入可以采用基于竞争或者非竞争的随机接入方案，随机接入使用场景如图 7 – 88 所示。基于非竞争的随机接入方案只能用于下行数据到达情况下的上行同步的重建、辅分量载波的上行同步、切换和定位。

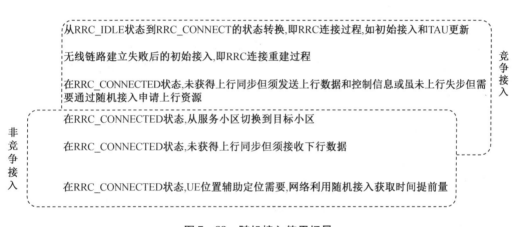

图 7 – 88　随机接入使用场景

在 LTE 系统中，随机接入主要用于无线链路建立过程中的初始接入（从 RRC_IDLE 状态切换到 RRC_CONNECTED 状态）；在无线链路建立失败之后的链路重建；当需要建立同新小区的上行同步时进行切换；当 UE 处于 RRC_CONNECTED 状态但上行失败时，如果此时有上行或者下行数据到达，则需要建立上行同步；采用基于上行测量的定位方法以进行定位；在还未在 PUCCH 上为 UE 配置专用的发送调度请求的资源时作为一种调度请求。

随机接入过程的一个目标就是获取上行同步，在建立初始无线链路时（也即 UE 从 RRC_IDLE 状态切换到 RRC_CONNECTED 状态）；另外一个目标是为终端分配一个唯一的 C – RNTI 标识。

下面对随机接入的基本过程进行介绍。

（1）发送随机接入前导序列

UE 在随机接入信道发送带有循环前缀和随机接入前导序列的随机接入前导，通知基站有 UE 接入；eNodeB 据此估计 UE 的传输时延，调整 UE 的上行发送时间。发送随机接入前导序列所占用的时频资源被称作 PRACH 资源。网络侧在 SIB2 消息中向所有 UE 广播允许用于发送随机接入前导序列的时频资源。作为随机接入过程的第一步的一部分,UE 选取一个随机接入前导序列并在 PRACH 上发送。

(2)随机接入响应

eNodeB 通过 DL－SCH 检测到的随机接入响应发送一条消息,该消息包含网络侧检测到的随机接入前导序列的索引值;接收机通过所接收随机接入前导序列计算出的时域相关值;指示 UE 将要发送消息所使用的资源的调度指示;UE 与网络侧之间进一步通信的临时小区无线网络临时标识(temporary C－RNTI,TC－RNTI)。如果网络侧检测到多个随机接入的请求(来自不同的 UE),针对多个 UE 的各响应消息可被合并为一条消息发送。如果专用的随机接入前导序列采用了基于非竞争的随机接入,则这是随机接入过程的最后一步,在这种情况下无须处理竞争冲突,UE 已经具有了分配给它的唯一的 C－RNTI 标识。

(3)UE 识别

UE 的上行时间与网络侧同步完成后,但在 UE 进行用户数据接收或者发送之前,网络侧还必须为 UE 分配一个小区内的唯一的 C－RNTI 标识(除非 UE 已经被分配过了)。根据 UE 所处的状态,为建立 UE 到网络侧的连接还需要进行额外的消息交互。UE 使用接收的随机接入响应中所指示的 UL－SCH 资源向 eNodeB 发送必要的信息,上行消息中包含 UE 的身份标识信息是一个重要部分,该身份标识信息将被用于第(4)步中竞争解决机制。如果 UE 处于 RRC_CONNECTED 状态,即 UE 已连接到一个已知的小区,因此已被分配了一个 C－RNTI,此 C－RNTI 被用于所述上行消息中的 UE 身份标识,否则会采用 UE 在核心网的身份标识,这种情况下 eNodeB 需要在对第(3)步发送的上行消息进行响应之前,让核心网也参与进来进行判别。

该步骤的上行消息采用按 UE 进行加扰的方式在 UL－SCH 上的传输,此时 UE 可能还未被分配最终的 C－RNTI 标识,因此不能基于 C－RNTI 进行加扰,而是采用 TC－RNTI 来进行加扰处理。

(4)竞争解决

从第(2)步起,在第(1)步中采用相同的随机接入前导序列,同时进行随机接入尝试的多个 UE 会在第(2)步中监听相同的随机接入响应消息,于是它们会获得相同的 TC－RNTI,因此随机接入过程的最后一步包括一条用于竞争解决的下行消息。随机接入过程的第(4)步是竞争解决,以确保 UE 没有不正确地使用其他 UE 的标识。从第(3)步所接收到的上行消息中,网络侧可以知晓 UE 是否具备了有效的 C－RNTI;根据 UE 是否已经具备了有效的 C－RNTI 标识,竞争解决机制会有所区别。

如果 UE 已经具备了网络侧分配的 C－RNTI,则竞争解决消息可使用 C－RNTI 在 PDCCH 上寻址 UE 来进行竞争解决。一旦在 PDCCH 上检测到属于它的 C－RNTI,UE 将宣布随机接入成功,而无须接收在 DL－SCH 上传输的竞争解决的相关信息。由于 C－RNTI 对一个 UE 来说是唯一的,非目标 UE 将会忽略 PDCCH 传输上的这条消息。

如果 UE 没有有效的 C－RNTI,竞争解决消息采用 TC－RNTI 来寻找 UE,而相应的 DL－SCH 会包含竞争解决的消息。UE 将所述竞争解决消息中携带的标识信息与其在第

（3）步中所发送的标识信息进行比较。只有观察到第（4）步所接收到的标识与第（3）步所发送的标识相匹配，UE 才会宣称随机接入成功，从第（2）步所获得的 TC-RNTI 提升为 C-RNTI。由于上行同步已经建立起来了，该步骤中的下行信令的传输会运用到 HARQ 机制。若检测到第（3）步所发送的标识与第（4）步所接收消息中的标识相匹配，UE 将在上行发送一个 HARQ 确认响应。

如果 UE 用它们的 C-RNTI 未能检测到 PDCCH 传输的 UE，或者发现第（4）步中所接收到的标识与其在第（3）步中所发送的标识不匹配，则认为随机接入失败，需要从第（1）步起重新开始随机接入过程，并且这些 UE 不会发送 HARQ 响应。另外，如果 UE 从第（3）步发送上行消息算起在一段时间内未能在第（4）步中收到下行消息，则会宣告本次随机接入尝试失败，需要从第（1）步起重新开始随机接入过程。

7.5.4　跟踪区域更新

当 UE 由一个跟踪区域向另一个跟踪区域移动时，必须在新的跟踪区域更新位置信息，并通知网络更改它存储的该 UE 的位置信息。该过程即为跟踪区域更新。跟踪区域更新过程是 LTE 终端协议栈的一个重要过程，可分为：正常跟踪区更新、周期性跟踪区更新、同一 MME 内不同 eNodeB 之间的跟踪区域更新及 MME 之间的跟踪区域更新。

跟踪区域更新触发条件包括 UE 进入了不属于旧 TAI List 的新 TAI；周期更新的时钟超时；重选了新的接入网络；核心网过载；无线环境出问题。UE 进入新的 TA 时，其 TAI 不在 UE 存储的 TAI List 内，跟踪区域更新可以在网络中登记新的用户位置信息，给用户分配新的 GUTI。在以下场景下，MME 会分配新的 GUTI：若跟踪区域更新过程中更换了 MME 池，则核心网会在 TAU Accept 消息中携带新的 GUTI 并分配给 UE；如果 MME 打开了 GUTI 重分配开关，则每次跟踪区域更新的时候，MME 都会分配新的 GUTI 给 UE，使 UE 和 MME 的状态由 EMM_DEREGISTERED 变为 EMM_REGISTERED。UE 短暂进入无服务区后回到覆盖区并恢复信号，且周期性跟踪区域更新到期；IDLE 态用户可通过跟踪区域更新过程请求建立用户面资源。

跟踪区域更新按场景分为：UE 所属 MME 和 SGW 都没有改变；UE 所属 MME 没有改变，但该 TA 所属的 SGW 发生变化；UE 所属的 MME 发生改变，但该 TA 所属的 SGW 没有发生变化；UE 所属的 MME 和 SGW 都发生了变化。

跟踪区域更新按 UE 状态分为：空闲态跟踪区域更新、连接态跟踪区域更新。

空闲态跟踪区域更新流程如下。

（1）UE 随机接入 eNodeB，建立上行链路的同步。

（2）在 RRC_IDLE 时，UE 先和 eNodeB 建立 RRC 连接，并通过 RRC Connection Setup Complete 消息携带 NAS 消息（TAU Request），再通过 TAU Request 消息触发跟踪区域更新流程。

（3）新 MME 通过旧 GUTI 获得旧 MME/S4 SGSN 地址，并发送 Context Request 消息去找回用户的信息。旧 MME 利用完整的 TAU Request 消息来检查 Context Request 消息的有效性，而旧 SGSN 则会通过 P-TMSI Signature 来验证其有效性。如果新 MME 指明其已经对 UE 进行过鉴权或者 UE 已经通过旧 MME/SGSN 的有效性检查,旧 MME/SGSN 就会开启一个定时器,用来监控资源删除情况。

(4)旧 MME/SGSN 发送 Context Response 消息来响应 MME。

(5)如果第(2)步的有效性检查失败,则需要进行鉴权流程。

(6)新 MME 还需决定是否要更换 SGW,可能需要重新选择 SGW。

(7)新 MME 发送 Context Acknowledge 消息给旧 MME/SGSN,以保证旧 MME/SGSN 能够及时更新 SGW、PGW 以及 HSS 的相关信息,防止一次跟踪区域更新流程还未完成,UE 又发起回到旧 MME/SGSN 的跟踪区域更新流程。

(8)MME 为 UE 建立 MM 上下文。MME 会验证来自 UE 的 EPS 承载状态和从旧 MME/SGSN 得来的承载上下文,并且释放那些非活动态的用户承载资源。如果没有承载上下文,则 MME 将会发起 TAU Reject 拒绝消息。如果新 MME 选择一个新 SGW,则新 MME 会向新 SGW 发送 Create Session Request 消息去建立承载。

(9)新 SGW 发送 Modify Bearer Request 消息给相关的 PGW。

(10)PGW 修改自己的承载上下文,并且返回 Modify Bearer Response 消息给 SGW。

(11)SGW 更新它的承载上下文并返回 Create Session Response 消息给新 MME,这样就可以进行上行数据报文转发了。

(12)MME 验证自己是否有来自原侧 MME/SGSN 的签约信息,若没有则发送 Update Location 到 HSS 去取用户的签约信息。

(13)HSS 发送 Cancel Location 给旧 MME,将 Cancellation Type 设置为 Update Procedure。

(14)如果第(3)步中的定时器已经超时,则旧 MME 将删除 MM 上下文,否则会在定时器超时之后删除 MM 上下文。这样当第一次跟踪区域更新还没进行完,但 UE 又触发另一个跟踪区域更新流程到旧 MME 的时候,能保证 MM 上下文还存放在旧 MME 中。

(15)当旧 SGSN 收到 Context Acknowledge 消息,并且 UE 还有 Iu 连接时,旧 SGSN 会在第(3)步中设置的定时器超时之后发送 Iu Release Command 消息到 RNC(RNC 在 4G 中没有独立的实体了,功能被划分到 eNodeB 和核心网网元中)以释放 Iu 连接。

(16)RNC 发送 Iu Release Complete 消息响应旧 SGSN。

(17)HSS 发送 Update Location Ack 消息响应新 MME。

(18)当第(3)步中的定时器超时之后,旧 MME/SGSN 会释放承载资源。如果旧 MME/SGSN 在 Context Acknowledge 消息中收到 SGW 变换过的说明,则旧 MME/SGSN 将删除 EPS 承载资源,即发送 Delete Session Request 给旧 SGW。

(19)旧 SGW 发送 Delete Session Response 确认消息。

(20)新 MME 向 UE 发送 TAU Accept 消息。如果新 MME 重新分配了 GUTI,则会通过 TAU Accept 消息将 GUTI 下发给 UE。

(21)MME 在下发 TAU Accept 消息的过程中,同时需要进行 RRC Security Mode Command 以及 UE 能力查询。其中,eNodeB 给 UE 下发的 TAU Accept 消息包含在 RRC 重配置消息中。

（22）如果 TAU Accept 消息重新分配了 GUTI，那么 UE 会发送 TAU Complete 消息给 MME 侧。

（23）跟踪区域更新完成以后，核心网通知 eNodeB 立即释放 RRC 连接，则 UE 重新回到空闲态。

（24）连接态跟踪区域更新流程。RRC 连接态跟踪区域更新流程和空闲态跟踪区域更新流程基本一致，区别在于：连接态下的跟踪区域更新不需要建立 RRC 链路，并且在跟踪区域更新完成后不需要释放 RRC 连接；连接态下的跟踪区域更新一定会伴随着切换流程，跟踪区域更新流程是在切换流程完成之后发起的。

第8章 5G移动通信技术

8.1 本章概述

8.1.1 5G移动通信技术的定义

第五代移动通信技术(即5G移动通信技术)是最新一代蜂窝移动通信技术,是新一代信息基础设施的重要组成部分。2019年10月31日,我国三大运营商(中国移动、中国联通、中国电信)公布5G商用套餐,并于同年11月1日正式上线5G商用套餐,标志着我国正式开启5G网络商用,跨入"5G时代"。与4G移动通信技术相比,5G移动通信技术具有"超高速率、超低时延、超大连接"的技术特点,不仅进一步提升了用户的网络体验,为移动终端带来更快的传输速度,同时还将满足未来万物互联的应用需求,赋予万物在线连接的能力。

ITU定义了5G移动通信技术的3大应用场景:增强型移动宽带(enhanced mobile broadband,eMBB)、海量机器类通信(massive machine type communication,mMTC)及低时延高可靠通信(ultra reliable and low latency communication,URLLC),如图8-1所示。

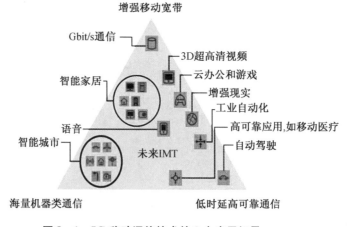

图8-1 5G移动通信技术的3大应用场景

eMBB主要提升娱乐、社交等个人消费业务的通信体验,适用于高速率、大带宽的移动宽带业务。mMTC和URLLC则主要面向物物连接的应用场景,其中,mMTC主要满足海量物物连接的通信需求,面向以传感和数据采集为目标的应用场景;URLLC则基于其低时延和高可靠的特点,主要面向垂直行业的特殊应用需求。

具体来说,eMBB主要针对人与人、人与媒体的通信场景,核心是速率的提升。5G标准要求单个 5G 基站至少能够支持 20 Gbit/s 的下行速率以及 10 Gbit/s 的上行速率,这个速率比 LTE-A 的 1 Gbit/s 的下行速率和 500 Mbit/s 上行速率均提高了 20 倍,适用于 4K/8K 分辨率的超高清视频、VR/AR(VR 为虚拟现实,全称为 virtual reality;AR 为增强现实,全称为 augment reality)等大流量应用,符合"无限流量、G 级速率"的特性。

URLLC 主要针对工业生产和工业控制的应用场景,强调较低的延时和较高的可靠性两个方面。在 4G 网络中,端到端时延为 50~100 ms,而 URLLC 要求 5G 的端到端时延必须低于 1 ms,比 4G 网络要低一个数量级,这样才能应对无人驾驶、智能生产等低时延应用业务。这些业务对差错的容忍度非常小,需要通信网络全天候服务,几乎无中断服务的可能,符合"时延微小、高度可靠"的特性。

mMTC 主要针对人与物、物与物的互联场景,这种场景强调大规模的设备连接能力、处理能力以及低功耗能力,比如,在连接能力上能够达到 100 000 连接/扇区,在供电上要求至少 5 年以上的电池持续能力,符合"海量设备、绿色耗能"的特性。

面向未来,移动互联网和物联网业务将成为移动通信发展的主要驱动力。5G 将满足人们在居住、工作、休闲和交通等各方面的多样化业务需求,即便在密集住宅区、办公室、体育场、露天集会、地铁、高速公路、高铁和广域覆盖等具有超高流量密度、超高连接数密度、超高移动性特征的场景,也可以为用户提供超高清视频、虚拟现实、增强现实、云桌面、在线游戏等极致业务体验。与此同时,5G 还将渗透到物联网及各种行业领域,与工业设施、医疗仪器、交通工具等深度融合,有效满足工业、医疗、交通等垂直行业的多样化业务需求,实现真正的"万物互联"。

5G 的关键性能比以前几代移动通信更加多样化,用户体验速率、连接数密度、端到端时延、峰值速率和移动性等都将成为 5G 的关键性能指标。然而,与以往只强调峰值速率的情况不同,业界普遍认为用户体验速率是 5G 最重要的性能指标,它真正体现了用户可获得的真实数据速率,也是与用户感受最密切的性能指标。基于 5G 主要应用场景的技术需求,5G 用户体验速率应达到 Gbit/s 量级。而对于物联网和垂直行业应用场景,前几代通信系统都没有很好应对的底层技术能力,也就谈不上海量连接和优良的端到端时延,但是 5G 却能从根本上解决这些问题,海量连接能力和低时延、高可靠的特性成为 5G 的关键性能指标。

面对多样化场景的极端差异化性能需求,5G 很难像以往一样以某种单一技术为基础,形成针对所有场景的解决方案。此外,当前无线技术创新也呈现多元化发展趋势,除了新型多址技术之外,大规模天线阵列、超密集组网、全频谱接入、新型网络架构等也是 5G 主要技术方向,均能够在 5G 主要技术场景中发挥关键作用。综合 5G 关键性能与核心技术,5G 概念可由"标志性能力指标"和"一组关键技术"共同定义。其中,标志性能力指标为 Gbit/s 的用户体验速率、海量连接和低时延、高可靠;一组关键技术包括大规模天线阵列、超密集组网、新型多址、全频谱接入和新型网络架构等。

8.1.2　5G 演进和标准化

5G 的发展并不是一蹴而就的,而是经过了多年的逐步演进的。随着功能不断扩展和累积,技术不断研发和提升,标准逐步制定和完善,5G 系统才发展成一个功能多样、技术先进

的最新一代的移动通信系统。

1.5G 演进及其各版本的功能

作为新一代的移动通信技术,5G 远比前几代移动通信技术复杂,要求也高,应用场景也多。5G 网络除了具有高速度的特性之外,还具有低功耗、低时延、海量连接和高可靠等特性。国际电信联盟定义的 3 大场景对业务的要求远比过去复杂。这种情况下,无线控制承载分离、无线网络虚拟化、增强基于云计算的无线接入网构架(cloud-radio access network,C‒RAN)、边缘计算、多制式协作与融合、网络频谱共享、无线传输系统等大量技术被运用于 5G。而不同运营商、不同的场景对 5G 的要求也不同。这种情况下的 5G 标准就是大量技术形成的一个集合,而不是几项技术,更不能简化为编码技术。根据 3GPP 公布的 5G 网络标准制定过程,目前比较清晰的 5G 标准演进分为 4 个阶段,这 4 个阶段之后是 5G 的延续还是 6G,目前仍未有定论。

第一阶段:启动 R15 计划,详细地对 5G 技术的实现方式、实现效果、实现指标进行了规划。在该阶段,5G 技术的主要标准有两个:独立组网标准(stand alone,SA)和非独立组网标准(non‒stand alone,NSA)。3GPP 分别在 2017 年 12 月和 2018 年 6 月 14 日完成了 NSA 和SA 标准的制定。2018 年 5 月 21 日至 25 日,国际移动通信标准化组织 3GPP 在韩国釜山召开了 5G 第一阶段标准制定的最后一场会议,确定了 R15 标准的全部内容。2018 年 6 月 14日,3GPP 正式批准第五代移动通信独立组网标准冻结,意味着 5G 完成了第一阶段全功能标准化工作。

第二阶段:启动 R16 为 5G 标准的第二个版本,主要是对 R15 的一个补充和完善。R16版本计划于 2019 年 12 月完成,全面满足 eMBB、URLLC、mMTC 等各种场景的需求,特别是解决后两种场景的一些关键技术问题。3GPP TSG[①] 第 88 次全体会议于 2020 年 7 月 3 日宣布冻结 5G R16 标准。

第三阶段:2019 年 12 月 3GPP RAN#86 会议最终确认批准 R17 的内容,后面开始正式进行 R17 规范的制定并于 2021 年 6 月冻结规范。

第四阶段:3GPP 已经明确表示,5G 会有 R18 版本,但是 R18 版本的功能会根据 R17 版本的规划和实现情况来确定。目前,R18 版本的立项工作已全面展开,5G 标准迈入 5G‒Advanced 新阶段。

(1)R15 版本的主要功能

R15 版本是 5G 标准的第一个成熟的版本,包括 5G 所有新的特性和新的技术。本节介绍的都是 R15 版本功能。简单来说,5G 定义了 eMBB、URLLC、mMTC 3 大场景。针对这3 大场景,3GPP R15 标准中不仅定义了 5G NR(5G new radio,5G 新无线),还定义了新的 5G核心网(5G core network,5GC),以及扩展增强了 LTE/LTE‒Advanced 功能。

①5G NR

R15 的 5G NR 主要针对 eMBB 和 URLLC 两大场景定义了新规范。针对 eMBB 场景,NR 主要定义了 3 大类技术:高频/超宽带传输、大规模天线技术、灵活的帧结构和物理信道

---

① TSG 为技术规范组,全称为 Technical Specification Group。

结构。URLLC旨在支持或协助完成一些近实时和高可靠性需求的关键任务型业务,比如自动驾驶、工业机器人和远程医疗等。一方面,R15的URLLC通过使用更宽的子载波间隔并减少OFDM符号数量可实现更低时延的通信;另一方面,为了实现高可靠性,R15还为URLLC定义了新的CQI及调制和编码方案(modulation and coding scheme,MCS)。

②增强LTE/LTE - Advanced

5G LTE/LTE - Advanced针对eMBB、mMTC和URLLC 3大场景都进行了功能扩展和增强,其中5G mMTC场景主要基于LTE/LTE - Advanced技术扩展,以适应大规模物联网通信。5G网络也要能支持VR、自动驾驶等低时延业务,为此,R15定义了在LTE/LTE - Advanced上实现低延迟高可靠通信的功能。

③5G核心网

从核心网侧的角度,针对独立组网和非独立组网,5G核心网也将提供两种解决方案:EPC扩展方案和5G核心网。

(2)R16版本的主要功能

在3GPP正式冻结5G第一阶段标准的同时,第二阶段的研究也开始紧锣密鼓地进行。2018年6月15日,3GPP正式确定5G第二阶段标准R16的主要研究方向,具体如下。

①对5G第一阶段标准R15中的MIMO进一步进行演进

5G R16标准中,对R15中MIMO的功能进一步增强,包括多用户MIMO(MU - MIMO)增强、波束管理增强等。

②52.6 GHz以上的5G新空口

5G R16标准对5G系统使用52.6 GHz以上的频率资源进行研究。

③5G NR及其双连接

5G R15定义了EUTRA - NR双连接、NR - EUTRA双连接、NR - NR双连接,但不支持异步的NR - NR双连接,而5G R16研究异步的NR - NR双连接方案。

④无线接入/无线回传"一体化"

随着5G网络密度的增加,无线回传是一种潜在的方案。基于5G新空口的无线回传技术研究已在R15阶段启动,3GPP在R16阶段继续研究并考虑无线接入/无线回传联合设计。

⑤工业物联网

5G R16进一步研究URLLC增强来满足如"工业制造""电力控制"等更多的5G工业物联网应用场景。

⑥5G新空口移动性(管理)增强

5G R15只是定义了5G新空口独立组网移动性的基本功能,而5G R16对上述5G新空口独立组网移动性进一步增强。5G R16的研究内容包括提高移动过程的可靠性、缩短由移动导致的中断时间。

⑦基于5G新空口的V2X

截至目前,3GPP已经完成了LTE车联网(vehicle to everything,V2X)标准、R15eV2X标准。5G R16研究基于5G新空口的V2X技术,使其满足由SA1定义的"高级自动驾驶"应

用场景,与 LTEV2X 形成"互补"。

⑧非正交多址接入(non-orthogonal multiple access,NOMA)技术

面向 5G 的 NOMA 技术有多种候选方案,5G R16 研究这些技术方案并完成标准化工作。

(3)R17 版本的主要功能

R17 版本围绕"网络智慧化、能力精细化、业务外延化"3 大方向共设立 23 个标准立项。在 R17 版本中,我国运营商和设备开发商提出了多项重要标准并被立项。R17 版本的主要功能如下。

①轻无线(NR Light)

R17 版本针对中档 NR 设备,如机器类通信(machine type communication,MTC)、可穿戴设备等进行优化设计。

②小数据传输优化

R17 版本可对小数据包通信和无规律的活动数据传输进行优化。

③Sidelink 增强

Sidelink 是直通通信(device-to-device,D2D)采用的技术。R17 版本会进一步探索其在 V2X、商用终端、紧急通信领域的使用案例。

④可对 52.6 GHz 以上频率波形进行研究

R15 中定义的 FR2 毫米波频段上限为 52.6 GHz。R17 版本可对 52.6 GHz 以上频段的波形进行研究。

⑤多 SIM 卡操作

R17 版本研究采用多 SIM 卡操作时对 RAN 的影响及对规范的影响。

⑥NR 多播/广播

R17 版本研究 NR 多播/广播业务,特别是其在 V2X 领域和公共安全领域的应用。

⑦覆盖增强

R17 版本可加强极端场景如封闭室内、海面、山区等下的覆盖效果。

⑧非陆地网络 NR

NR 支持卫星通信相关标准化。

⑨定位增强

R17 版本可实现厘米级精度,包括延迟优化和可靠性提升。

⑩RAN 数据收集增强

这包括自组织网络(self organization network,SON)和最小化路测(minimization of drive-tests,MDT)增强,采集数据以实现人工智能(artificialintelligence,AI)。

⑪NB‐IoT 和 eMTC 增强。

⑫工业物联网(industrial internet of things,IIoT)和 URLLC 增强。

⑬MIMO 增强。

⑭综合接入与回传增强。

⑮非授权频谱 NR 增强。

⑯节能增强。

2. 全球5G实力格局

5G领域中,在技术、产业、应用方面领先的国家有美国、欧洲的一些国家、中国、韩国、日本等,下面对全球5G实力格局进行简要介绍。

（1）我国在5G标准建设和网络建设上成就斐然

设备厂商在5G时代的话语权体现在其拥有的专利数量上。2019年12月,ETSI公布了当时最新的5G必要专利授权批准总数,具体数据如表8-1所示。表8-1中,三星电子(简称"三星")以2 949件专利一马当先,中兴通讯股份有限公司(简称"中兴")以2 761件专利紧随其后,华为技术有限公司(简称"华为")以2 703件专利排名第三,我国的另外两家单位[中国电信科学技术研究院(China Academy of Telecommunications Technology,CATT)和OPPO广东移动通信有限公司(简称"OPPO")]分列第九和第十。我国的4家公司或单位一共有7 639件专利,占专利总数的31.4%,体现了我国在5G上的强大研发实力。因此,我国在世界5G标准中居于最前列地位,也可以说,我国是5G时代的核心引领者。另外,韩国、瑞典、芬兰和美国的专利数目也名列前茅,特别是韩国,在5G领域的表现引人注目。这些国家在无线通信领域一直处于世界领先的位置,在5G领域仍然保持着优势。

表8-1 ETSI在2019年12月公布的5G必要专利授权批准总数

排名	企业	国家	数量/件	占比
1	三星	韩国	2 949	0.121 218
2	中兴	中国	2 761	0.113 491
3	华为	中国	2703	0.111 107
4	LG电子	韩国	2 609	0.107 243
5	爱立信公司	瑞典	2 218	0.091 171
6	诺基亚公司	芬兰	2 214	0.091 006
7	高通公司	美国	1 914	0.078 675
8	Intel公司	美国	1 658	0.068 152
9	CATT	中国	1 256	0.051 628
10	OPPO	中国	919	0.037 775
11	夏普公司	日本	771	0.031 692
12	日本电报电话公司 (Nippon Telegraph & Telephone,NTT)	日本	623	0.025 608
13	其他	其他	1 733	0.071 235

TDD是5G中最主要的双工模式。从我国提出TD-SCDMA开始,经TD-LTE后,TDD的发展越来越成熟。在这个过程中,中国移动发起了一个TD-LTE全球发展倡议(Global TD-LTE Initiative,GTI)组织来推动TDD技术的发展。我国渐渐成为世界上TDD技术的领先者。到了5G时代,由于频率利用率的问题,人们都转向了频率利用率更高的TDD技术,

而 FDD 技术将退居 TDD 之后作为双工技术的补充或者作为灵活全双工被应用。我国在 TDD 技术方面有十多年积累。对 TDD 组网及其技术特点有深刻的理解和发言权的中国移动,在 5G 技术发展中将扮演重要角色。

世界 5G 标准不是由一个国家的一个企业主导的,而是需要全世界各个国家的众多企业群策群力进行推动。而在这个群体中,我国成绩斐然,硕果累累,处于领头羊的位置。

(2)5G 芯片研发:美国实力强大,我国全力追赶

5G 通信需要的芯片包括计算芯片、存储芯片、专用芯片、基带芯片、射频芯片、手机芯片、感应器芯片等。在这些芯片研发领域,欧美国家占据了霸主地位,如主业是研发和生产计算机中央处理器(central processing unit,CPU)的美国 Intel 公司,主业是研发和生产通信设备和终端基带芯片与 CPU 的美国高通公司,主业是研发和生产射频和遥控芯片的美国博通公司,主业是研发和生产闪存和影像芯片的美国镁光公司,主业是研发和生产现场可编码门阵列(field programmable gate array,FPGA)及数字信号处理(digital signal processor,DSP)等专业芯片的美国赛灵思公司,主业是研发和生产闪存及 CPU 的韩国三星电子,主业是研发和生产物联网芯片的荷兰恩智浦公司等。

(3)华为、中兴具备较强的通信系统设备研发能力和网络部署能力

在通信设备商方面,我国有世界排名第一的华为和世界排名第四的中兴,还有一批有实力的通信公司,如中国信科(全称为中国信息通信科技集团有限公司)等。在这个领域,瑞典的爱立信和芬兰的诺基亚处在世界第二和第三位,实力也非常强劲。中兴与华为从 2G 时代的边缘角色,到 3G 时期崭露头角,再到在 4G 网络日期和欧美国家分庭抗礼,直到在今天的 5G 时代已经实现了弯道超车。华为和中兴依靠强大的技术能力、出色的工程交付能力和完善的售后维护能力在世界 4G 市场上占据了较大的份额。毫无疑问,在 5G 时代,我国企业如华为和中兴将会具有更大的优势。

(4)手机的研发与生产:我国占据半壁江山

终端是 5G 市场的重要组成部分,也可以说,谁占据了手机的主导地位,谁就能主导 5G 消费类市场。

当今世界,手机研发和生产领域中,我国和美国、韩国的影响力较大,其他国家的影响力都较小。华为作为手机市场的后来者,近年来飞速发展。在 5G 市场,华为因为既有系统设备又有手机终端,二者融合会生成市场竞争的合力,所以优势明显。

目前在世界智能手机领域,我国企业有较强的竞争实力和较大的优势。在 5G 时代,相信我国企业会更进一步巩固和扩大领先的优势。

(5)5G 业务与应用的开发与运营:我国领先

在移动互联领域,我国的实力非常强大,处于领先的位置。例如,移动电子商务、移动支付、共享单车、网上约车、外卖等业务,在我国具有广阔的市场空间和强大的运营能力。再如电子社交媒体,以微信为例,已经从单纯的社交产品发展成融合支付、生活、工作、学习的多类型平台。

5G 是智能互联网的基础,需要整合移动互联、智能感应、大数据、智能学习,这就需要研发、生产智能硬件。当今,我国在智能硬件产品的研发和生产方面实力强劲,同类产品效率

高、成本低。在国际消费类电子产品展览会(International Consumer Electronics Show, CES)中,我国企业占据全部企业的1/3以上,这也证明了我国在这些领域有深厚积累。

只要5G网络得到全面部署,我国的智能互联网产品一定会全面"爆发",前景广阔。

(6)中国电信运营商的网络部署能力较强

要想发展好5G,一个很重要的问题就是电信运营商的网络部署能力。我国三大电信运营商在世界范围内实力较强。其中,中国移动拥有全世界最大的用户规模,中国电信和中国联通的用户规模也居世界电信运营商的前列。

中国电信运营商拥有强大的网络部署能力。据统计,截至2019年9月底,我国三家运营商的移动通信基站数目超过了808万台,其中,4G基站数目达到了519万台,4G信号已经覆盖99%的用户。我国的4G基站数目占世界4G基站总数的一半,和其他任何一个大国相比,都遥遥领先。

(7)我国政府全力支持5G发展

5G建设这样一个庞大的系统工程,主要由电信运营商进行,但是仅仅依靠企业自己的投入远远不够,更需要政府在政策、资源甚至资金方面的支持。从3G开始,我国政府就在频率分配、市场准入、网络部署政策及通信资费等方面给予移动通信发展以大力支持。这些政府的推动作用在我国4G和移动互联网的发展中起到了立竿见影的效果。

我国政府在5G发展上的态度也是非常明确的,即积极支持整个行业加快5G建设。我国工业和信息化部(简称"工信部")和各地政府都纷纷推出5G建设方案,推动5G网络尽快落地商用。

总之,5G的发展需要多方力量形成合力。在这个5G建设的完整体系中,我国除在芯片方面稍弱之外,在其他领域都是居于优势地位,而我国政府及相关科研人员和机构也正采取策略全力攻克芯片难关,相信在5G时代会厚积薄发。

8.2　5G NR 原 理

8.2.1　5G NR 帧结构

1. 帧结构和"Numerology"的概念

5G的新空中接口称为5G NR。从物理层来说,与4G相比,5G NR最大的特点是支持灵活的帧结构。5G NR引入了"Numerology"的概念。"Numerology"可翻译为"参数集"或"配置集",是指一套参数,包括子载波间隔、符号长度、CP长度等。这些参数共同定义了5G NR帧结构。5G NR帧结构由固定架构和灵活架构两部分组成,如图8-2所示。

在固定架构部分,5G NR的一个物理帧长度是10 ms,由10个子帧组成,每个子帧长度为1 ms。每个帧被分成两个半帧,每个半帧包括5个子帧,子帧1～5组成半帧0,子帧6～10组成半帧1。这个结构和LTE基本一致。

在灵活架构部分,5G NR帧结构与LTE有明显的不同,用于3种场景(eMBB、URLLC和mMTC)的子载波的间隔是不同的。5G NR定义的最基本的子载波间隔也是15 kHz,但可灵活扩展。所谓的"灵活扩展"即将 NR 的子载波间隔设为 $2^\mu \times 15\ \text{kHz}, \mu \in \{-2,0,1,\cdots,5\}$，也就是说，子载波间隔可以设为 3.75 kHz、7.5 kHz、15 kHz、30 kHz、60 kHz、120 kHz、240 kHz等，这与 LTE 有着根本性的不同，LTE 只有单一的 15 kHz 子载波间隔。表 8-2 列出了 NR 支持的 5 种子载波间隔，表中的符号 μ 称为子载波带宽指数。

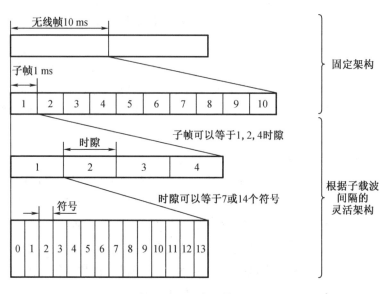

图 8-2　5G NR 帧结构

表 8-2　NR 支持的 5 种子载波间隔

μ	$\Delta f = 2^\mu \times 15/\text{kHz}$	CP
0	15	正常
1	30	正常
2	60	正常、扩展
3	120	正常
4	240	正常

由于 NR 的基本帧结构以时隙为基本颗粒度，因此当子载波间隔变化时，时隙的绝对时间长度也随之改变，每个帧内包含的时隙个数也有所差别。比如，在子载波带宽为 15 kHz 的配置下，每个子帧时隙数目为 1；在子载波带宽为 30 kHz 的配置下，每个子帧时隙数目为 2。正常 CP 情况下，每个子帧包含 14 个符号；扩展 CP 情况下，每个子帧包含 12 个符号。表 8-3 和 8-4 给出了子载波间隔不同时，时隙长度以及每帧和每子帧包含的时隙个数的关系。由表 8-3 和表 8-4 可以看出，每帧包含的时隙数是 10 的整数倍，且随着子载波间隔的增大，每帧或每子帧的时隙数也随之增加。

表8-3 正常循环前缀下OFDM符号数、每帧时隙数和每子帧时隙数分配

μ	$N_{\text{symb}}^{\text{slot}}$	$N_{\text{slot}}^{\text{frame},\mu}$	$N_{\text{slot}}^{\text{subframe},\mu}$
0	14	10	1
1	14	20	2
2	14	40	4
3	14	80	8
4	14	160	16

表8-4 扩展循环前缀下每时隙OFDM符号数、每帧时隙数和每子帧时隙数

μ	$N_{\text{symb}}^{\text{slot}}$	$N_{\text{slot}}^{\text{frame},\mu}$	$N_{\text{slot}}^{\text{subframe},\mu}$
2	12	40	4

在表8-3和表8-4中,μ是子载波配置参数,$N_{\text{symb}}^{\text{slot}}$是每时隙符号数目,$N_{\text{slot}}^{\text{frame},\mu}$,是每帧时隙数目,$N_{\text{slot}}^{\text{subframe},\mu}$是每子帧时隙数目,子载波间隔$=2^{\mu} \times 15$ kHz。子帧由一个或多个相邻的时隙形成,每时隙具有14个相邻的符号。

3GPP技术规范38.211规定了5G时隙的各种符号组成结构。图8-3为5G NR时隙的符号配置,列举了格式0~15的时隙结构。时隙中的符号被分为3类:下行符号(标记为D)、上行符号(标记为U)和灵活符号(标记为X)。

格式	\multicolumn{14}{c}{一个时隙的符号数量}													
	0	1	2	3	4	5	6	7	8	9	10	11	12	13
0	D	D	D	D	D	D	D	D	D	D	D	D	D	D
1	U	U	U	U	U	U	U	U	U	U	U	U	U	U
2	X	X	X	X	X	X	X	X	X	X	X	X	X	X
3	D	D	D	D	D	D	D	D	D	D	D	D	D	X
4	D	D	D	D	D	D	D	D	D	D	D	D	X	X
5	D	D	D	D	D	D	D	D	D	D	D	X	X	X
6	D	D	D	D	D	D	D	D	D	D	X	X	X	X
7	D	D	D	D	D	D	D	D	D	X	X	X	X	X
8	X	X	X	X	X	X	X	X	X	X	X	X	X	U
9	X	X	X	X	X	X	X	X	X	X	X	X	U	U
10	X	U	U	U	U	U	U	U	U	U	U	U	U	U
11	X	X	U	U	U	U	U	U	U	U	U	U	U	U
12	X	X	X	U	U	U	U	U	U	U	U	U	U	U
13	X	X	X	X	U	U	U	U	U	U	U	U	U	U
14	X	X	X	X	X	U	U	U	U	U	U	U	U	U
15	X	X	X	X	X	X	U	U	U	U	U	U	U	U

图8-3 5G NR时隙的符号配置

下行数据可以在D和X上发送,上行数据可以在U和X上发送。同时,X还包含上、下行转换点,NR支持每个时隙内最多包含两个转换点。由此可以看出,不同于LTE的上、下行转换发生在子帧交替时,NR的上、下行转换可以在符号之间进行。

由于每个时隙的OFDM数目固定为14(正常CP)和12(扩展CP),因此OFDM符号长

度也是可变的。无论子载波间隔是多少,符号长度×子帧时隙数目 = 子帧长度,子帧长度一定是 1 ms。子载波间隔越大,其包含的时隙数目越多,对应的时隙长度和单个符号长度会越短。OFDM 符号长度可变数表如表 8 - 5 所示。

表 8 - 5   OFDM 符号长度可变数表

参数/参数集/μ	0	1	2	3	4
子载波间隔/kHz	15	30	60	120	240
每个时隙长度/μs	1 000	500	250	125	62.5
每个时隙符号数/个	14	14	14	14	14
OFDM 符号有效长度/μs	66.67	33.33	16.67	8.33	4.17
CP 长度/μs	4.69	2.34	1.17	0.57	0.29
OFDM 符号有效长度(包含 CP)/μs	71.35	35.68	17.84	8.92	4.46

注:OFDM 符号长度(包含 CP) = 每个时隙长度/每个时隙符号数。

2. 各种子载波的帧结构划分

虽然 5G NR 支持多种子载波间隔,但是在不同子载波间隔的配置下,无线帧和子帧的长度是相同的。1 个无线帧的长度固定为 10 ms,1 个子帧的长度为 1 ms。那么不同子载波间隔配置下,无线帧的结构有哪些不同呢?答案是每个子帧中包含的时隙数不同。在正常 CP 情况下,每个时隙包含的符号数相同,且都为 14。下面根据每种子载波间隔的配置来看一下 5G NR 的帧结构。

(1)正常 CP(子载波间隔 = 15 kHz)

如图 8 - 4 所示,在这个配置中,1 个子帧仅有 1 个时隙,所以 1 个无线帧包含 10 个时隙,1 个时隙包含的 OFDM 符号数为 14。

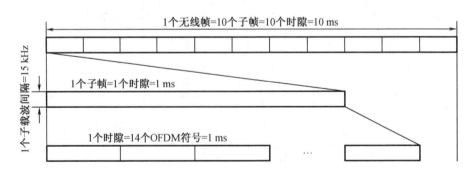

图 8 - 4   正常 CP(子载波间隔 15 kHz)

(2)正常 CP(子载波间隔 = 30 kHz)

如图 8 - 5 所示,在这个配置中,1 个子帧有 2 个时隙,所以 1 个无线帧包含 20 个时隙。1 个时隙包含的 OFDM 符号数为 14。

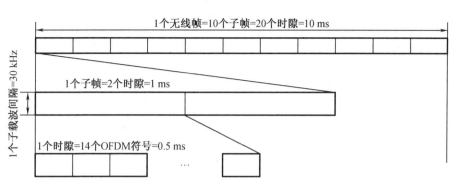

图 8-5 正常 CP(子载波间隔 30 kHz)

(3)正常 CP(子载波间隔=60 kHz)

如图 8-6 所示,在这个配置中,1 个子帧有 4 个时隙,所以 1 个无线帧包含 40 个时隙。1 个时隙包含的 OFDM 符号数为 14。

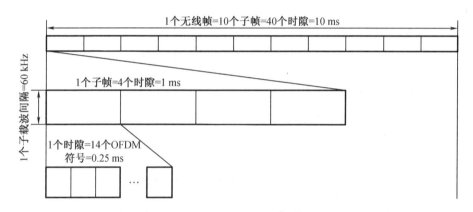

图 8-6 正常 CP(子载波间隔 60 kHz)

(4)正常 CP(子载波间隔=120 kHz)

如图 8-7 所示,在这个配置中,1 个子帧有 8 个时隙,所以 1 个无线帧包含 80 个时隙。1 个时隙包含的 OFDM 符号数为 14。

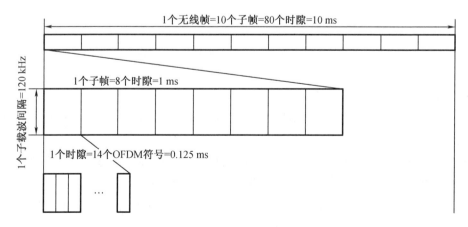

图 8-7 正常 CP(子载波间隔 120 kHz)

（5）正常 CP（子载波间隔 = 240 kHz）

如图 8-8 所示,在这个配置中,1 个子帧有 16 个时隙,所以 1 个无线帧包含 160 个时隙。1 个时隙包含的 OFDM 符号数为 14。

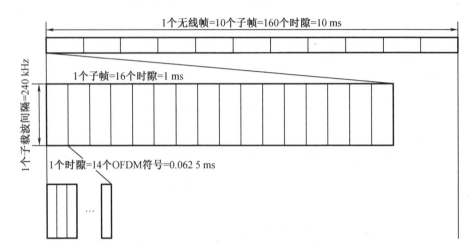

图 8-8　正常 CP（子载波间隔 240 kHz）

（6）扩展 CP（子载波间隔 = 60 kHz）

如图 8-9 所示,在这个配置中,1 个子帧有 4 个时隙,所以 1 个无线帧包含 40 个时隙。1 个时隙包含的 OFDM 符号数为 12。

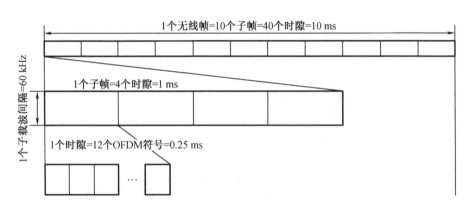

图 8-9　扩展 CP（子载波间隔 = 60 kHz）

通过以上配置的例子可以得出如下结论。

第一,虽然 5G NR 支持多种子载波间隔,但是在不同子载波间隔的配置下,无线帧和子帧的长度是相同的。1 个无线帧的长度为 10 ms,1 个子帧的长度为 1 ms。

第二,在不同子载波间隔的配置下,无线帧的结构有所不同,即每个子帧中包含的时隙数不同。另外,在正常 CP 情况下,每个时隙包含的符号数相同,且都为 14。

第三,时隙长度因为子载波间隔不同会有所不同,一般是随着子载波间隔变大,时隙长度变小。

8.2.2　5G频率划分与使用

1. 国际5G频段

频率对所有移动通信系统而言都是最珍稀的宝贵资源,5G网络为了更好地满足成千倍的流量增长需求,既需要合理高效地利用现有的频率资源,还需要开发更高的频率资源,以满足未来通信需求。根据3GPP R16版本的定义,5G NR包括了两大频段范围(frequency range,FR)(表8-6)。

表8-6　5G NR两大频段范围

频段分类	对应频率范围
FR1	410～7 125 MHz
FR2	24 250～52 600 MHz

在R16标准中,FR1对应的频率范围从R15标准的450～6 000 MHz的范围修改为410～7 125 MHz。FR1的频率范围涵盖了现有2G、3G和4G的在用频谱,也是5G部署的核心频段,尤其以3.5G(又称C波段)附近的频率资源作为5G部署的黄金频段。为了能更好地支持万物互联和低时延高可靠这两类物联网应用,5G中将低于1 GHz以下的超低频段称为"Sub1G"。

FR2对应的频率范围是24 250～52 600 MHz的高频。在这段频率上,电磁波的波长是毫米级别的,因此FR2频段也称为毫米波(严格来说,大于30 GHz的电磁波才叫毫米波)。毫米波频谱的特点是带宽超大,一段频谱有几吉赫(GHz)的带宽,频谱把"路"拓宽了就可以"跑"更大、更快的"车"(数据),5G 20 Gbit/s峰值速率也需要毫米波。FR2由于频谱高、衰减快而主要作为5G的辅助频段,重点用于需要速率提升的热点区域。

5G的3大应用场景分别对应的频谱分配原则是:eMBB采用FR1和FR2频段;mMTC采用FR1频段;URLLC采用FR1频段。

对应于5G NR定义的频率范围,相比于LTE系统的1.4 MHz、3 MHz、5 MHz、10 MHz、15 MHz、20 MHz的小区带宽,5G取消了5 MHz以下的小带宽设置。针对FR1频段,可支持小区带宽类型包括5 MHz、10 MHz、15 MHz、20 MHz、25 MHz、30 MHz、40 MHz、50 MHz、60 MHz、80 MHz、90 MHz、100 MHz。针对FR2频段(毫米波),可支持小区带宽类型包括50 MHz、100 MHz、200 MHz、400 MHz。

3GPP进一步划分了FR1和FR2的NR频段,类似于LTE频段号以B开头,5G的每个频段的频段号前加了"n"开头。

5G NR除纯新增频段外,还有部分新增频段是将4G LTE频段合并的频段,如LTE的B42(3.4～3.6 GHz)和B43(3.6～3.8 GHz),在5G NR中就合并成了n78(3.4～3.8 GHz)。这样的频段合并满足了5G大带宽、高速率的需求,也可以形成少数几个全球统一频段,大幅度降低了手机终端支持全球漫游的复杂度。此外,5G NR频段工作模式中除了TDD和FDD频段外,新增了下行辅助(supplementary downlink,SDL)和上行辅助(supplementary uplink,SUL)

两种辅助频段以用于上、下行解耦,以解决5G传输速率和上行边缘覆盖的提升。

由于未来5G应用的多样性,需要更多广泛的频率资源以满足5G的需求,因此5G频谱分配主要采用低、中、高频段搭配的方式,利用低、中、高频段各具有不同的特性,可支持不同的应用。低、中、高频段特性如下。

(1)低频段(3 GHz以下):传播半径长,具备良好的无线传播特性,易于实现广覆盖,但带宽有限。

(2)中频段(3 GHz~6 GHz):传播半径长,适用于城市内网络部署,可提升网络容量。

(3)高频段(6 GHz以上):传播半径短,覆盖范围较小,但拥有较多还未使用的无线频率。5G通信在人群密集地区传播效率较高,可提供较高的网络容量。

全球可优先部署的5G频段为n28、n71、n77、n78、n79、n257、n258和n260,即700 MHz、600 MHz、3.3~4.2 GHz、3.3~3.8 GHz、4.4~5.0 GHz和毫米波频段的26 GHz、28 GHz、39 GHz。在3GPP TSG RAN WG4会议上将3 300~4 200 MHz频段即C波段定义为5G主要频段,并在3GPP R15中发布。C波段在全球范围内可提供200~400 MHz连续带宽的频段,这也是在6 GHz以下能提供的最大连续频谱。因此,C波段作为5G主要频段得到了包括美洲、亚洲、欧洲和中东等地区的运营商、设备商和芯片供应商的大力支持,也极大地推动了C波段产业链的成熟。目前,美国的5G频段为600 MHz、2.8 GHz、39 GHz;英国的5G频段为3.4~3.7 GHz;加拿大的5G频段为3.4~3.7 GHz;韩国的5G频段为3.4~3.7 GHz、26.5~28.9 GHz;日本的5G频段为4.4~4.9 GHz、3.6~4.2 GHz。

2.我国的5G频段

2016年4月26日,我国工信部推动并批复了在3.4~3.6 GHz频段开展5G系统技术研发试验,同时也开展了其他有关频段的研究协调工作。

2018年12月5日,工信部为三大运营商正式分配5G中低频段试验频率,使三大运营商按所获频率许可,可在全国范围内开展5G试验。中国电信获得3.4~3.5GHz(共计100 MHz)频段的5G试验频率资源;中国联通获得3.5~3.6 GHz(共计100 MHz)频段的5G试验频率资源;中国移动获得2 515~2 675 MHz(共计160 MHz)、4.8~4.9 GHz(共计100 MHz)频段的5G试验频率资源,其中,2 515~2 575 MHz、2 635~2 675 MHz和4.8~4.9 GHz频段为新增频段,2 575~2 635 MHz(共计60 MHz)频段是中国移动现有的TD-LTE(4G)频段。中国移动在2.6 GHz频段上获得总计160 MHz的带宽资源(其中,60 MHz来自现有4G频段的重新分配),在4.9 GHz频段上获得了100 MHz的资源分配。中国移动与中国电信、中国联通两家相比,拿到了更多的带宽资源,但从全球范围看,2.6 GHz的成熟度略低于3.5 GHz。

2019年6月6日,工信部正式向中国电信、中国移动、中国联通、中国广播电视网络集团有限公司(简称"中国广电")发放5G商用牌照。此前,工信部向中国广电颁发了《基础电信业务经营许可证》,批准中国广电在全国范围内经营互联网国内数据传送业务、国内通信设施服务业务。这也意味着,中国广电成为继中国移动、中国电信和中国联通之后第四大基础电信运营商,但中国广电的5G网络是汇集广播电视现代通信和物联网服务的一个5G网络。至此,我国5G频段分配如图8-10所示(图中"室分"是指室内分布系统)。

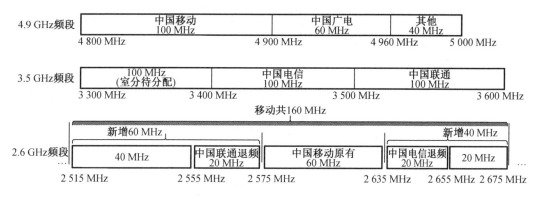

图 8 - 10 我国5G频段分配

需要说明的是,属于中国移动的 2.6 GHz 的部分频段还需要中国联通、中国电信各退频 20 MHz 后才能交付使用。中国广电除了拥有新分配的 4.9 GHz 频段,还有拥有原来的 700 MHz 频段的使用权。700 MHz 频段被看作发展移动通信的黄金频段,具有信号传播损耗低、覆盖广、穿透力强、组网成本低等优势特性,而且适用于 5G 底层网络。早在 2015 年,世界无线电通信大会已经确定该频段为全球移动通信的先锋候选频段。2020 年 4 月 1 日,工信部发布的《关于调整 700 MHz 频段频率使用规划的通知》里指出,将 702 ~ 798 MHz 频段频率使用规划调整用于移动通信系统,并将 703 ~ 743 MHz、758 ~ 798 MHz 频段规划用于频分双工工作方式的移动通信系统。这就意味着,我国开始将用于传统的模拟广播电视系统频段的 700 MHz 频段规划腾退以用于移动通信系统,为 5G 发展提供宝贵的低频段频率资源,可推动 5G 低、中、高频段协同发展。1 GHz 以下低频段具有良好的传播特性,可更好地支持 5G 广域覆盖和高速移动场景下的通信体验以及海量的设备连接,进一步推进 5G 的多场景应用。

中国联通和中国电信已达成 5G 共建协议,可以共享 3.5 GHz 频谱上 200 MHz 的带宽,同时在 3.5 GHz 上的产业链较为成熟,拥有很大的优势。而中国移动和中国广电在 700 MHz ~ 2.6 GHz 上达成 5G 共享共建协议,700 MHz 的 5G 黄金频段和更多的频率资源共享给两家的 5G 建设都提供了更多的优势。

8.2.3 5G NR 时频资源

NR 的物理资源包括 3 部分:频率资源、时间资源和空间资源。在这里,频率资源指的是子载波,时间资源指的是时隙/符号,空间资源指的是天线端口。子帧时隙资源结构如图 8 - 11 所示。

1. 天线端口

天线端口是由参考信号定义的逻辑发射通道,也就是天线逻辑端口。它是物理信道或物理信号的一种基于空口环境的标识。相同的天线逻辑端口信道环境变化一样,接收机可以据此进行信道估计,从而对传输信号进行解调。在同一天线端口上,某一符号上的信道可以由另一符号上的信道推知。如果一个天线端口上某一符号传输的信道的大尺度性能可以由另一天线端口上某一符号传输的信道推知,则这两个天线端口被称为准共址(quasi co-located,QCL)。大尺度性能包括一个或多个延时扩展、多普勒扩展、多普勒频移、平均增益,平均时延和空间接收参数。

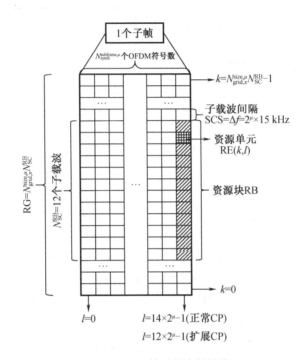

图 8-11   子帧时隙资源结构

2. 资源网格

资源网格由 $N_{grid,x}^{size,\mu}N_{sc}^{RB}$ 个子载波和 $N_{symb}^{subframe,\mu}$ 个 OFDM 符号构成,由更高层的信令指示。每个传输方向(上行链路或下行链路)有一组带有下标的资源网格 x,分别将下行链路和上行链路设置为 DL 和 UL。给定天线端口有一个资源网格 p、子载波间隔配置 μ 和传输方向(下行链路或上行链路)。

载波带宽 N^{size},用于子载波间隔配置,由 SCS-SpecificCarrier IE(子载波间隔-指定载波)中的高层参数 CarrierBandwidth(载波带宽)给出。

起始位置 $N^{star,\mu}$ 用于子载波间隔配置,由 SCS-SpecificCarrier IE 中的高层参数 offsetToCarrier(载波偏移)给出。

3. RE

天线端口 p 和子载波间隔配置 μ 的资源格中的每个元素称为 RE,并且由索引对 (k,l) 唯一标识,其中 k 是频域索引,l 是时域索引。

RE 可分为 4 类:Uplink(上行)、Downlink(下行)、Flexible(灵活)、Reserved(保留)。

4. RB

RB 的定义和 LTE 是不一样的:5G RB 是频域上连续的 12 个子载波,在时域上没有定义,称为 1 个 RB。而且由于 5G 引入了"Numerology"的概念,在不同的配置集下,不同的子载波间隔对应的最小和最大的 RB 数是不同的。在 5G NR 中,最小频率带宽和最大频率带宽随子载波间隔的变化而变化,如表 8 - 7 所示。

表 8 - 7　RB 数/频率带宽随子载波间隔变化

μ 参数	最小 RB 数	最大 RB 数	子载波间隔/kHz	最小频率带宽/MHz	最大频率带宽/MHz
0	24	275	15	4.32	49.50
1	24	275	30	8.64	99.00
2	24	275	60	17.28	198.00
3	24	275	120	34.56	396.00
4	24	138	240	69.12	397.44

8.2.4　5G 物理信号与物理信道

1. 概述

物理信道是一系列 RE 的集合,用于承载来自高层的信息。同样,物理信号也是一系列 RE 的集合,但这些 RE 不承载任何来自高层的信息,且它们一般有时域和频域资源固定、发送的内容固定、发送功率固定的特点。

物理信道可分为上行物理信道和下行物理信道。NR 的物理信道结构与 LTE 类似,上行物理信道分为 PUSCH、PUCCH、PRACH;物理信号分为解调参考信号(demodulation reference signal,DM - RS)、相位跟踪参考信号(phase-tracking reference signal,PT - RS)、探测参考信号(sounding reference signal,SRS)。下行物理信道分为 PDSCH、PBCH、PDCCH;物理信号分为 DM - RS、PT - RS、信道状态信息参考信号(channel state information reference signal,CSI - RS)、PSS、SSS。表 8 - 8 列出了上、下行物理信道和物理信号。

表 8 - 8　上、下行物理信道和物理信号

链路	上行	下行
物理信道	物理上行共享信道(PUSCH) 物理上行控制信道(PUCCH) 物理随机接入信道(PRACH)	物理下行共享信道(PDSCH) 物理广播信道(PBCH) 物理下行控制信道(PDCCH)
物理信号	解调参考信号(DM - RS) 相位跟踪参考信号(PT - RS) 探测参考信号(SRS)	解调参考信号(DM - RS) 相位跟踪参考信号(PT - RS) 信道状态信息参考信号(CSI - RS) 主同步信号(PSS) 从同步信号(SSS)

（1）上行物理信道天线端口及其应用

[0,1 000]:用于 PUSCH 和相关的解调参考信号。

[1 000,2 000]:用于 SRS。

[2 000,4 000]:用于 PUCCH。

[4 000,4 000]:用于 PRACH。

（2）下行物理信道天线端口及其应用

[1 000,2 000]:用于 PSDCH。

[2 000,3 000]:用于 PDCCH。

[3 000,4 000]:用于 CSI – RS。

[4 000,+∞]:用于 SS 和 PBCH。

天线端口是一个逻辑上的概念,与物理天线并没有一一对应的关系。在下行链路中,下行链路和下行参考信号是意义对应的:如果通过多个物理天线来传输一个参考信号,那么这些物理天线就对应同一个天线端口;而如果有两个不同的天线是从同一个物理层天线中传输的,那么这个物理天线就对应两个独立的天线端口。非相干的物理天线(阵元)被定义为不同的端口才有意义。多个天线端口的信号可以通过一个发送天线发送,如 C – RS Port0 和 UE – RSPort5。一个天线端口的信号可以分布到不同的发送天线上,如 UE – RSPort5。

2. 物理信道和物理信号

（1）上行物理信道

5G 定义的上行物理信道主要包括如下 3 种。

①PUSCH

PUSCH 是数据信道,主要用于传送上行业务数据。PUSCH 映射到子帧中的数据区域。

②PUCCH

PUCCH 是控制信道,主要用于传送上行控制信息,如 CQI、RI、PMI 和 HARQ 的应答。

③PRACH

PRACH 是随机接入信道,用于承载随机接入前导序列的发送,是用户进行初始连接、切换、连接重建立、重新恢复上行同步的唯一途径。UE 通过上行 PRACH 来实现与系统之间的上行接入和同步。

（2）上行物理信号

5G 定义的上行物理信号只有一种类型,即参考信号。参考信号包括以下 3 种。

①DM – RS

DM – RS 用于接收端进行信道估计,以及 PUSCH 和 PUCCH 的解调。PUSCH 和 PUCCH 的 DM – RS 有所不同。

②PT – RS

PT – RS 是 5G 为了应对高频段下的相位噪声而引入的参考信号,用于解调 PUSCH 时的相位估计补偿算法。

③SRS

SRS用于为上行信道质量做参考,周期性上报,并用于基站对上行资源进行调度。

(3)下行物理信道

5G定义的下行物理信道主要有以下3种。

①PDSCH

PDSCH是数据信道,用于承载下行用户数据和高层指令。

②PDCCH

PDCCH是控制信道,用于承载下行控制消息,如传输格式、资源分配、上行调度许可、功率控制以及上行重传信息等。

③PBCH

PBCH是广播信道,用于以广播的形式传送系统信息块消息,包括主要无线指标,如帧号、子载波间隔、参考信号配置等。

(4)下行物理信号

下行物理信号分为两种类型,即参考信号和同步信号。参考信号共3种:DM-RS、PT-RS和CSI-RS。前两个和上行物理信号的作用一致。同步信号包括PSS和SSS。

CSI-RS非常重要。在5G规划甚至在后续路测阶段中,该参考信号的信号与干扰加噪声比(signal to interference plus noise ratio,SINR)是衡量覆盖的重要指标之一。其作用主要有两个:一是辅助接收下行PDSCH共享信道,二是对下行信道质量进行测量并进行信道状态上报以供基站进行链路自适应调整。

同步信号PSS/SSS用于UE搜索小区。UE通过检测PSS序列及SSS序列可以快速与基站定时同步符号,并通过计算得到PCI。

8.3 5G无线网络架构

8.3.1 5G无线接入网整体架构和节点

1.基本架构和节点功能

5G RAN是5G的无线接入网,简称NG-RAN,全称为new radio access technology in 3GPP,是5G系统的重要组成部分。相对于4G RAN,它发生了巨大变化。5G RAN结构如图8-12所示。

NG-RAN由一组通过NG接口连接到5GC的gNB(5G基站)组成。gNB可以支持FDD模式、TDD模式或FDD/TDD双模式,并且可以通过Xn接口互连。此外,gNB还可以由集中式单元(centralized unit,gNB-CU)和一个或多个分布式单元(distributed unit,gNB-DU)组成。gNB-CU和gNB-DU通过F1接口连接。在工作时,一个gNB-DU仅连接一个gNB-CU。但是为了可扩展性能或者冗余配置,可以通过适当的实现方案将一个gNB-DU连接到多个gNB-CU上。

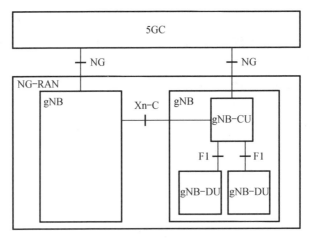

图 8-12　5G RAN 结构

对于 NG-RAN,由 gNB-CU 和 gNB-DU 组成的 gNB 的 NG 和 Xn-C 接口(gNB 和 gNB 之间的接口的控制面)终止于 gNB-CU;gNB-CU 和连接的 gNB-DU 仅对其他 gNB 可见,而 5GC 仅对 gNB 可见。

gNB 包括以下功能。

(1)无线资源管理功能:无线承载控制,无线接纳控制,连接移动性控制,上行链路 和下行链路中 UE 的动态资源分配及调度。

(2)IP 报头压缩,加密和数据完整性保护。

(3)在 UE 提供的信息不能确定到接入和移动管理功能(access and mobility management function,AMF)的路由时,为 UE 在其附着时选择 AMF。

(4)将用户面数据路由到用户面功能(user plane function,UPF)。

(5)向 AMF 的路由提供控制面信息。

(6)连接设置和释放。

(7)调度和传输寻呼信息。

(8)调度和传输系统广播信息。

(9)用于移动性和调度的测量与测量报告配置。

(10)上行链路中的传输级数据包标记。

(11)会话管理。

(12)支持网络切片。

(13)QoS 流量管理和映射到数据无线承载。

(14)支持处于 RRC_INACTIVE(无线连接处于非激活态)状态的 UE。

(15)NAS 消息的分发功能。

(16)无线接入网共享。

(17)双连接。

其中,AMF、UPF 等为 5G 核心网的功能单元。

2. 集中式单元(centralized unit,CU)和分布式单元(distributed unit,DU)的分离架构

依托5G系统对接入网架构的需求,5G接入网架构中已经明确将接入网分为CU和DU两个gNB功能实体,即由CU和DU组成gNB基站,如图8-13所示。其中,CU是一个集中式单元,上行通过NG接口与核心网NGC相连,在接入网内部能够控制和协调多个小区,包含协议栈高层控制和数据功能,涉及的主要协议层包括控制面的RRC功能和用户面的IP、服务数据适配协议(service data adaptation protocol,SDAP)、PDCP子层功能。DU是分布式单元。广义上,DU实现射频处理功能和RLC、MAC以及物理层等基带处理功能;狭义上,基于实际设备的实现,DU仅负责基带处理功能,远端射频单元(remote radio unit,RRU)负责射频处理功能,DU和RRU之间通过通用无线协议接口(common public radio interface,CPRI)或增强通用无线协议接口(enhance common public radio interface,eCPRI)相连。由于功能的分离,在5G RAN侧增加了CU和DU之间的F1接口,3GPP对该接口的定义和消息交互也进行了标准化。CU/DU具有多种切分方案,不同切分方案的适用场景和性能增益均不同,同时对前传接口的带宽、传输时延、同步等参数的要求也有很大差异。这种分离架构体现在硬件部分,相比于4G基站,BBU功能在5G中被重构为CU和DU两个功能实体。采用CU和DU架构后,CU和DU可以由独立的硬件来实现。从功能上看,一部分核心网功能可以下移到CU甚至DU中,用于实现移动边缘计算。此外,原先所有的L1、L2、L3等功能都在BBU中实现,新的架构下可以将L1、L2、L3功能分离,分别放在CU和DU甚至RRU、基站有源天线单元(active antenna unit,AAU)中来实现,以便灵活地应对传输和业务需求的变化。由此可见,5G系统中采用CU-DU分离架构后,传统BBU和RRU网元及其逻辑功能都会发生很大变化。

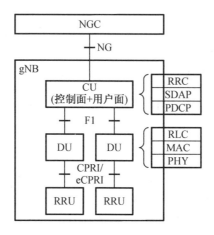

图8-13 5G NR CU-DU逻辑架构

CU-DU功能灵活切分的好处在于硬件实现灵活,可以节省成本。CU和DU分离的架构下可以实现性能和负荷管理的协调、实时性能优化并使用NFV/SDN(网络功能虚拟化/软件定义网络,NFV全称为network function virtualization,SDN全称为software defined network)功能。功能分割可配置能够满足不同应用场景的需求,如传输时延的多变性。总之,为了支持灵活的组网架构,适配不同的应用场景,5G 无线接入网将存在多种不同架构、不同形态的基站设备。从设备架构角度划分,5G 基站可分为 BBU – AAU、CU – DU – AAU、BBU – RRU – Antenna、CU – DU – RRU – Antenna、一体化 gNB 等不同的架构。从设备形态角度划分,5G 基站可分为基带设备、射频设备、一体化 gNB 设备以及其他形态的设备。

无线网 CU – DU 架构的好处还体现在能够获得小区间协作增益,实现集中负载管理,以及高效实现密集组网下的集中控制,如多连接、密集切换、获得池化增益、使能 NFV/SDN等,满足运营商对某些 5G 场景的部署需求。需要注意的是,在设备实现上,CU 和 DU 可以灵活选择,即二者可以是分离的设备,通过 F1 接口通信;或者 CU 和 DU 也完全可以集成在同一个物理设备中,此时 F1 接口就变成了设备内部的接口,CU 之间通过 Xn 接口进行通信。CU – DU 的分离和一体化实现如图 8 – 14 所示。

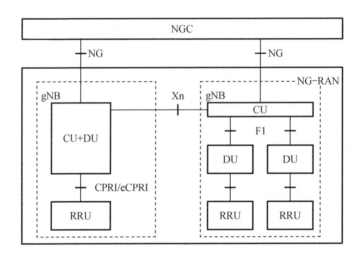

图 8 – 14　CU – DU 的分离和一体化实现

8.3.2　接口协议和功能

NG – RAN 接口主要包括 RAN 和 5G 核心网之间的 NG 接口,NG – RAN 节点(gNB 或ng – eNB)之间的 Xn 接口,NG – RAN 内部 gNB 的 CU 和 DU 功能实体之间互联的 F1 接口,NG – RAN 内部的 gNB – CU – CP 和 gNB – CU – UP 之间的点对点逻辑接口 E1。gNB 的NG、Xn、F1 这 3 个接口都可以在逻辑上分为控制面(– C)和用户面(– U)两部分。gNB 逻辑节点和接口如图 8 – 15 所示。5G UE 和 NG – RAN 之间的接口名称仍然沿用了 LTE – Uu的名称,功能也和 LTE – Uu 接口类似,在此不再赘述。

1. NG 接口

NG 接口是一个逻辑接口,规范了 NG – RAN 节点与不同制造商提供的核心网接入、AMF 节点和 UPF 节点的互连,同时分离 NG 接口无线网络功能和传输网络功能。

NG 接口分为 NG – C 接口(控制面接口)和 NG – U 接口(用户面接口)两部分。

从任何一个 NG – RAN 节点向 5GC 连接可能存在多个 NG – C 逻辑接口,然后通过 NAS 节点选择功能确定 NG – C 接口。从任何一个 NG – RAN 节点向 5GC 连接也可能存在多个 NG – U

逻辑接口。NG – U 接口的选择在 5GC 内完成,并由 AMF 发信号通知 NG – RAN 节点。

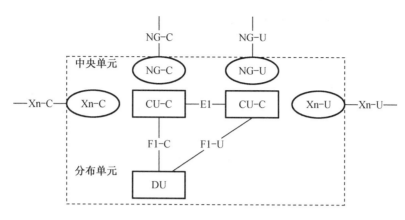

图 8 – 15　gNB 逻辑节点和接口

(1)NG – U

NG – U 在 NG – RAN 节点和 UPF 之间定义。NG – U 协议栈如图 8 – 16 所示。传输网络层建立在 IP 传输层之上,GTP – U 用于 UDP/IP 之上,以承载 NG – RAN 节点和 UPF 之间的用户面 PDU 数据。

(2)NG – C

NG – C 在 NG – RAN 节点和 AMF 之间定义。NG – C 协议栈如图 8 – 17 所示。传输网络层建立在 IP 传输层之上,为了可靠地传输信令消息,在 IP 传输层之上添加了 SCTP 层,提供有保证的应用层消息传递。应用层信令协议称为 NG 应用协议(NG application protocol, NGAP)。在传输中,IP 传输层点对点传输用于传递信令 PDU。

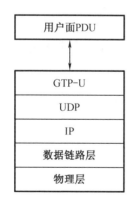

图 8 – 16　NG – U 协议栈

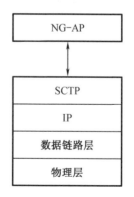

图 8 – 17　NG – C 协议栈

(3)NG 接口功能

NG – C 主要提供以下功能。

①寻呼功能

寻呼功能支持向寻呼区域中涉及的 NG – RAN 节点发送寻呼请求消息,如 UE 注册的

TAC 所属的 NG – RAN 节点。

②UE 上下文管理功能

UE 上下文管理功能允许 AMF 在 AMF 和 NG – RAN 节点中建立、修改或释放 UE 上下文。

③移动性管理功能

移动性管理功能包括支持 NG – RAN 内的移动性的系统内切换功能和支持来自或到 EPS 系统的移动性的系统间切换功能。它包括通过 NG 接口准备、执行和完成切换。

④PDU 会话管理功能

一旦 UE 上下文在 NG – RAN 节点中可用,PDU 会话管理功能负责建立、修改和释放所涉及的 PDU 会话 NG – RAN 资源,以用于用户数据传输。NGAP 支持 AMF 对 PDU 会话相关信息的透明中继。

⑤NAS 传输功能

NAS 传输功能通过 NG 接口传输 NAS 消息,或者重新路由特定 UE 的 NAS 消息(如用于 NAS 移动性管理的消息)。

⑥NAS 节点选择功能

5G 架构支持 NG – RAN 节点与多个 AMF 的互连。因此,NAS 节点选择功能位于 NG – RAN 节点中,以基于 UE 的临时标识符确定 UE 的 AMF 关联。该临时标识符由 AMF 分配给 UE。当 UE 的临时标识符尚未被分配或不再有效时,NG – RAN 节点可以改为按照切片信息确定 AMF。NAS 节点选择功能可通过 NG 接口进行正确路由。在 NG 接口上,没有特定的过程对应 NAS 节点选择功能。

⑦NG 接口管理功能

NG 接口管理功能提供对自身接口的管理,包括以下两种:定义 NG 接口操作的开始或重置;实现不同版本的应用流程,如果出现错误则发送错误指示。

⑧警告信息传输功能

警告消息传输功能提供通过 NG 接口传输警告消息或者根据需求取消正在广播的警告消息的功能。

⑨配置传输功能

配置传输功能是一种通用机制,允许通过核心网络在两个 RAN 节点之间请求和传输 RAN 配置信息,如请求和传输自组网(self-organized network,SON)的信息。

⑩跟踪功能

跟踪功能提供控制 NG – RAN 节点中跟踪会话的方法。

⑪AMF 管理功能

AMF 管理功能支持 AMF 删除和 AMF 自动恢复。

⑫多个传输网络层(transport network layer,TNL)关联支持功能

当 NG – RAN 节点和 AMF 之间存在多个 TNL 关联时,NG – RAN 节点基于从 AMF 接收的每个 TNL 关联的使用和权重因子来选择用于 NGAP 信令的 TNL 关联。如果 AMF 释放 TNL 关联,则 NG – RAN 节点会选择规范中规定的新节点。

⑬AMF 负载平衡功能

NG 接口支持根据多个 NG – RAN 节点的相对容量选择接入的 AMF,以便在池区域内实现 AMF 负载均衡。

⑭位置报告功能

位置报告功能使 AMF 能够请求 NG – RAN 节点以报告 UE 的当前位置,或者在不能确定当前 UE 位置的情况下,报告 UE 的最后已知位置及时间戳信息。

⑮AMF 重新分配功能

AMF 重新分配功能允许将 NG – RAN 节点发出的初始连接请求从初始 AMF 重定向到由 5GC 选择的目标 AMF。在这种情况下,NG – RAN 节点在一个新的 NG 接口实例上发起 UE 初始化消息过程,并且在接收到第一个下行链路消息后,通过原先的 NG 接口实例关闭 UE 原先的逻辑连接。

2. Xn 接口

Xn 接口是 NG – RAN 节点(gNB 或 ng – eNB)之间的网络接口,分为 Xn – U 接口(用户面接口)和 Xn – C 接口(控制面接口)两部分。

(1)Xn – U

Xn – U 在两个 NG – RAN 节点之间定义,其协议栈如图 8 – 18 所示。传输层建立在 IP 网络层之上,GTP – U 用于 UDP/IP 之上以承载用户面 PDU。

Xn – U 提供无保证的用户面 PDU 传送,并支持以下功能。

①数据转发功能

数据转发功能允许 NG – RAN 节点间数据转发,从而支持双连接和移动性操作。

②流控制功能

流控制功能允许 NG – RAN 节点接收第二个节点的用户面数据,从而控制数据流向。

(2)Xn – C

Xn – C 在两个 NG – RAN 节点之间定义,其协议栈如图 8 – 19 所示。传输层建立在 IP 网络层之上的 SCTP 上。应用层信令协议称为 Xn 应用协议(Xn application protocol,XnAP)。SCTP 层提供有保证的应用层消息传递。在 IP 网络层中,点对点传输用于传递信令 PDU。

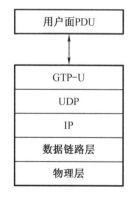

图 8 – 18　Xn – U 协议栈

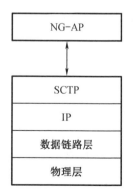

图 8 – 19　Xn – C 协议栈

Xn-C 接口支持以下功能。

①通过 Xn-C 接口提供可靠的 XnAP 消息传输。

②提供网络和路由功能。

③在信令网络中提供冗余。

④支持流量控制和拥塞控制。

⑤Xn-C 接口管理和差错处理功能,包括 Xn 建立、差错指示、Xn 重置、Xn 配置数据更新、Xn 移除等功能。

⑥UE 移动管理功能,包括切换准备、切换取消、恢复 UE 上下文、RAN 寻呼、数据转发控制等功能。

⑦双连接功能,以及激活 NG-RAN 中辅助节点资源的使用。

3. F1 接口

(1)F1 接口概述

F1 接口被定义为 NG-RAN 内部的 gNB 的 CU 和 DU 功能实体之间互连的接口,或者与 E-UTRAN 内的 en-gNB(经过升级支持 5G 的 4G 基站)之间的 CU 和 DU 部分的互连接口。F1 接口规范用于实现由不同制造商提供的 gNB-CU 和 gNB-DU 之间的互连。

F1 接口规范的一般原则如下。

①F1 接口是开放的。

②F1 接口支持端点之间的信令信息交换,此外还支持向各个端点的数据传输。

③从逻辑角度来看,F1 是端点之间的点对点接口,即使在端点之间没有物理直接连接的情况下,点对点逻辑接口也应该是可行的。

④F1 接口支持控制面和用户面分离。

⑤F1 接口可分离无线网络层和传输网络层。

⑥F1 接口可以交换 UE 相关信息和非 UE 相关信息。

(2)F1 接口功能

①F1-C 接口功能

a. F1 接口管理功能,包括差错指示、重置、F1 建立(gNB-DU 发起 F1 建立)、配置更新等功能(允许 gNB-CU 和 gNB-DU 间应用层配置数据更新,激活/去激活小区)。

b. 系统信息管理功能。系统广播信息的调度在 gNB-DU 执行,gNB-DU 根据获得的调度参数传输系统信息;gNB-DU 负责主系统信息块(master information block,NR-MIB)编码,若需要广播系统信息块(system information blocks,SIB1)和其他系统信息,gNB-DU 负责 SIB1 编码,gNB-CU 负责其他系统信息的编码。

c. F1 UE 上下文管理功能,支持所需要的 UE 上下文建立和修改。

d. RRC 消息转发功能,允许 gNB-CU 与 gNB-DU 间 RRC 消息转发,gNB-CU 负责使用 gNB-DU 提供的辅助信息对专用 RRC 消息编码。

②F1-U 接口功能

a. 数据转发功能,允许 NG-RAN 节点间数据转发,从而支持双连接和移动性操作。

b. 流控制功能,允许 NG-RAN 节点接收第二个节点的用户面数据,从而提供数据流相关的反馈信息。

4. E1 接口

（1）E1 接口概述

E1 接口被定义为 NG – RAN 内部的 gNB – CU – CP 和 gNB – CU – UP 之间的点对点接口，是逻辑接口。E1 接口规范的一般原则如下。

①E1 接口是开放的。

②E1 接口支持端点之间信令信息的交换。

③从逻辑角度来看，E1 是 gNB – CU – CP 和 gNB – CU – UP 之间的点对点接口，即使在端点之间有物理直接连接的情况下，点对点逻辑接口也应该是可行的。

④E1 接口可分离无线网络层和传输网络层。

⑤E1 接口可以交换 UE 相关信息和非 UE 相关信息。

⑥E1 接口是开放性的，可满足不同的新要求，支持新服务和新功能。但 E1 接口是控制接口，不能用于用户数据转发。

（2）E1 接口功能

E1 接口提供用于在 NG – RAN 内 gNB – CU – CP 和 gNB – CU – UP 互连，或用于 gNB – CU – CP 和 en – gNB 互连的 gNB – CU – UP 的功能。下面简要介绍 E1 接口的主要功能。

①接口管理功能

a. 错误指示功能，由 gNB – CU – UP 或 gNB – CU – CP 使用该功能向 gNB – CU – CP 或 gNB – CU – UP 指示已发生错误，并可以通过重置节点来解决错误。重置节点功能用于在节点设置后和故障事件发生后初始化对等实体。该功能可以由 gNB – CU – UP 和 gNB – CU – CP 使用。

b. E1 设置功能，允许交换 gNB – CU – UP 和 gNB – CU – CP 在 E1 接口上正确互操作所需的应用级数据。E1 设置由 gNB – CU – UP 和 gNB – CU – CP 发起。

c. gNB – CU – UP 配置更新和 gNB – CU – CP 配置更新功能，允许更新 gNB – CU – CP 和 gNB – CU – UP 之间所需的应用级配置数据，以通过 E1 接口正确地互操作。

d. E1 设置和 gNB – CU – UP 配置更新功能，允许通过 E1 接口通知 gNB – CU – UP 支持的 5G 全球小区识别码（cell global identifier，NRCGI）、网络切片选择辅助信息（single network slice selection assistance information，S – NSSAI）、公共陆地移动网标识（public land mobile network ID，PLMN – ID）和 QoS 信息。

e. E1 设置和 gNB – CU – UP 配置更新功能，允许 gNB – CU – UP 向 gNB – CU – CP 发送其容量信息。

f. E1 gNB – CU – UP 状态指示功能，允许通过 E1 接口通知过载或非过载状态。

②E1 承载上下文管理功能

a. 设置和修改 QoS 流到数据无线承载（data radio bearer，DRB）映射配置。

b. gNB – CU – UP 向 gNB – CU – CP 通知 DL 数据到达检测的事件。

c. gNB – CU – UP 通知 gNB – CU – CP 在默认 DRB 处第一次接收到 UL 分组数据时，其中尚未完成流映射的需要封装在 SDAP 报头中的 5G QoS 流标识（QoS flow ID，QFI）信息。

d. gNB – CU – UP 监视用户状态。如果用户当前锚定的 gNB – CU – CP 处于不活动状态,则 gNB – CU – UP 通知用户并可以重新激活用户到新的 gNB – CU – CP。

e. gNB – CU – UP 向 gNB – CU – CP 报告数据量。

f. gNB – CU – CP 可以通知暂停和恢复到 gNB – CU – UP 的承载上下文。

g. 允许支持基于载波聚合(carrier aggregation,CA)的分组复制。

③TEID 分配功能

a. gNB – CU – UP 负责为每个数据无线承载分配 F1 – U UL GTP TEID(F1 接口用户面上行隧道终结点标识)。

b. gNB – CU – UP 负责为每个 PDU 会话分配每个演进的无线接入承载(evolved radio access bearer,E – RAB)的 S1 – U DL GTP TEID(S1 接口用户面下行隧道终结点标识)和 NG – U DL GTP TEID(NG 接口用户面下行隧道终结点标识)。

c. gNB – CU – UP 负责为每个数据无线承载分配 X2 – U DL/UL GTP TEID(X2 接口用户面下行/上行隧道终结点标识)或 Xn – U DL/UL GTP TEID(Xn 接口用户面下行/上行隧道终结点标识)。

8.3.3　无线协议架构

NR 无线协议栈分为两个平面:用户面和控制面。用户面协议栈即用户数据传输采用的协议簇,控制面协议栈即系统的控制信令传输采用的协议簇。协议栈控制面和用户面数据流向图如图 8 – 20 所示。

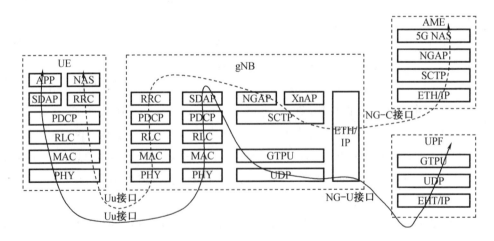

图 8 – 20　协议栈控制面和用户面数据流向图

在图 8 – 20 中,虚线标注的是信令数据的流向。一个 UE 在发起业务之前,先要和核心网 AMF 建立信令连接,因此控制面的信令流程总是先于用户面的数据流程的。UE 经过认证、授权和加密等非接入层信令处理后,通过 RRC 信令和 gNB 建立无线信令连接。信令数据经过 PDCP 封装、RLC 封装,以及 MAC 层、物理层处理后,通过 Uu 接口发送到 gNB;gNB 经过一个和 UE 相同的逆向处理过程后,发给 NGAP;封装成 SCTP 信令后,通过 NG – C 接口发给 AMF;AMF 物理层接收到数据后,使数据经过 SCTP 的解封装、NGAP 解封装,将数据转换为 5G 的非接入层信令并由 AMF 处理。

NR 用户面和控制面协议栈稍有不同。NR 控制面协议栈与 LTE 控制面协议栈一致。用户面协议栈比 LTE 用户面协议栈在 PDCP 层之上增加了一个 SDAP 层。一个 UE 通过 APP 发起业务,先经过 SDAP 协议封装,再经过 PCDP 封装和 RLC 封装,之后经过 MAC 层、物理层处理后,通过 Uu 接口发送到 gNB;gNB 经过一个和 UE 相同的逆向处理过程后,经过 GTP-U 和 UDP 封装后,通过 NG – U 接口发给 UPF;UPF 接收数据后,使数据经过 UDP、GTP-U的解封装,最终由 UPF 处理。下面进行详细介绍。

1. 用户面协议栈

用户面协议栈如图 8 – 21 所示。

用户面协议从上到下依次是:SDAP 层、PDCP 层、RLC 层、MAC 层、物理层(PHY)。

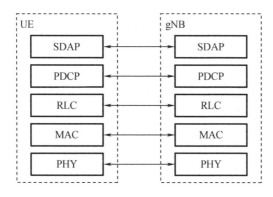

图 8 – 21　用户面协议栈

从用户面来看,5G NR 增加了一个新的 SDAP(服务数据适配协议),其他结构与 LTE 完全相同。由于 5G 网络中无线侧依然沿用 4G 网络中的无线承载的概念,但 5G 中的核心网为了更加精细化地实现业务,其基本的业务通道从 4G 时代的 bearer(承载)的概念细化到以 QoS flow(服务质量流)为基本业务传输单位,因此在无线侧的承载 DRB 就需要与 5GC 中的 QoS flow 进行映射,这便是 SDAP 协议栈的主要功能。SDAP 子层是通过 RRC 信令来配置的。SDAP 子层负责将 QoS flow 映射到对应的 DRB 上。一个或者多个 QoS flow 可以映射到同一个 DRB 上,而且一个 QoS flow 只能映射到一个 DRB 上。

2. 控制面协议栈

控制面协议栈如图 8 – 22 所示。

NR 控制面协议几乎与 LTE 协议栈一模一样,从上到下依次是:NAS 层、RRC 层、PDCP 层、RLC 层、MAC 层、物理层(PHY)。

UE 所有的协议栈都位于 UE 内,而在网络侧,NAS 层不位于基站 gNB 上,而是在核心网的 AMF 实体上。控制面协议栈不包含 SDAP 层。

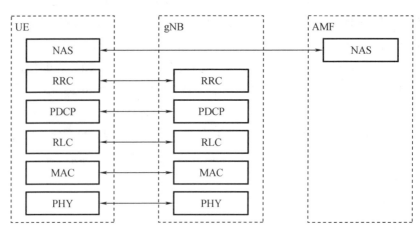

图 8－22　控制面协议栈

8.4　5G 核心网和接口协议

8.4.1　5G 核心网网络功能和架构

1.5G 核心网的原则

5G 系统架构被定义为支持数据连接和服务,能够使用如 NFV 和 SDN 架构这样的信息技术,可以确保实现各控制面网络功能之间基于服务的无阻碍流畅交互的系统架构。

5G 核心网的十大关键原则如下。

(1)将 UP 功能与 CP 功能分开,允许独立扩展、演进和灵活部署,如集中式扩展或分布式(远程)扩展。

(2)模块化功能设计,如实现灵活和有效的网络切片。

(3)支持统一的身份验证框架。

(4)在适用的情况下,将流程定义为服务,以便可以重复使用。

(5)支持网络能力对外开放,如开放接口,非 3GPP 网络也可以接入。

(6)如果需要,允许每个网络功能(network function,NF)直接与其他 NF 交互。该体系结构不排除使用中间节点功能来帮助路由控制面消息,如路由代理节点(diameter routing agent,DRA)。

(7)支持"无状态"NF,其中,计算资源与存储资源分离。

(8)最小化 AN 和 CN 之间的依赖关系,这种依赖关系由 CN 和共同的 AN－CN 接口定义,该接口集成了不同的接入类型。

(9)支持并发接入本地和集中服务。为了支持低延迟服务接入本地数据网络,UP 功能可以部署在 AN 附近。

(10)支持漫游,包括归属路由区流量以及访问 PLMN 中的本地之外流量。

2. 5G 核心网架构解析

3GPP 规范里规定了 5G 核心网最基本的网络架构——基于服务接口的非漫游网络架构,如图 8-23 所示。

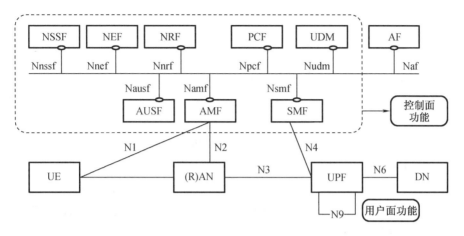

图 8-23　基于服务接口的非漫游网络架构

图 8-23 中描述了基于服务接口的非漫游参考架构中的控制面和用户面。5G 核心网架构对比于 LTE 架构,关键变化如下。

相比于传统的核心网,5G 核心网用网络功能代替网络网元。

接口明显分成了两种,一种是基于服务的接口(service based interface,SBI),另一种是基于参考点的功能接口。基于服务的接口已经不是传统意义上的"一对一",而是由一个总线结构接入,每个网络功能通过接口接入一个类似于计算机的总线结构。基于服务架构的核心网网元之间的接口为基于服务的接口,采用 HTTP/TCP 协议,而基于参考点的接口更接近于 LTE 网络架构中的接口概念。

服务化接口和参考点是 5G 架构引入的两种不同网络实体之间模型化的交互方式,通过灵活定义网络功能块和网络实体之间的接口和连接,5G 网络对于多样的特定服务类型在各个协议层可以采取灵活的处理方法和处理流程。

服务化接口和参考点既有联系和相同点,也有区别。一个服务化接口只针对某个网络功能块,网络功能块通过这个接口向外与其他的功能块进行交互,而其他的功能块通过与那个接口相对应的接口与此功能块进行交互。参考点是特定两个功能块之间的交互界面,是标准的双方之间的协议映射关系。所以,两个功能块之间的参考点一般可以用一个或更多的服务化接口来代替,从而提供完全相同的功能。5G 中服务化接口和参考点如图 8-24 所示。

同一个功能块既可以用不同的参考点面向不同的功能块网元,也可以用相同的接口面向不同的功能网元,具体需要通过实际的网络应用和网络结构来确定。

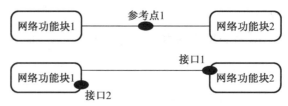

图 8-24 5G 中服务化接口和参考点

在核心网控制面内,接口基于服务;Nnsf、Nnef、Nnrf 等为网络功能之间的接口,这些接口的命名都是在网络功能单元名称(小写)前加上一个字母"N"。但是,5GC 与接入网的 N2 接口还是采用传统的功能对等接口模式。

值得注意的是,UE 之间和 AMF 之间有一个接口 N1,这个接口在 LTE 网络架构中并不存在。N1 接口传送的信令是 NAS 信令,N1 NAS 信令的终结点为 UE 和 AMF。一个 NAS 信令连接用于注册管理(registration management,RM)、连接管理(connection management,CM)和会话管理。除了 NAS 协议,UE 和 5GC 间还有多个其他协议[SM、SMS、UE 策略(UE policy)、定位业务(location service,LCS)等],这些协议都是由 N1 接口通过 RAN 进行透传的。

5G 核心网中以上看似简单的变化,为网络部署带来极大的便利,因为每个网络功能的接入和撤出只需要按照规范进行,而不用顾及对其他网络功能的影响,相当于总线架构建立了一个资源池,这样也有利于 SDN/NFV、边缘计算等信息技术和通信技术的融合。

3.5G 核心网的网络功能

5G 核心网系统架构主要由 NF 组成,采用分布式的功能,根据实际需要部署。新的网络功能加入或撤出并不影响整体网络的功能。这些 NF 主要包括下列内容。

- AMF。
- UPF。
- SMF(session management function),即会话管理功能。
- NEF(network exposure function),即网络开放功能。
- PCF(policy control function),即控制策略功能。
- UDM(unified data management),即统一数据管理。
- NRFNF(repository function),即网络存储库功能。
- AUSF(authentication server function),即认证服务器功能。
- AF(application function),即应用功能。
- SMSF(sms service function),即短消息服务功能。
- SEPP(security edge protection proxy),即安全边缘保护代理。
- N3IWF(non-3GPP inter working function),即非 3GPP 网络互操作功能。
- UDR(unified data repository),即统一数据存储库。
- UDSF(unstructured data storage network function),即非结构化数据存储功能。
- NSSF(network slice selection function),即网络切片选择功能。
- 5G-EIR(5G equipment identity register),即 5G 设备识别寄存器。

- LMF（location management function），即位置管理功能。
- NWDAF（network data analytics function），即网络数据分析功能。
- DN（data network），即数据网络，如运营商服务、互联网接入或第三方服务。
- UE。
- AN 或 RAN。

下面对这些网元的具体功能进行简要介绍。

（1）AMF 的主要功能

①终止 RAN CP 接口（N2）。

②终止 NAS 接口（N1），对 NAS 进行加密和完整性保护。

③注册管理、连接管理、可达性管理、移动性管理。

④合法拦截。

⑤在 UE 和 SMF 之间传输 SM 消息。

⑥接入身份验证，接入授权。

⑦在 UE 和 SMSF 之间提供传输 SMS 消息的功能。

⑧安全锚功能。

⑨用于监管的定位服务管理。

⑩为 UE 和位置管理功能之间以及 RAN 和位置管理功能之间传输位置服务消息。

⑪当与 EPS 互通时，分配 EPS 承载的 ID。

⑫UE 移动事件通知。

在 AMF 的单个实例中可以支持部分或全部 AMF 功能，无论网络功能的数量如何，UE 和 CN 之间的每个接入网只有一个 NAS 接口实例，至少实现 NAS 安全性和移动性管理的网络功能之一。

除了上述 AMF 的功能之外，AMF 还可以包括以下功能以支持非 3GPP 接入网络。

①支持 N2 接口与 N3IWF 互操作。在该接口上，可以不应用通过 3GPP 接入定义的一些信息（如 3GPP 小区标识）和过程（如与切换相关过程），并且可以应用不适用于 3GPP 接入的非 3GPP 接入特定信息。

②UE 通过 N3IWF 支持 NAS 信令。由 3GPP 接入的 NAS 信令支持的一些过程可能不适用于不可信的非 3GPP（如寻呼）接入。

③支持对通过 N3IWF 连接的 UE 进行认证。

④管理通过非 3GPP 接入连接或通过 3GPP 和非 3GPP 同时连接的 UE 的移动性、认证和单独的安全上下文状态。

⑤支持管理混合的注册管理上下文，该上下文对 3GPP 和非 3GPP 访问有效。

⑥支持管理针对 UE 的专用连接管理上下文，用于通过非 3GPP 接入进行连接。在网络切片的实现上，并非所有功能都需要在网络切片的实例中使用，AMF 支持使用部分或全部功能进行灵活部署网络切片。除了上述 AMF 的功能之外，AMF 还包括安全策略的相关功能。

（2）UPF 的主要功能

①用于无线接入技术（radio access technology，RAT）内或 RAT 间移动性的锚点。

②用于外部 PDU 与数据网络互连的会话点。

③分组数据路由和转发，如支持上行链路分类器以将业务流路由到具体的数据网络实例，支持分支点以支持多宿主的 PDU 会话。

④数据包检查，支持基于数据流模板的应用流程检测，也可以支持从 SMF 接收的可选分组流描述（packet flow description，PFD）检测。

⑤用户面部分策略规则实施，如门控、重定向、流量转向。

⑥合法拦截。

⑦流量使用报告。

⑧用户面的 QoS 处理，如 UL/DL 速率控制、DL 中的反射 QoS 标记等。

⑨上行链路流量验证，如服务数据功能到 QoS 流量映射。

⑩对上行链路和下行链路中的传输数据进行分组标记。

⑪下行数据包缓冲和下行数据通知触发。

⑫将一个或多个"结束标记"发送和转发到源 NG – RAN 节点。

UPF 通过提供与请求发送的 IP 地址相对应的 MAC 地址来响应 ARP 或 IPv6 邻居请求。在 UPF 的单个实例中可以支持部分或全部 UPF 功能，并非所有 UPF 功能都需要在网络切片的用户面功能的实例中得到支持。

（3）SMF 的主要功能

①会话管理，如会话建立、修改和释放，包括 UPF 和 AN 节点之间的通道维护。

②UE IP 地址分配和管理。

③DHCPv4 功能和 DHCPv6 功能。SMF 通过提供与请求发送的 IP 地址相对应的 MAC 地址来响应 ARP 或 IPv6 邻居请求。

④选择和控制 UP 功能，包括控制 UPF 代理 ARP 和 IPv6 邻居发现，或将所有 ARP 或 IPv6 邻居请求流量转发到 SMF。

⑤配置 UPF 的流量控制，将流量路由到正确的目的地。

⑥根据策略控制功能终止接口。

⑦合法拦截。

⑧收费数据收集和支持计费接口。

⑨控制和协调 UPF 的收费数据收集。

⑩终止 SM 消息的 SM 部分。

⑪下行数据通知。

⑫发起针对 AN 的特定 SM 信息，通过 AMF N2 发送到 AN。

⑬确定会话的会话和服务连续模式（session and service continuity mode，SSC）。

⑭漫游功能。根据 QoS 服务等级协议（service-level agreement，SLA）处理漫游呼叫，处理手机计费数据，访问计费接口，合法拦截，支持与外部 DN 的交互，以便通过外部 DN 传输授权或认证的 PDU 信令数据。

在 SMF 的单个实例中可以支持部分或全部 SMF 功能,并非所有功能都需要在网络切片的实例中得到支持。除了上述 SMF 的功能之外,SMF 还可以包括与安全策略相关的功能。

（4）NEF 的主要功能

①能力和事件的开放

3GPP NF 通过 NEF 向其他 NF 公开功能和事件,如第三方接入、应用功能、边缘计算等。NEF 使用标准化接口 Nudr 将信息作为结构化数据存储或检索到 UDR。

注意:NEF 可以接入位于与 NEF 相同的 PLMN 中的 UDR。

②从外部应用程序提供安全信息给 3GPP 网络

NEF 为应用功能提供了一种手段,可以安全地向 3GPP 网络提供信息,如预期的 UE 行为。在这种情况下,NEF 可以验证、授权外部应用,在需要时协助限制应用功能。

③内部－外部信息的翻译

NEF 在与 AF 交换的信息和与内部网络交换的信息之间进行转换。例如,NEF 在 AF－service identifier（AF 服务标识）和内部 5GC 的信息如数据网络名称（data network name，DNN）、S－NSSAI 之间进行转换。特别指出,NEF 根据网络策略对外部 AF 的网络和用户敏感信息进行屏蔽。

④网络开放功能从其他网络功能接收信息（基于其他网络的公开功能）

NEF 使用标准化接口将接收到的信息作为结构化数据存储到 UDR 中,所存储的信息可以由 NEF 访问并"重新展示"到其他网络功能和应用功能,并用于其他目的。

⑤支持 PFD 功能

NEF 中的 PFD 功能可以在 UDR 中存储和检索 PFD,并且响应 SMF 的"拉"模式请求,将 PFD 提供给 SMF。特定 NEF 实例可以支持上述功能中的一个或多个。

⑥支持通用 API 框架（common api framework，CAPIF）

当 NEF 用于外部开放时,可以支持 CAPIF。支持 CAPIF 时,用于外部开放的 NEF 支持 CAPIF API 过程域功能。

（5）PCF 的主要功能

①支持统一的策略框架来管理网络行为。

②为控制面功能提供策略规则并强制执行。

③访问与 UDR 中的策略决策相关的用户信息。PCF 访问位于与 PCF 相同的 PLMN 中的 UDR。

（6）UDM 的主要功能

①生成 3GPP 认证与密钥协商（authentication and key agreement，AKA）身份验证凭证。

②用户识别处理,如对 5G 系统中每个用户的订购永久标识符（subscription permanent Identifier，SUPI）进行存储和管理。

③支持对需要隐私保护的用户隐藏用户标识符。

④基于用户数据的接入授权,如漫游限制。

⑤NF 注册管理 UE 的各种服务,如为 UE 存储 AMF 服务信息,为 UE 的 PDU 会话存储 SMF 服务信息。

⑥保持服务/会话的连续性,例如通过 SMF/DNN 的分配保持正在进行的会话和服务不中断。

⑦支持手机收短信(mobileterminate SMS,MT - SMS),即服务提供商发给用户的信息。

⑧合法拦截功能。

⑨用户管理。

⑩短信管理。

为了提供此功能,UDM 不需要在 UDM 内部存储用户数据,而使用存储在 UDR 中的用户数据(包括身份验证数据)实现应用流程逻辑,几个不同的 UDM 在不同的交互中可以为同一用户提供服务。UDM 位于其服务的用户的 HPLMN 中,接入位于同一 PLMN 的 UDR。

(7)NRF 的主要功能

①支持服务发现功能,即从 NF 实例接收 NF 发现请求,并将发现的 NF 实例的信息提供给 NF 实例。

②维护可用实例及其支持服务的 NF 配置文件。

③在网络切片的背景下,基于网络实现,可以在不同级别部署多个 NRF,包括:PLMN 级别,NRF 配置有整个 PLMN 的信息;共享切片级别,NRF 配置有属于一组网络切片的信息;切片特定级别,NRF 配置有属于 S - NSSAI 的信息。

④在漫游环境中,可以在不同的网络中部署多个 NRF,包括:被访问 PLMN 中的 NRF,称为 vNRF,配置有被访问 PLMN 的信息;归属 PLMN 中的 NRF,称为 hNRF,配置有归属 PLMN 的信息,由 vNRF 通过 N27 接口引用。

(8)AUSF 的主要功能

AUSF 主要是对 3GPP 接入和不受信任的非 3GPP 接入进行认证。

(9)AF 的主要功能

①根据应用流程合理选择流量路径。

②利用网络开放功能访问网络。

③根据业务调整控制策略框架。

④基于运营商要求部署,可以允许运营商信任的应用功能直接与相关网络功能进行交互。

应用流程不允许直接使用接入的网络功能,而是通过 NEF 使用外部展示框架与相关的网络功能进行交互。

(10)SMSF 的主要功能

①SMS 管理、检查用户数据并相应地进行 SMS 传递。

②支持带有 UE 的短消息汇集点(SM - rendezvous point,SM - RP)功能/短消息控制点(SM - control point,SM - CP)功能。

③将 SM 从 UE 中继到短消息网关移动交换中心(SMS - gateway mobile switching center,SMS - GMSC)/IWMSC(短消息 - 互联移动交换中心)/SMS - Router(短消息路由器)。

④将 SMS 从 SMS - GMSC/IWMSC/SMS - Router 中继到 UE。

⑤记录短信相关的呼叫详细记录(call detail records,CDR)。

⑥合法拦截。

⑦与 AMF 和 SMS – GMSC 进行交互。当 UE 不可用于 SMS 时,SMS – GMSC 通知 UDM。

(11)SEPP 的主要功能

SEPP 是非透明代理,对 PLMN 间控制面接口上的消息进行过滤和监管。SEPP 从安全角度保护服务使用者和服务生产者之间的连接,不会复制服务生产者应用的服务授权。SEPP 将上述功能应用于 PLMN 间信令中的每个控制面消息,充当实际服务生产者与实际服务消费者之间的服务中继。对于服务使用者和服务生产者,使用服务中继的结果和它们之间直接交换的结果是等效的,SEPP 之间的 PLMN 间信令中的每个控制面消息可以通过交换实体进行传递。

(12)N3IWF 的主要功能

N3IWF 是在不受信任的非 3GPP 接入的情况下实现如下功能:

①支持使用 UE 建立 IPsec 通道。N3IWF 通过 Nwu(位于 UE 和 N3IWF 之间,为了通过非信任的非 3GPP 接入,在 UE 和 5G 核心网之间进行控制面和用户面交换的安全传输,可以在 UE 和 N3IWF 之间建立安全隧道,这个隧道就是 Nwu)上的 UE 终止因特网密钥交换协议版本 2(internet key exchange version 2,IKE2)/ IPsec 协议,并通过 N2 中继认证 UE 并将其接入授权给 5G 核心网络。

②N2 和 N3 接口终止于 5G 核心网络,分别用于控制面和用户面。

③在 UE 和 AMF 之间中继上行链路和下行链路控制面 NAS(N1)信令。

④处理来自 SMF(由 AMF 中继)的 N2 信令、PDU 会话以及和 QoS 相关的数据。

⑤建立 IPsec 安全关联以支持 PDU 会话流量。

⑥在 UE 和 UPF 之间中继上行链路和下行链路用户面数据包。

(13)UDR 的主要功能

①通过 UDM 存储和检索用户数据。

②由 PCF 存储和检索策略数据。

③存储和检索用于开放的结构化数据。

④NEF 应用数据,包括用于应用检测的分组流描述 PFD,以及用于多个 UE 的 AF 请求信息等。

统一数据存储库位于与使用 Nudr 存储和从中检索数据的 NF 服务使用者相同的 PLMN 中。Nudr 是 PLMN 内部接口,可以选择将 UDR 与 UDSF 一起部署。

(14)UDSF 的主要功能

UDSF 具有非结构数据存储功能,也是 5G 系统架构中可选的功能模块,主要用于存储任意 NF 产生的非结构化数据。

(15)NSSF 的主要功能

①选择为 UE 提供服务的网络切片实例集。

②确定允许的 NSSAI,并在必要时确定到用户的 S – NSSAI 的映射。

③确定已配置的 NSSAI,并在需要时确定到用户的 S – NSSAI 的映射。

④确定 AMF 集用于服务 UE,或者基于配置,可能通过查询 NRF 来确定候选 AMF

列表。

（16）5G – EIR 的主要功能

5G – EIR 是个可选的网络功能,用于检查永久设备标识符(permanent equipment identifier,PEI)的状态,如检查它是否已被列入黑名单,是不是一个合法且真实有效的设备标识。

（17）LMF 的主要功能

①支持 UE 定位功能。

②从 UE 获得下行链路位置测量或位置估计数据。

③从 NG – RAN 获得上行链路位置测量数据。

④从 NG – RAN 获得非 UE 相关的辅助数据。

（18）NWDAF 的主要功能

NWDAF 为 NF 提供特定切片的网络数据分析,在网络切片实例级别上向 NF 提供网络分析信息(即负载级别信息),并且不需要知道使用该切片的当前用户。

PCF 和 NSSF 都会利用 NWDAF 提供的网络分析数据,其中,PCF 可以在其策略决策中使用该数据,NSSF 可以使用 NWDAF 提供的负载级别信息进行网络切片选择。

DN、UE 和 RAN 的功能在此不再赘述。

4.基于服务的接口和参考点

（1）基于服务的接口

在 5G 核心网架构中,基于服务的接口是每个网络功能单元和总线直接的接口,是核心网基于服务架构的体现。控制面的 NF(如 AMF)使其他授权的 NF 能够访问它提供的服务。主要的基于服务的接口如下。

①NAMF:AMF 展示的基于服务的接口。

②Nsmf:SMF 展示的基于服务的接口。

③Nnef:NEF 展示的基于服务的接口。

④NPCF:PCF 展示的基于服务的接口。

⑤Nudm:UDM 展示的基于服务的接口。

⑥NAF:AF 展示的基于服务的接口。

⑦Nnrf:NRF 展示的基于服务的接口。

⑧Mnssf:NSSF 展示的基于服务的接口。

⑨Nausf:AUSF 展示的基于服务的接口。

⑩Nudr:UDR 展示了基于服务的接口。

⑪Nudsf:UDSF 展示的基于服务的接口。

⑫N5G – EIR:5G – EIR 展示的基于服务的接口。

⑬Nnwdaf:NWDAF,展示的基于服务的接口。

⑭Nsmsf:SMSF 展示的基于服务的接口。

（2）参考点

5G 系统架构参考点聚焦于成对网络功能之间的交互,这两个网络功能的交互通过点对点的参考点进行(比如 N11 接口)。两个网络之间的交互并不一定在任意两个网络功能之间进行,而是为了实现功能需要在两个网络之间进行数据传送时才会在两个网络功能之间交互,比如 AMF 和 SMF 之间。主要的参考点如下。

①N1:UE 和 AMF 之间的参考点。

②N2:(R)AN 和 AMF 之间的参考点。

③N3:(R)AN 和 UPF 之间的参考点。

④N4:SMF 和 UPF 之间的参考点。

⑤N6:UPF 和数据网络之间的参考点。

⑥N9:两个 UPF 之间的参考点。

⑦N5:PCF 和 AF 之间的参考点。

⑧N7:SMF 和 PCF 之间的参考点。

⑨N24:访问网络中的 PCF 与旧属网络中的 PCF 之回的参考点。

⑩N8:UDM 和 AMF 之间的参考点。

⑪N10:UDM 和 SMF 之间的参考点。

⑫N11:AMF 和 SMF 之间的参考点。

⑬N12:AMF 和 AUSF 之间的参考点。

⑭N13:UDM 和 AUSF 认证服务器之间的参考点。

⑮N14:两个 AMF 之间的参考点。

⑯N15:在非漫游场景的情况下 PCF 和 AMF 之间的参考点,在访问网络中的 PCF 和在漫游场景下的 AMF。

⑰N16:两个 SMF 之间的参考点(在访问网络中的 SMF 和归属网络中的 SMF 之间的漫游情况下)。

⑱N17:AMF 和 5G – EIR 之间的参考点。

⑲N18:任何 NF 和 UDSF 之间的参考点。

⑳N22:AMF 和 NSSF 之间的参考点。

㉑N23:PCF 和 NWDAF 之间的参考点。

㉒N24:NSSF 和 NWDAF 之间的参考点。

㉓N27:访问网络中的 NRF 与归属网络中的 NRF 之间的参考点。

㉔N31:访问网络中的 NSSF 与归属网络中的 NSSF 之间的参考点。.

㉕N32:拜访网络中的 SEPP 与归属网络中的 SEPP 之间的参考点。

㉖N33:NEF 和 AF 之间的参考点。

㉗N40:SMF 和 CHF(计费功能)之间的参考点。

㉘N1:通过 NAS 在 UE 和 AMF 之间进行 SMS 传输的参考点。

㉙N8:AMF 和 UDM 之间 SMS 用户数据检索的参考点。

㉚N20:AMF 和 SMS 功能之间 SMS 传输的参考点。

㉛N21:SMS 功能地址注册管理、SMS 管理、SMS 功能和 UDM 之间的用户数据检索的参考点。

8.4.2　5G 核心网用户面和控制面协议栈

1.用户面协议栈

下面以 PDU 会话的用户面协议栈为例,介绍用户面协议栈的主要功能,如图 8 - 25 所示。

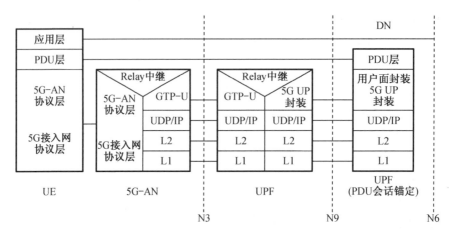

图 8 - 25　PDU 会话用户面协议栈

(1)PDU 层

该层对应于 PDU 会话中 UE 和 DN 之间承载的 PDU。当 PDU 会话类型为 IPv4 或 IPv6 时,它对应于 IPv4 数据包或 IPv6 数据包;当 PDU 会话类型是以太网时,它对应于以太网帧等。

(2)GTP - U

GTP - U 是用户面的 GPRS 通道协议,支持通过在骨干网络中的 N3(即在 5G - AN 节点和 UPF 之间)隧道穿透用户数据来复用不同 PDU 会话的流量(可能对应于不同的 PDU 会话类型)。GTP 应封装所有最终用户 PDU,在每个 PDU 会话级别上提供封装。该层还携带 QoS 流相关联的标记。

(3)5G 用户面封装

该层支持在 N9 上即在 5GC 的不同 UPF 之间复用不同 PDU 会话的流量,在每个 PDU 会话级别上提供封装。该层还携带 QoS 流相关联的标记。

(4)5G - AN 协议层

该层是 5G 的接入网协议层。依据具体的接入网类型,从 eNB 接入、从 gNB 接入或者从 non - 3GPP 网络接入,对应的协议栈是不同的。

(5)UDP/IP

该层是骨干网络协议。数据路径中的 UPF 的数量不受 3GPP 规范的约束,在 PDU 会话选择 UPF 路径的时候,可能有的 UPF 路径中并不支持该 PDU 会话,因此有可能会因路由失败而引发的业务故障。

图 8 - 25 中描述的"PDU 会话锚"UPF 是可选的。N9 接口可以在 PLMN 内或 PLMN 间（在归属路由部署的情况下）。

如果在 PDU 会话的数据路径中存在上行链路分类器（uplink classifer, UL CL）或分支点，则 UL CL 或分支点充当 PDU 会话锚 UPF。在这种情况下，有多个 N9 接口分支出 UL CL/分支点，每个接口带来不同的 PDU 会话锚点。因此，UL CL 或分支点与 PDU 会话锚点的共址是部署选项。

2. 控制面协议栈

（1）5G - AN 和 5G 核心之间的控制面协议栈 N2

以下过程在 N2 上定义。

① 与 N2 接口管理相关且与单个 UE 无关的过程，如 N2 接口的配置或复位。这些过程旨在适用于任何接入，但可能对应于仅在某些接入上带某些信息的消息［如仅用于 3GPP 接入的默认寻呼 DRX（不连续接收）的信息］。

② 与个人 UE 相关的流程。

③ 与 NAS 传输相关的过程，这些过程旨在适用于任何接入，在 UL NAS 传输的消息中携带一些接入相关信息，如用户位置信息。

④ 与 UE 上下文管理相关的过程，这些流程适用于任何接入，其相应的消息可能包含：

a. 在某些接入上使用的信息（如仅用于 3GPP 接入的切换限制列表）。

b. 一些由 AMF 在 5G - AN 和 SMF 之间透明转发的信息，如与 N3 寻址和 QoS 要求相关的信息。

⑤ 与 PDU 会话资源相关的流程，这些流程适用于任何接入，它们可以携带信息（如与 N3 寻址和 QoS 要求相关的消息）。这些消息将由 AMF 在 5G - AN 和 SMF 之间透明地转发。

⑥ 与移交管理相关的流程，这些流程仅适用于 3GPP 接入。

（2）5G - AN 和 5GC 之间的控制面接口支持的功能

① 通过独特的控制面协议将多种不同类型的 5G - AN（如 3GPP RAN，用于不可信接入到 5GC 的 N3IWF）连接到 5GC。单个 NG - AP 协议用于 3GPP 接入和非 3GPP 接入。

② 无论 UE 的 PDU 会话的数量如何，对于给定的 UE，在每个接入的 AMF 中存在唯一的 N2 终止点。

③ AMF 与 SMF 等其他功能之间的去耦可能需要控制 5G - AN 支持的服务（如控制用于 PDU 会话的 5G - AN 中的 UP 资源）。NG - AP 支持 AMF 在 5G - AN 和 SMF 之间进行中继的信息，称为 N2SM 信息。N2SM 信息在 SMF 和 5G - AN 之间透明地交换到 AMF。

AN - AMF 控制面协议栈如图 8 - 26 所示。

④ NG - AP（NG 应用协议），是 5G - AN 节点和 AMF 之间的应用层协议。

⑤ SCTP。该协议保证在 AMF 和 5G - AN 节点（N2）之间可靠地传递信令消息。

5G - AN - AMF 控制面协议栈如图 8 - 27 所示。

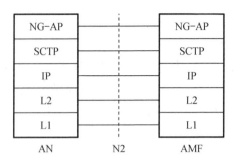

图 8 - 26　AN - AMF 控制面协议栈

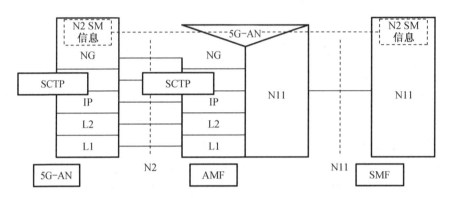

图 8 - 27　5G - AN - AMF 控制面协议栈

图 8 - 27 中,N2 SM 信息层是 AMF 在 AN 和 SMF 之间透明传输的 NG - AP 信息的子集,并且包括在 NG - AP 消息和 N11 相关消息中。从 AN 的角度来看,AN 和 SMF 之间的控制面可以发生 N2 单个终止的情况,即 N2 信令主动终结于 AMF。其他协议栈层在此不再赘述。

(3)UE 和 5GC 之间的控制面协议栈 N1

UE 和 AMF 之间的接口是 N1 接口,单个 N1 NAS 信令连接用于 UE 所连接的每个业务的接入,单个 N1 终端点位于 AMF 中;单个 N1 NAS 信令连接也可用于 RM/CM 以及 UE 的 SM 相关消息和过程。N1 上的 NAS 协议包括 NAS - MM(移动管理)和 NAS - SM(消息管理)组件。

UE 与核心网功能(不包括 AMF)之间存在多种协议,需要通过 NAS - MM 协议在 N1 上传输,包括会话管理信令、短信、UE 策略、定位业务(location service,LCS)。

AMF 在 N1 接口上支持以下功能。

①决定是否在 RM/CM 过程中接受 N1 信令的 RM/CM 部分,而不考虑在相同的 NAS 信令内容中可能组合的其他非 NAS - MM 消息(如 SM)。

②知道在 RM/CM 过程中是否应将一条 NAS 消息由一个 NF 路由到另一个 NF,或在内部使用 NAS 路由功能进行本地处理。

③通过支持 NAS 传输不同类型的有效载荷或不在 AMF 上终止的消息(如 NAS - SM、SMS),可以将这些不在 AMF 上终止的消息与 RM/CM NAS 消息(如 UE 策略、UE 与 AMF 之

间的 LCS)等消息一起传输。这些信息包括有关 Payload(有效载荷)类型的信息、用于转发目的的附加信息、Payload(如 SM 信令情况下的 SM 消息)。

单一的 NAS 协议适用于 3GPP 和非 3GPP 多种接入。当 UE 由单个 AMF 服务而 UE 通过多个(3GPP/非 3GPP)接入连接时,每次访问都有 N1 NAS 信令连接。

④基于在 UE 和 AMF 之间建立的安全性上下文来提供 NAS 消息的安全性。

图 8-28 描述了 N1 接口 SM 信令、SMS、UE 策略和 LCS 的 NAS 传输路径,图中的 LCS 消息、UE 策略消息可以直接通过 NAS 信令在 N1 接口上传输,而 SMS 消息和 NAS-SM 消息也可以作为有效载荷随 NAS 信令在 N1 接口上传输。

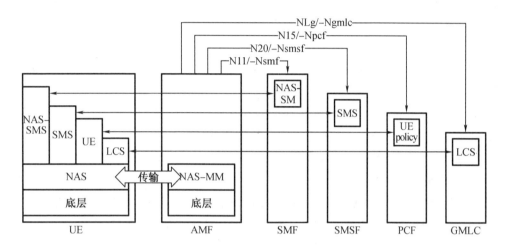

图 8-28 SMS、UE 策略和 LCS 的 NAS 传输

UE 与 AMF 之间的控制面如图 8-29 所示。

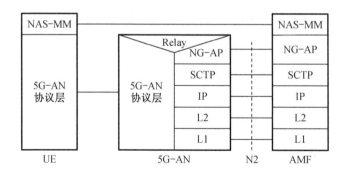

图 8-29 UE 与 AMF 之间的控制面

NAS-MM 是用于 MM 功能的 NAS 协议,支持注册管理功能、连接管理功能以及用户面连接、激活和停用。它还负责 NAS 信令的加密和完整性保护。

5G-AN 协议层是 5G 的接入网协议层。依据具体的接入网类型,从 eNB 接入、从 gNB 接入或者从 non-3GPP 网络接入,对应的协议栈是不同的。

UE 与 SMF 之间的控制面如图 8-30 所示。

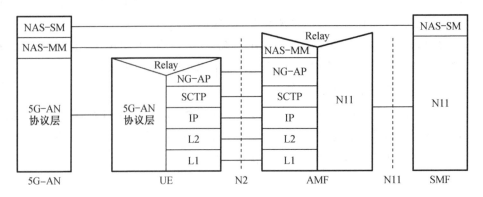

图 8 – 30　UE 与 SMF 之间的控制面

NAS – SM 是用于 SM 功能的 NAS 协议,支持用户面 PDU 会话建立、修改和发布。它通过 AMF 传输,对 AMF 透明。

NAS – SM 支持处理 UE 和 SMF 之间的会话管理,在 UE 和 SMF 的 NAS – SM 层中创建和处理 SM 信令消息。AMF 不解释 SM 信令消息的内容。

NAS – SM 层处理 SM 信令的功能如下。

①用于传输 SM 信令。

②NAS – MM 层创建 NAS – MM 消息,包括指示 NAS 信令的 NAS 传输的安全报头;用于接收 NAS – MM 的附加信息,以获得转发 SM 信令消息的方式和位置。

③接收 SM 信令。

④接收 NAS – MM 信令,执行完整性检查并解析附加信息。

⑤SM 消息部分包括 PDU 会话的 ID。

8.5　5G 应用场景和关键性能

8.5.1　5G 的 3 大应用场景和关键性能

从 1G 到 4G,移动通信的核心是人与人之间的通信,即个人的通信是移动通信的核心业务。但是 5G 的通信不仅仅是人的通信,物联网、工业自动化、无人驾驶等领域也均被引入,通信从人与人之间开始转向人与物之间,直至机器与机器之间。5G 移动通信技术是目前移动通信技术发展的最高峰,也是人类希望不仅改变生活,更要改变社会的重要力量。

从信息交互对象不同的角度出发,目前 5G 应用分为 3 大类场景:eMBB、mMTC 和 URLLC。eMBB 是指在现有移动宽带业务场景的基础上对用户体验等性能进一步提升,主要还是追求人与人之间极致的通信体验。mMTC 和 URLLC 都是物联网的应用场景,但各自的侧重点不同,mMTC 主要是人与物之间的信息交互,而 URLLC 主要体现了物与物之间的通信需求。

1. eMBB 场景和关键性能

eMBB 是指在现有移动宽带业务场景的基础上,对于用户体验等性能进一步提升。

eMBB 的典型应用包括超高清视频、虚拟现实、增强现实等。这类场景首先对带宽要求极高,关键的性能指标包括 100 Mbit/s 用户体验速率(热点场景可达 1 Gbit/s)、每秒数十吉比特的峰值速率、每平方千米每秒数十太比特的流量密度、每小时 500 km 数量级上的移动性等;其次,涉及交互类操作的应用还对时延敏感,如虚拟现实沉浸体验对时延要求在10 ms量级。

eMBB 可以将蜂窝覆盖扩展到范围更广的建筑物中,如办公楼、工业园区等。同时,它可以提升容量,满足多终端、大量数据的传输需求。在 5G 时代,每一比特的数据传输成本都将大幅下降。5G 时代下,eMBB 具有更大的吞吐量、低延时以及更一致的体验等优点,将应用到 3D 超高清视频远程呈现、可感知的互联网、超高清视频流传输、高要求的赛场环境、宽带光纤用户以及虚拟现实领域。以前,这些业务大多只能通过固定宽带网络才能实现,5G 将让它们"移动"起来。

eMBB 场景是在现有移动宽带业务场景的基础上对用户体验等性能进一步提升,主要追求人与人之间极致的通信体验。信道编解码是无线通信领域的核心技术之一,其性能的改进将直接提升网络覆盖广度及用户传输速率。5G 在传输速度、网络覆盖广度等方面远远优于 4G 技术。为了研发 5G 技术,我国专门成立了 IMT-2020(5G)推进组,其技术研发试验于 2016 年 1 月全面启动。

eMMB 场景的关键性能是以尽可能大的带宽,实现极致的流量吞吐,并尽可能降低时延。例如,即使是最先进的 LTE 调制解调器,最快传输速率也只能达到 Gbit/s 级,但往往一个小区的用户就已经有 Gbit/s 级的带宽消耗,而且,未来还将有更多大流量的业务不断发展,现有的 4G 已经越来越难以满足人们的超大流量需求。eMBB 在传输速率上的提升为用户带来了更好的应用体验,满足了人们对超大流量、高速传输的极致需求。

2. mMTC 场景和关键性能

mMTC 的典型应用包括智慧城市、视频监控、智能家居等。这类应用对连接密度要求较高,同时呈现出行业多样性和差异化。智慧城市中的抄表应用要求终端低成本、低功耗,网络支持海量连接的小数据包;视频监控不仅部署密度高,还要求终端和网络支持高速率;智能家居业务对时延要求相对不敏感,但终端可能需要适应高温、低温、震动、高速旋转等不同家居电器工作环境的变化。为了应对未来 5G 机器类通信的各种可能应用情境,对 mMTC 技术的设计有以下 4 种要求。

(1)覆盖范围

mMTC 技术对于覆盖范围的要求需要达到 164 dB 的最大耦合损失(maximum coupling loss,MCL),即在从传送端到接收端信号衰减的大小为 164 dB 时也要能使接收端成功解出封包。此覆盖范围要求与 3GPP Release 13 NB-IoT(narrow band internet of things,即窄频物联网)技术的要求相同。然而,由于使用重复性传送来提升覆盖范围会大幅减小信息传输速率,因此,5G mMTC 的覆盖范围要求有一附加条件,即信息在传输速率为 160 bit/s 的情况下也能被正确解码。

（2）电池寿命

未来 5G 机器类通信应用中,可能包含了智慧电表、水表等需要有长久电池寿命的应用装置。此种装置可能被布建在不易更换的环境中或是更换电池成本太高。因此 mMTC 技术对于电池寿命的要求是需要达到 10 年以上。此 10 年电池寿命要求也与 NB - IoT 相同。然而,mMTC 技术的这一要求若要在保持一定数据流量且在 164 dB MCL 的情况下达成,则要求标准更高,实现难度更大。

（3）连接密度

近年来,物联网应用需求日益增加,可以预见在未来 5G 通信系统中有各种不同应用的物联网装置,其数量可能达到每平方千米百万个,因此 5G mMTC 对于连接密度的要求是在满足某一特定服务质量的情况下,能够支持每平方千米 100 万个装置。

（4）延迟

虽然大部分机器类通信对于资料传输延迟有较大的容忍度,然而 5G mMTC 还是制定了适当的延迟以确保一定的服务质量。mMTC 对于延迟的要求为:装置传送一大小为 20 B 的应用层封包,在 164 dB MCL 的通道状况下,延迟时间要在 10 s 以内。

3. URLLC 场景和关键性能

URLLC 作为 5G 系统的 3 大应用场景之一,广泛存在于多种行业中,如娱乐产业中的 AR/VR、工业控制系统、交通和运输、智能电网和智能家居的管理、交互式的远程医疗诊断等。

在生活、工作和学习中,人们与移动通信密不可分。随着时代的发展、通信技术的进步以及人们生活水平的提高,人们对移动通信的依赖度和要求越来越高。人们通过 VR 技术,可以不用"身临其境"即能感受到身临其境的影像效果;通过精确的自动化控制,可以大幅度提高生产效率和产品质量;通过精准的远程控制,可以在不用以身涉险的基础上实现对高危任务的远程把控;通过智能可穿戴设备,可以随时监控自己和家人的健康和安全。URLLC 能够让人们的生活变得更高效、更便捷、更安全、更智能,能够给人们更丰富多彩的体验。

URLLC 的典型应用包括工业控制、无人机控制、智能驾驶控制等。这类场景聚焦对于时延极其敏感的业务,高可靠性也是其基本要求。自动驾驶实时监测等要求毫秒级的时延;汽车生产、工业机器设备加工制造的时延要求为 10 ms 级,可用性要求接近 100%。

在时延和可靠性方面,相比于之前的蜂窝移动通信技术,5G URLLC 有了极大的提升。5G URLLC 技术实现了基站与终端间上、下行的用户时延均为 0.5 ms。该时延是指成功传送应用层 IP 数据包/消息所花费的时间,具体是从发送方 5G 无线协议层入口点,经由 5G 无线传输,到接收方 5G 无线协议层出口点的时间。其中,时延来自上行链路和下行链路两个方向。5G URLLC 实现低时延的主要技术包括引入更小的时间资源单位,如 mini - slot（迷你时隙）;上行接入采用免调度许可的机制,终端可直接接入信道;异步过程,以节省上行时间同步开销;采用快速 HARQ 和快速动态调度等。

目前,5G URLLC 的可靠性指标是:用户面时延 1 ms 内,一次传送 32 字节包的可靠性为 99.99%。此外,如果时延允许,5G URLLC 还可以采用重传机制,进一步提高成功率。在提升系统的可靠性能方面,5G URLLC 采用的技术包括采用更鲁棒的多天线发射分集机制;采用鲁棒性强的编码和调制阶数,以降低误码率;采用超级鲁棒性信道状态估计。

8.5.2　5G 典型应用

与前几代移动网络相比,5G 网络的能力有飞跃发展。例如,下行峰值数据速率可达 20 Gbit/s,而上行峰值数据速率可能超过 10 Gbit/s。此外,5G 还将大大降低时延及提高整体网络效率:简化后的网络架构将提供小于 5 ms 的端到端延迟。5G 给人们带来的是超越光纤的传输速度、超越工业总线的实时能力以及全空间的连接,将开启充满机会的时代。另外,5G 为移动运营商及其客户提供了极具吸引力的商业模式。为了支撑这些商业模式,未来网络必须能够针对不同服务等级和性能要求,高效地提供各种新服务。移动运营商不仅要为各行业的客户提供服务,更要快速有效地将这些服务商业化。

1. eMBB 场景典型应用

(1)云 VR/AR

eMBB 是指在现有移动宽带业务场景的基础上,对于用户体验等性能进一步提升,这也是最贴近人们日常生活的应用场景。5G 在这方面带来的最直观的变化就是网速的大幅提升,峰值能够达到 10 Gbit/s,即便是观看 4K 高清视频,也能轻松应对。

VR/AR 业务对带宽的需求是巨大的。高质量 VR/AR 内容处理走向云端,在满足用户日益增长的体验要求的同时降低了设备价格。VR/AR 将成为移动网络最有潜力的大流量业务。虽然现有 4G 网络平均吞吐量可以达到 100 Mbit/s,但一些高阶 VR/AR 应用需要更高的速度和更低的延迟。

VR 与 AR 是能够彻底颠覆传统人机交互内容的变革性技术。变革不仅体现在消费领域,更体现在许多商业和企业市场中。VR/AR 需要大量的数据传输、存储和计算功能,这些数据和计算密集型任务如果转移到云端,就能利用云端服务器的数据存储和高速计算能力。

云 VR/AR 将大大降低设备成本,提供人人都能负担得起的价格。云市场近年来快速增长,在未来的 10 年中,家庭和办公室对桌面主机和笔记本电脑的需求将越来越小,转而使用连接到云端的各种人机界面,并引入语音和触摸等多种交互方式。5G 将显著改善这些云服务的访问速度。

随时随地体验蜂窝网带来的高质量 VR/AR,并逐步降低对终端和头盔的要求,实现云端内容发布和云渲染,是未来 VR/AR 的发展趋势。依赖于 VR/AR 自身的相关技术、移动网络演进和云端处理能力的进步,无线应用场景实验室提出云 VR/AR 演进的 5 个阶段。其中,5G 能帮助云 VR/AR 缓解该领域所面临的设备和成本压力。

VR/AR 的连接需求及演进阶段如表 8-9 所示。

表 8-9　VR/AR 的连接需求及演进阶段

云 VR/AR 演进的 5 个阶段			
	阶段 0/1	阶段 2	阶段 3/4
	PC VR / Mobile VR	云辅助 AR	云 VR
VR 应用及其技术特点	游戏、模拟(动作本地闭环、本地渲染) / 360°视频、教育(全景视频下载、动作本地闭环)	沉浸式内容、互动式模拟、可视化设计[动作云端闭环,FOV(+)视频流下载]	光场视频空间体验、实时渲染/下载[动作云端闭环、云端 CG 渲染,FOV(+)视频下载]
	2D VR / 3D AR/MR①	云 MR	
AR 应用及其技术特点	操作模拟及指导、游戏、远程办公、零售、营销可视化(图像和文字本地叠加) / 空间不断扩大的全息可视化,高度联网化的公共安全 AR 应用(图像上传、云响应多媒体信息)	基于云的混合现实应用,用户密度和连接性增加(图像上传,云端图像重新渲染)	
连接需求	以 Wi-Fi 连接为主 / 4G 和 Wi-Fi,内容为流媒体 20 Mbit/s,50 ms 时延	4.5G,内容为流媒体,40 Mbit/s,20 ms 时延	5G,内容为流媒体,100 Mbit/s~9.4 Gbit/s,2~10 ms 时延

注:①MR 为混合现实,全称为 mixed reality。

① PC VR 和移动 VR 与 2DAR

目前,VR/AR 的应用仍处于第一阶段,即以 Wi-Fi 和 4G 技术为主的低速本地 2D VR/AR 的应用阶段。VR/AR 市场中的头盔显示器(helmet mounted display,HMD)支持使用移动设备的坐式/站立 VR,以及使用有线外置追踪设备的房间范围 VR 体验。相比于 VR,AR 市场的产品更加多样化、覆盖更广。但是目前的市场更倾向于可替代平板的免持装置,如使用波导微型显示器的单眼智能眼镜。这类装置以 2D 为主,3D 相对受限。现在的 VR 市场中,谷歌和三星领军移动 VR,索尼、HTC 和 Facebook/Oculus 则是 HMD 领域的"领头羊"。在我国庞大的市场中,HMD 供应商在应用商店和平台中上架遇到的障碍较少,因而其数量也尤其多。VR 面临的挑战不仅包括价格高昂、内容有限、消费者体验优劣不一,还包括用户接受缓慢的问题。

②云辅助 VR 与 3D AR/MR

VR/AR 应用的第二阶段标志着硬件、软件和服务的第一次演进,基于云的动作处理和基于动作的适当视场下的图像传输扮演了越来越重要的角色。尤其是在 VR 空间中,硬件将从坐式/站立体验转变为整个房间范围的体验。这一转变需要通过外置追踪装置(或使用外部摄像头,或使用植入式视觉解决方案,如 Tango 或 Intel 的 RealSense)。除房间范围的追踪以外,室内定位也在 AR 和 VR 中发挥越来越重要的作用。对服务和内容而言,这意味着更高水平的互动和浸入体验,内容定价会因此抬高。VR 在广告中的应用仍处于试验阶段,虚拟对象以及连接传统广告的虚拟门户需要在虚拟环境中运行。一旦内容供应方和广告公司锁定了消费者接受度最高的互动广告类型和交付模式,VR 广告将逐渐定型并步入正轨。以谷歌和 Facebook 为例,他们已经向开发商和内容供应方展示了新平台,探索变现方案,如在 VR 环境、公共场所等地展示 2D 视频/广告。VR 用例仍会集中在家庭和办公室环境中,而 AR 将渗透到公共环境中。随着消费级智能眼镜和智能手机 AR 的应用普及,公共环境下 AR 的市场机会也会随之增加,标志着混合现实时代的开启。

③云 AR/VR 的开端

第三阶段是云 AR/VR 的开端,跨度约 3 年,直至 2022 年,这也是 AR/VR 发展 5~10 年的"黄金时代"的开端。与第二阶段仅涉及视频匹配相比,第三阶段的不同之处在于引入基于云的电脑制图虚拟图像实时渲染。用户不再依赖游戏机或本地计算机的图形处理单元(graphics processing unit,GPU),而是像接收任何其他流媒体一样,从云端服务器接收视频游戏或虚拟内容。该技术可以为更多样、互动性更强的 VR 素材带来机遇,降低用户设备的价格,并使用户设备变得更轻便,且无须连线。在此阶段,光场显示和房间范围的视频体验等新技术应该已经出现,并且越来越风靡,主流设备的分辨率至少为 8K。在前 3 个阶段中,屏幕分辨率会不断提高,直至用户无法区分虚拟世界和现实世界,这将彻底解决 VR 显示中的现有问题,如纱窗效应或像素化。

④云 VR 与 AR

最后一个阶段将出现于"黄金时代"之后,此时 AR/VR 应将发挥最大的增长潜力。这一潜力通过以下多种技术进步来实现:5G、云服务、潜在的硬件优化,如从不透明的 VR 显示器到半透明的 AR 显示器。这一阶段的技术的不确定性最多。比如,同时满足 AR 和 VR 应用需求的新型显示器此时已经具备一定的市场潜力,但是技术问题仍然可能成为其潜力增长的阻碍。虽然支持视频直通的 VR HMD 能实现 AR 体验,但是笨重的显示器会让多数用户不愿在公共场所使用它(基于位置的 VR 服务除外)。VR 和 AR 的结合能为用户提供最广泛的内容和服务,并实现未来 AR/VR 市场应用的宏伟蓝图。

⑤5G 推动 AR/VR

5G 有望实现广覆盖,大幅提升传输速率,降低时延,这些对于 AR/VR 的应用都十分关键。降低数据传输成本也是 5G 的一大优势。AR/VR 的要求与 5G 承诺的能力和功能有很多相似之处,尤其是在传输速率和时延方面。对于 AR/VR 的长期发展而言,5G 是关键的推动力。现有 4G/LTE 网络支持的最大连接数很快将无法满足 AR/VR 的要求。虽然 LTE Advanced Pro 有望实现 1 Gbit/s 的传输速率,但很多应用仍需要更高的传输速率来实现理想的体验效果。另外,当前的时延水平无法呈现令人满意的 AR/VR 体验,无法应用于以云为中心的场景。随着 5G 的推出,无线应用场景实验室和 ABI 研究院(Allied Business Intelligence Research)将其视为打开 AR/VR 广阔市场机遇的关键。要成功抓住这一机遇需要高可靠、低时延的无线宽带基础设施,必须满足 AR/VR 对超高速度和超大容量的需求。

(2)联网无人机

无人驾驶飞行器(unmanned aerial vehicle)简称"无人机",其全球市场在过去十年中大幅扩大。现在,无人机已经成为企业、政府和个人消费应用的重要工具。

通过部署无人机平台可以快速实现效率的提升和安全性的改善。5G 网络将提升自动化水平,使无人机应用的各种解决方案得到实施,这将对诸多行业转型产生影响。例如,对风力涡轮机上的转子叶片的检查将不再由训练有素的工程师通过遥控无人机来完成,而是由部署在风力发电场的自动飞行无人机完成,不需要人力干预。再如,无人机行业解决方案有助于保护石油和天然气管道等基础资产和资源,还可以应用于提高农业生产率。无人机在安全和运输领域的应用也在加速。无人机运营企业以类似于云服务的模式向最终用户提供服务。例如,在农业领域,农民可以向无人机运营企业租用或者按月订购农作物监测和农药喷洒服务。同时,无人机运营企业正在建立越来越多的合作伙伴关系,创建无人机服务市场和应用程序商店,进一步提高对企业和消费者的吸引力。无人机应用如图 8 - 31 所示。

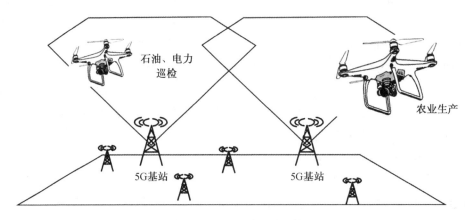

图 8 - 31　无人机应用

此外,无人机运营企业及其市场合作伙伴可以建立大数据,改善服务,并利用数据分析进行变现。行业大数据可以帮助金融服务机构预测商品价格和成本的未来趋势,并有助于物流和航运公司以及政府机构进行前瞻性规划。目前,无人机使用的一个主要动力来自基础设施行业。无人机被用于监控建筑物或者为移动运营商巡检信号塔。配备激光雷达(light detection and ranging,LiDAR)技术和热成像技术的无人机可以进行空中监视。在华为无线应用场景实验室,搭载热成像仪的无人机被用来进行天然气泄漏监测。使用配备LiDAR 的无人机进行基础设施、电力线和环境的密集巡检是一项新兴业务,LiDAR 扫描所产生的巨大的实时数据量将需要大于 200 Mbit/s 的传输带宽。

无人机能够支持诸多领域的解决方案,可以广泛用于建筑、石油、天然气等能源、公用事业和农业等领域。5G 技术将增强无人机运营企业的产品和服务,以最小的延迟传输大量的数据。无人机服务提供商正在利用云技术拓展其应用范围,同时通过产业合作来拓展市场空间。无人机为移动运营商及其合作伙伴创造了新的商机。

(3)移动视频

移动视频业务不断发展,从观看点播视频内容到以新模式创建和消费视频内容。目前最显著的两大趋势是社交视频和移动实时视频:一方面,一些领先的社交网络推出了直播视频;另一方面,直播视频具有社交性,包括视频主播与观众之间以及观众与观众之间的互动,正在推动我国移动直播视频业务的发展和货币化。

移动视频社交网络的流行表明用户对共享内容(包括直播视频)的接受度日益增加。直播视频时,网络主播不需要事先将视频内容存储在设备上,然后再上传到直播平台,而是将视频内容直接传输到直播平台上,观众几乎可以立即观看。智能手机内置工具依靠移动直播视频平台,可以保证主播和观众互动的实时性,使这种新型的"一对多"直播通信比传统的"一对多"广播更具互动性和社交性。另外,观众之间的互动也为直播视频业务增加了"多对多"的社交维度。

2. mMTC 场景典型应用

mMTC 将在 6 GHz 以下的频段发展,同时应用在大规模物联网上。mMTC 场景在面向物联网业务时,其作为 5G 新拓展出的场景,重点解决传统移动通信无法很好地支持物联网及垂直行业应用的问题。此外,mMTC 场景主要面向智慧农业、环境监测、智慧城市、森林防火等以传感和数据采集为目标的应用场景,具有小数据包、低功耗、海量连接等特点。这类终端分布范围广、数量众多,不仅要求网络具备超千亿连接的支持能力,满足 100 万/km² 连接数密度指标要求,而且还要保证终端的超低功耗。

(1)智慧农业

物联网有望成为促进农业提产、实现供需平衡的关键技术。智慧农业采用了基于物联网的先进技术和解决方案,通过实时收集并分析现场数据及部署指挥机制的方式,达到提升运营效率、扩大收益、降低损耗的目的。可变速率、精准农业、智能灌溉、智能温室等多种基于物联网的应用将推动农业生产流程改进。

物联网科技可用于解决农业领域特有的问题,打造基于物联网的智慧农场,实现作物质量和产量双丰收。智慧农业助力农民有效降低成本、减少体力投入,同时优化种子、肥料、杀虫剂、人力等农业资源配置。先进的技术有助于降低能耗和燃料用量。智慧农业引导农民巧妙平衡时间与资源投入,以获得最大产量。智慧农业如图 8-32 所示。

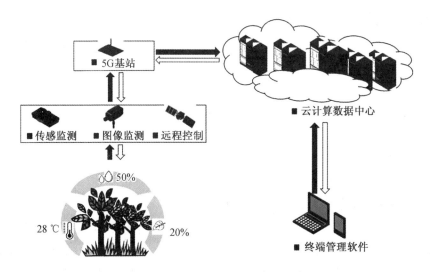

图 8-32　智慧农业

针对智慧农业的物联网应用主要是为了提升产量,具体包括以下几个方面。

①精准农业

作为一种农业管理方式,精准农业利用物联网技术及信息和通信技术,实现优化产量、保存资源的效果。精准农业需要获取有关农田、土壤和空气状况的实时数据,在保护环境的同时确保收益和农业发展的可持续性。

②可变速率技术(variable rate technology,VRT)

VRT 是一种能够帮助生产者改变作物投入速率的技术。它将变速控制系统与应用设备相结合,在精准的时间、地点投放输入,因地制宜,确保每块农田获得最适宜的投放量。

③智能灌溉

当前,人们对提升灌溉效率、减少水源浪费的需求日益扩大。通过部署可持续高效灌溉系统来保护水资源的方式越来越受到重视。基于物联网的智能灌溉对空气湿度、土壤湿度、温度、光照度等参数进行测量,由此精确计算出灌溉用水量。经验证,该机制可有效提高灌溉效率。

④农业无人机

无人机有着丰富的农业应用,可用于监测作物健康、农业拍照(以促进作物健康生长为目的)、可变速率应用、牲畜管理等。无人机可以低成本地监视大面积区域,搭载传感器后可轻易采集大量数据。

⑤智能温室

智能温室可持续监测气温、空气湿度、光照、土壤、湿度等气候状况,将作物种植过程中的人工干预降到最低。上述气候状况的改变会触发自动反应。在对气候变化进行分析评估后,温室控制系统会自动执行纠错功能,使各气候状况维持在最适宜作物生长的水平。

⑥收成监测

收成监测机制可对影响农业收成的各方面因素进行监测,包括谷物质量、流量、水量、收成总量等。监测得到的实时数据可帮助农民形成决策。该机制有助于缩减成本,提高产量。

⑦农业管理系统

农业管理系统借助传感器及跟踪装置为农民及其他利益相关方提供数据收集与管理服务。收集到的数据经过存储与分析,可为复杂决策提供支撑。此外,农业管理系统还可用于辨识农业数据分析最佳实践与软件交付模型。它的优点还包括提供可靠的金融数据和生产管理数据、提升与天气或突发事件相关的风险缓释能力。

⑧土壤监测系统

土壤监测系统协助农民跟踪并改善土壤质量,防止土壤恶化。该系统可对一系列物理、化学、生物指标(如土质、持水力、吸收率等)进行监测,降低土壤侵蚀、密化、盐化、酸化,以及受危害土壤质量的有毒物质的污染等风险。

⑨精准牲畜饲养

精准牲畜饲养可对牲畜的繁殖、健康、精神等状况进行实时监测,确保收益最大化。农民可利用先进科技实施持续监测,并根据监测结果做出利于提高牲畜健康状况的决策。

（2）智慧城市

智慧城市拥有竞争优势，因为它可以主动而不是被动地应对城市居民和企业的需求。为了实现智慧城市，政府不仅需要感知城市"脉搏"的数据传感器，还需要用于监控交通流量和社区安全的视频摄像头。

城市视频监控是一个非常有价值的工具，不仅提高了城市安全性，而且也大大提高了企业和机构的工作效率。在成本可接受的前提下，摄像头数据收集和分析的技术进一步推动了视频监控需求的增长。

对于下一代视频监控服务，智慧城市需要摆脱传统的系统交付的商业模式，转而采用视频监控即服务（video surveillance as a service，VSaaS）的模式。在 VSaaS 模式中，视频录制、存储、管理和服务监控是通过云提供给用户的。服务提供商也是通过云对系统进行维护的。云提供了灵活的数据存储以及数据分析/人工智能服务。对于视频监控系统所有者，独立的存储系统有较大的前期资本支出和持续的运营成本，虽然这些成本可以通过规模效应得到改善。而云存储则可以根据用户实际需要动态调整成本。在重要时段，可以将摄像机配置为更高的分辨率，而在其他时间可降低分辨率以减少云存储成本。

移动运营商可以在人工智能增强的云服务方面建立优势。AI 可以使计算机从图像、声音和文本中提取大量的数据，如进行人脸识别、车辆识别、车牌识别或其他视频分析。例如，视频监控系统对入侵者的检测可以触发有关门禁的自动锁定，在执法人员到达之前将入侵者控制住，或者视频监控系统可由其他系统触发。例如，销售时点系统（point of sale，POS）每次进行交易时都可以通知视频监控系统，并提醒摄像机在交易之前和之后记录场景。单个无线摄像机目前不消耗太多的带宽。但随着云和移动边缘计算的推出，电信云计算基础设施可以支持更多的人工智能辅助监控应用。此时，摄像机则需要"7 d×24 h"不间断地进行视频采集以支持这些应用。

3. URLLC 场景典型应用

URLLC 的特点是高可靠、低时延，具有极高的可用性。它包括以下各类场景及应用：工业应用和控制、交通安全和控制、远程制造、远程培训、远程手术等。URLLC 在无人驾驶业务方面拥有很大潜力。此外，它对于安防行业也十分重要。

（1）车联网

车联网价值链中的主要参与者包括汽车制造商、软件供应商、平台提供商和移动运营商。移动运营商在价值链中极具潜力，可探索各种商业模式，如平台开发、广告、大数据和企业业务。

传统汽车市场将彻底变革，因为车联网的作用超越了传统的娱乐和辅助功能，成为道路安全和汽车革新的关键推动力。驱动汽车变革的关键技术——自动驾驶、编队行驶、车辆生命周期维护、传感器数据众包等都需要安全、可靠、低延迟和高带宽的连接，这些连接特性在高速公路和密集城市中至关重要，只有 5G 可以同时满足这样严格的要求。

在车联网时代，全面的无线连接可以将导航系统等附加服务集成到车辆中，以支持车辆控制系统与云端系统之间频繁的信息交换，减少人为干预。此外，移动运营商在车联网领域的商业模式可以分为 B2C 和 B2B 两种，如图 8-33 所示。

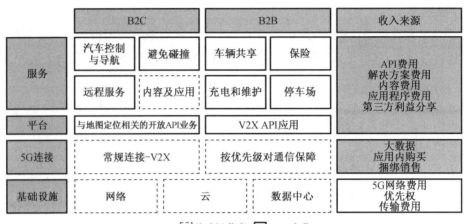

图 8 – 33　移动运营商在车联网领域的商业模式

车联网是实现智能网联汽车、智能交通系统的核心技术。车内、车际及车云(车载移动互联网)的"三网"融合统称为车联网,包含信息平台(云)、通信网络(管)、智能终端(端)三大核心技术,能够实现安全、节能及服务"三位一体"的功能,这样,车联网的盈利模式才能够被真正挖掘出来。"智能化"及"信息化"的"两化"融合才是智能汽车真正意义上的颠覆和变革。

车内网是实现单车智能网联的基础技术。车内网是指基于成熟的控制器局域网络(controller area network,CAN),利用面向汽车低端分布式应用的低速串行通信总线(local inter connect network,LIN)技术建立一个标准化整车网络,实现车内各电器电子单元间的状态信息和控制信号在车内网上的传输,使车辆能够实现状态感知、故障诊断和智能控制等功能。车际网 V2X 技术是车联网的核心,为无人驾驶奠定基础。V2X 满足行车安全、道路和车辆信息管理、智慧城市等需求,是车联网及智能网联汽车技术的核心。车际网是基于短程通信技术构建的车 – 车(VZV)、车 – 路(V21)、车 – 行人(VZP)网络,实现车辆与周围交通环境信息在网络上的传输,获得实时路况、道路、行人等一系列交通信息,使车辆能够感知行驶环境、辨识危险、实现智能控制等功能,提高驾驶安全性、减少拥堵、提高交通效率。LTE – V 是一种新型车载短距离通信网络,针对车辆应用定义了两种通信方式:蜂窝链路式和短程直通链路式。蜂窝链路式承载传统的车联网业务;短程直通链路式引入LTED2D,实现 V2V、V21 直接通信,促进实现车辆安全驾驶。车联网如图 8 – 34 所示。

车载移动互联网 – 5G 无线通信推动了车联网升级。车云网/车载移动互联网是指基于远程通信技术构建车 – 互联网、车 – 中心/后端、车 – 云端网络,使车载终端通过 5G 通信技术与互联网进行无线连接,进而使车联网用户获得智能信息服务、应用管理和控制等功能。与车际网定位(行车安全)不同,车载移动互联网的主要定位是信息娱乐和服务管理。车云网包含两大技术层面:第一,基于 2G、3G、4G、5G 的车和云之间的网络通信;第二,云端数据计算处理。云端分布式计算机对来自车辆终端的实时数据信息进行筛选处理,再将其发送给车载智能终端。

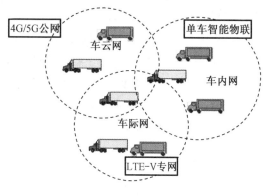

图 8-34　车联网

稳步推进高带宽、低延迟的5G无线通信，是智能驾驶发展到现阶段以及用户体验升级的必要技术。高带宽、低延迟的5G无线通信的到来给网络带来了巨大变革。未来，车载移动互联网将搭载5G网络，实现更高层次的娱乐通信功能，并推动汽车行业迈入智能交通及无人驾驶阶段。

（2）远程医疗

人口老龄化加速在欧洲和亚洲已经呈现出明显的趋势。有分析指出，从2000年到2030年的30年中，全球超过55岁的人口占比将从12%增长到20%。一些国家如英国、日本、德国、意大利、美国和法国等将会成为"超级老龄化"国家，这些国家超过65岁的人口占比将会超过20%。因此，更先进的医疗水平成为老龄化社会的重要保障。在过去5年，移动互联网在医疗设备中的使用正在增加。医疗行业开始采用可穿戴或便携设备集成远程诊断、远程手术和远程医疗监控等解决方案。远程医疗流程如图8-35所示。

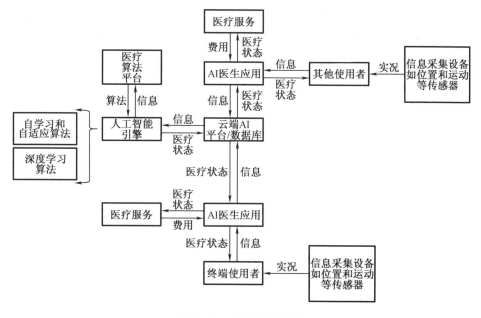

图 8-35　远程医疗流程

通过5G连接到AI医疗辅助系统,医疗行业有机会开展个性化的医疗咨询服务。人工智能医疗系统可以嵌入医院呼叫中心、家庭医疗咨询助理设备、本地医生诊所,甚至是缺乏现场医务人员的移动诊所。它们可以完成很多任务:实时健康管理,跟踪病人、病历,推荐治疗方案和药物,建立后续预约;智能医疗综合诊断,并将情境信息考虑在内,如遗传信息、患者生活方式和患者的身体状况;通过AI模型对患者进行主动监测,在必要时改变治疗计划,并可使用医工机器人通过网络对病人实施手术。远程手术如图8-36所示。

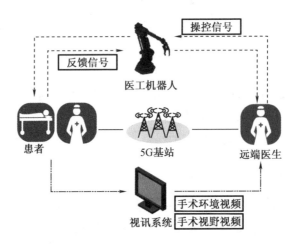

图8-36　远程手术

其他应用场景包括医疗机器人和医疗认知计算,这些对网络连接提出了不间断保障的要求(如生物遥测、基于VR的医疗培训、救护车无人机、生物信息的实时数据传输等)。移动运营商可以积极与医疗行业伙伴合作,创建一个有利的生态系统,提供医疗物联网(internet of medical things,IoMT)连接和相关服务,如数据分析和云服务等,从而支持各种功能和服务的部署。远程诊断是一类特别的应用,尤其依赖5G网络的低延迟和高QoS保障特性。

参考文献

［1］ 蔡跃明,吴启晖,田华,等. 现代移动通信[M]. 北京:机械工业出版社,2010.

［2］ 郭梯云,邬国扬,李建东. 移动通信[M]. 修订版. 西安:西安电子科技大学出版社,2000.

［3］ 孙友伟,张晓燕,畅志贤. 现代移动通信网络技术[M]. 北京:人民邮电出版社,2012.

［4］ 康晓非,暴宇. 数字移动通信[M]. 北京:人民邮电出版社,2010.

［5］ 张玉艳,于翠波. 移动通信技术[M]. 北京:人民邮电出版社,2015.

［6］ 李建东,郭梯云,邬国扬. 移动通信[M].4 版. 西安:西安电子科技大学出版社,2006.

［7］ 张乃通,徐玉滨,谭学治,等. 移动通信系统[M]. 哈尔滨:哈尔滨工业大学出版社,2001.

［8］ 章坚武. 移动通信[M]. 西安:西安电子科技大学出版社,2003.

［9］ 丁奇. 大话无线通信[M]. 北京:人民邮电出版社,2010.

［10］ MOULY M,PAUTET M-B. GSM 数字移动通信系统[M]. 骆健霞,顾龙信,徐云霄,译. 北京:电子工业出版社,2000.

［11］ 陈德荣,林家儒. 数字移动通信系统[M]. 北京:北京邮电大学出版社,2001.

［12］ 鲜继清,张德民. 现代通信系统[M]. 西安:西安电子科技大学出版社,2003.

［13］ 韦惠民,李国民,暴宇. 移动通信技术[M]. 北京:人民邮电出版社,2006.

［14］ 樊昌信,曹丽娜. 通信原理[M].7 版. 北京:国防工业出版社,2012.

［15］ 许晓丽,赵明涛. 无线通信原理[M]. 北京:北京大学出版社,2014.

［16］ 达尔曼,巴克浮,斯科德.4G 移动通信技术权威指南:LTE 与 LTE - Advanced[M].2 版. 朱敏,堵久辉,缪庆育,等译. 北京:人民邮电出版社,2015.

［17］ 宋铁成,宋晓勤. 移动通信技术[M]. 北京:人民邮电出版社,2018.

［18］ 易著梁,黄继文,陈玉胜.4G 移动通信技术与应用[M]. 北京:人民邮电出版社,2017.

［19］ 李正茂,王晓云. TD - LTE 技术与标准[M]. 北京:人民邮电出版社,2013.

［20］ 元泉. LTE 轻松进阶[M]. 北京:电子工业出版社,2012.

［21］ 3GPP. Digital cellular telecommunications system(Phase 2 +)(GSM);universal mobile telecommunications system (UMTS);LTE;5G;release description (Release 15): TR 21.915[S]. Valbonne;3GPP Organization Partners,2019.

［22］ 崔海滨,杜永生,陈巩.5G 移动通信技术[M]. 西安:西安电子科技大学出版社,2020.

［23］　赵珂.LTE 与 5G 移动通信技术［M］.西安:西安电子科技大学出版社,2020.

［24］　刘晓峰,孙韶辉,杜忠达,等.5G 无线系统设计与国际标准［M］.北京:人民邮电出版社,2019.

［25］　刘毅,刘红梅,张阳,等.深入浅出 5G 移动通信［M］.北京:机械工业出版社,2019.

［26］　张传福,赵立英,张宇.5G 移动通信系统及关键技术［M］.北京:电子工业出版社,2018.